*Mathematical Statistics
from the Measure Theoretical Point of View*

測度論
からの
数理統計学

綿森葉子・田中秀和・田中 潮 [著]

共立出版

序 文

　数理統計学 (Mathematical Statistics) は，統計的推測 (Statistical Inference)[脚注 1] に関する理論を測度論に基づき抽象化した数学の一分野である．現代の数理統計学の pioneer は K. Pearson (1857–1936)[脚注 2] であり，R.A. Fisher (1890–1962)[脚注 3] により確立された．統計的推測[脚注 4] では，調査や実験により確率変数の実現値として考えられる観測値から観測される誤差や予測できない確率的変動[脚注 5] を伴うデータに対してモデルを仮定し，モデルパラメータを推定 (Parameter Estimation) することや仮説に対して無作為標本から得られる検定統計量の実現値により有意水準，すなわち，第 1 種の過誤の確率の上限を基準に仮説を棄却するかまたはしないかを決定する統計的仮説検定 (Statistical Hypothesis Testing) が，それの典型的な目的とされる．そして，このような確率が付随する概念は，測度論により厳密に定義される．ところで，'確率 (probability)' は，B. Pascal (1623–1662) 以前の確率論前

脚注 1 推測統計学 (Theory of Inference) とも引用される．

脚注 2 K. Pearson は，生物学及び遺伝学における統計的方法の応用及びその基礎となる数学的理論の開発に努め，'Biometry' (生物測定学) を提唱した．1901 年，F. Galton (1822–1911) と共に，Biometry のための学術雑誌 'BIOMETRIKA' を創刊し，その後 35 年間 editor を務めた．

脚注 3 R.A. Fisher は，1920 年代から 1960 年代にかけて体系化された現代の統計学の教科書において講じられている数理統計学に関する理論を確立した．推測統計学の父ともいわれる．

脚注 4 Fisher-Neymann による統計的推測は，近代統計学 (Modern Statistics) から派生した K. Pearson の統計学として知られ，20 世紀四半世紀まで支配的にあった記述統計学 (Descriptive Statistics) に対置する．ところで，R.A. Fisher と J. Neymann (1894–1981) との関係は良好であったが，間もなく両者の根本的な哲学の違いにより決裂し，論争は相互の感情的対立に陥り両者の対立は激化した．これにより，R.A. Fisher は，K. Pearson の死後，彼の息子 E.S. Pearson (1895–1980) が editor を務めた BIOMETRIKA へ研究論文を全く寄せていない．

脚注 5 第 2 章参照．

史 ^{脚注 6} 上，賭博 (gambling, gaming) の精神から誕生し，B. Pascal (1623–1662)–Pierre de Fermat (1607–1665) による 1654 年の往復書簡 ^{脚注 7} と，1657 年の C. Huygens (1629–1695) による論文が起源とされる古典確率論を経て A.N. Kolmogorov (1903–1987) により確率論の数学的 paradigm を厳密に定式化し現代の確率論を完成した ^{脚注 8}．A.N. Kolmogorov による確率論は，20 世紀初頭に仏国の数学者 H.L. Lebesgue (1875–1941) が確立した測度論 (measure theory) に基づき現代の確率論が確立された．本書は，測度論，すなわち，現代の確率論の観点から数理統計学を講じている．

　本書は，数理統計学の歴史的背景を受け，測度論に基づき数理統計学への入門とその基礎を講じることを目的としているが，測度論に従わない数理統計学と題する数理統計学への入門書も存在する．後者では，例えば，確率変数は確率的に変動する数，などと説明されるが，これは，厳密には正確な表現ではない．実際，確率変数は実数ではないことに加え，測度論による表現を控えた '確率的に変動する' が定義されていないため，初学者は，確率変数を直感的にも理解できない結果に陥る．これは当然である．何故なら，確率変数は，測度論により可測関数として定義されるためである．著者は，講義をとおして，初学者の数理統計学に対する直観的にも正確な理解を図るため本書を上梓するに至った．本書の読者層は，測度論に基づく数理統計学を理解することを目的とする大学生，主に理学系大学生 1, 2 回生である．本書は，2 部構成：第 I 部確率及び第 II 部統計より成り，これらをとおして，3semesters（1 年半）の講義を想定し構成されている．各章の梗概は以下のとおりである：第 I 部では測度論に基づく確率論への入門とその基礎として，第 1 章では可測空間及び確率空間を，そして，これらを基礎とし，第 2 章では確率変数を，第 3 章では確率分布を講

---

^{脚注 6} 確率論前史に関する最初の研究は，K. Pearson 教授の最後の助手 F.N. David 博士 (1909–1993) による *Dicing and Gaming*, Biometrika (1955) である．

^{脚注 7} 書簡は，6 通が現在確認されている：最初の 1 通 (1654) のみ日付不明であり，5 通は，同年 7 月 29 日から 10 月 27 日まで交わされている．

^{脚注 8} A.N. Kolmogorov は，数学の他の分野にも多くの貢献があるが，A.N. Kolmogorov による確率論への最大の業績は，'Grundbegriffe der Wahrscheinlichkeitsrechnung (1933)'，'Foundations of the theory of probability (1950)' によって数学的確率論を完成し，それを基礎として多くの成果を導いたことである．そして，20 世紀後半，P.L. Chebyshev (1821–1894) に続く露国における確率論の伝統を継承し，ソ連における確率論に関する研究は，世界をリードするに至った．

じる．第 I 部は，第 II 部統計への布石でもある．第 II 部では統計的推測（推測統計）への入門とその基礎として，第 4 章では，それへの入門として，点推定，区間推定，そして，仮説検定を概説する．統計的推測（推測統計）の基礎として，第 5 章では点推定，特に，最尤法や Fisher 情報量による情報不等式を講じる．第 6 章では区間推定，そして，第 7 章では，正規分布及び離散型確率分布，特に，2 項分布の下での仮説検定を講じる．なお，第 II 部では，代表的な推定及び検定問題にとどめ，概念や理論的背景に対する理解を重視している．したがって，多変量解析法，ノンパラメトリック法，時系列解析など，近年注目を浴びている統計的手法は，これらに関する専門書へ委ねた．第 9 章では，前章までの補遺として，定理等の証明において引用した集合論への入門，第 3 章に引き続く確率分布，そして，尤度比検定を講じている．本書のユニークな点として，確率は，事象の長さ，面積，及び体積を抽象化した測度ゆえ，それに測度が強調されるとき，確率は確率測度として引用されている．加えて，測度論及び数理統計学に関する概念や，それらの分野において先駆けとなった，また貢献した人物の歴史的背景にも言及している．

　さて，歴史上最大の数理統計学者としても知られる R.A. Fisher が実践した Data Science は，‘データを対象とした科学’であり，これは‘データから新たな価値を創出する科学’として定義される．Data Scientist は，Data Science を実践する専門家である．Data Scientist になるための必要かつ十分条件は，それぞれ，数学，特に，微分積分学，線型代数学，数理統計学及び記述統計学，そして，コンピューター科学に造詣が深いこと，かつ，この必要条件に加え，データに関する基礎知識，すなわち，Data Literacy 及び現象からのデータに対する基本的な理解である．ところで，2007 年頃に登場し 2011 年 5 月に McKinsey Global Institute より出版された ‘Big data: The next frontier for innovation, competition, and productivity’ により脚光を浴びた Big Data は，主に，データの大規模な量 (Volume) に加え，データが計測され処理される速度 (Velocity)，そして，データの多様性 (Variety) により特徴づけられ，それぞれの頭文字か

ら 3V と称される．Big Data は，人工知能 (Artificial Intelligence：AI)[脚注 9]
が適切に動作するための必要な存在となっている．Data Scientist は，特に，
現象からの Big Data に対して具体的な目標を設定し，データを多角的に客観
的に観察する戦略 (strategy) が求められる．AI，Big Data を keywords とし
て，社会からも数学に対する期待は益々顕著になり，これを受け，近年，Data
Scientist を育成するため，Data Science に関する大学学部及び大学院研究科
が新設されている．本書の特徴及び構成から，本書は，Data Scientist のため
の数理統計学の基礎にもなると期待できる．

　ところで，データから新たな価値を創出する科学である Data Science を実
践した R.A. Fisher は，数理統計学に関する問題を次の 3 つに分けた：Spec-
ification（モデルの定式化），Distribution（標本分布），Estimation（推定），
より広く推測 (Inference) を指すとも考えられる．1920 年代以降 1970 年代ま
で，いわゆる Neyman-Pearson 理論の展開以後，数理統計学者の注意は，特
に，Estimation/Inference に関する問題，あるいは，それをさらに発展させた
決定理論 (Decision Theory) などへ向けられた．Estimation/Inference に関す
る問題として，天気予報と降水確率に対する統計的推測を考えよう．降水確率
60%といった表現は，今では当たり前のことである．この降水確率の意味，例
えば，降水確率 60%が，「過去に同じような気象条件の日が非常に多くあると
きに，そのおよそ 6 割の日では 1 mm 以上の降水が観測された」という意味で
あることを正しく理解している人がどの程度いるだろうか．このことは，もち
ろん，気象庁の web 上に詳しく解説されているが，多くの人が，それを正確に
理解しているとは思われない．天気予報は当たらないと文句をいいつつもそれ
を多少とも気にして生活をしている人が，少なからずいるにもかかわらずであ
る．大型コンピュータの導入と統計手法の発展により，以前より正確な数値予
測が可能になったことを認識している人がどの程度いるかも疑問である．天気
予報に限らず，医学，薬学，心理学など多くの分野において統計的手法が採用
されていることは周知の事実であり，それらの発展のためにも統計的推測に関

[脚注 9] 例えば，碁における AI として知られている Alpha Go は，3 つの機械学習に基づく
AI：直観に優れた Deep Learning（深層学習），先読みする Iteration Learning（反復
学習），そして，経験に学ぶ Reinforcement Learning（強化学習）から構成されている．

する理論に対する正しい理解が求められる.

　R.A. Fisher による数理統計学は, J. Neyman, E.S. Pearson らにより体系化され, 現代の数理統計学は, 代数学, 幾何学との融合に至った. 代数学と数理統計学が融合した計算代数統計 (Computational Algebraic Statistics)[脚注 10] は, 1990 年代半ばに, Gröbner 基底を keyword として, 統計モデルを代数方程式系の零点集合として特徴付け, それを代数計算ソフトウェアにより計算することを目的とする数学として確立された；微分幾何学と数理統計学が融合した情報幾何学 (Information Geometry) は, 1929 年, H. Hotelling (1895–1973) により提唱された確率分布族に自然に決まる微分幾何学的構造に関する構想から誕生し, 1945 年, C.R. Rao (1920–2023) へ継承された. 1972 年, N.N. Chentsov (Čencov) は, その基礎を築き, それと独立に, 現代の情報幾何学への pioneer として, 1968 年, 甘利俊一 (1936–), そして, 1980 年代以降, 情報幾何学は, D. Cox (1924–2022), 甘利俊一, 公文雅之, 長岡浩司, 江口真透をはじめ, 多くの (情報) 幾何学者により研究され発展している. これらの新しい数学は, 数理統計学及びこれと融合した代数学, 幾何学へ breakthrough を引き起こし, それぞれの分野は, この breakthrough を受け世界的に多くの研究者により活発に研究され発展を遂げている.

　本書が, 読者が測度論からの数理統計学を理解し, これを Data Science やこれと融合する新しい数学への関心を惹起しそれの指針となれば著者の望外の喜びである.

　謝辞　拙著初稿に対して演習問題を寄せご協力いただいた兵頭昌教授 (神奈川大学) へ, またセミナーにて拙著草稿を活用していただいた同僚である今野良彦教授へ謝意を表したい. 草稿の演習問題へ解答を寄せていただいた研究室の方々及び講義の教科書としてきた草稿上の誤植を指摘し, また, 草稿へ識見を寄せていただいた講義受講生有志に感謝する. 読者諸賢による忌憚のない御指摘を賜ることができるならば幸いである. 拙著を上梓するにあたり, 大変お

[脚注 10] 計算代数統計の源となった研究は 2 つあり, その 1 つが, Diaconis-Sturmfels による toric ideal の Gröbner 基底を, 分割表の階層モデル等の離散指数型分布族の正確検定へ応用するための方法論である; P. Diaconis and B. Sturmfels (1998): *Algebraic algorithms for sampling from conditional distributions*, Ann. Statist. **26**, 363–397.

世話になった共立出版編集部の皆様に衷心より謝意を表したい．特に，校了に至るまで同編集部三浦拓馬氏に大変お世話になった．改めて御礼申し上げる．

　最後に，本書制作の最中に C.R. Rao 博士ご逝去の報に接した．著者一同，本書を Rao 博士へ捧げるとともに謹んで哀悼の意を表す．

2023 年葉月　著者 識

目　次

第II部 統計 105

第4章 統計的推測 107

第5章 点推定 115

表 i. 本書で用いられる記号

記号	意味	頁
$b(\cdot)$	偏り	126
$B(\cdot,\cdot)$	2項分布	58
$B(\cdot)$	ベルヌーイ分布	59
$B(\cdot,\cdot)$	ベータ関数	183
$Be(\cdot,\cdot)$	ベータ分布	190
$\mathcal{B}_k$	（k次元）ボレル集合族	5
C_f	（fの）連続点全体	97
$Cov(\cdot,\cdot)$	共分散	43
$\det(\cdot)$	行列式	—
$\mathrm{diag}\,\boldsymbol{a}$	（$\boldsymbol{a}$から生成される）対角行列	—
$\dim V$	（Vの）次元	—
$E(\cdot)$	期待値	40
$\exp\{\cdot\}$	指数関数	—
$Ex(\cdot)$	指数分布	67
$\mathcal{F}$	完全加法族	4
$F_X(\cdot)$	（Xの）累積分布関数	16
$f_X(\cdot)$	（Xの）確率密度関数	19
F_n^m	自由度（m,n）の F 分布	81
$F_n^m(\alpha)$	自由度（m,n）の F 分布の上側 α 点	83
$F_{X,Y}(\cdot,\cdot)$	（(X,Y)の）同時分布関数	24
$f_{X,Y}(\cdot,\cdot)$	（(X,Y)の）同時確率密度関数	26
$G(\cdot)$	幾何分布	184
$Ga(\cdot,\cdot)$	ガンマ分布	189
H_0	帰無仮説	113
H_1	対立仮説	113
$HG(\cdot,\cdot,\cdot)$	超幾何分布	187
I, I_n	（n次）単位行列	—

記号	意味	頁
$I(\cdot)$	フィッシャー情報量	130
$L(\cdot)$	尤度関数	115
$L^*(\cdot)$	誘導尤度関数	122
$l(\cdot)$	対数尤度関数	115
$\varliminf_{n\to\infty} a_n$	（$\{a_n\}_{n\in\mathbb{N}}$の）下極限	182
$\varliminf_{n\to\infty} A_n$	（$\{A_n\}_{n\in\mathbb{N}}$の）下極限集合	182
$\varlimsup_{n\to\infty} a_n$	（$\{a_n\}_{n\in\mathbb{N}}$の）上極限	182
$\varlimsup_{n\to\infty} A_n$	（$\{A_n\}_{n\in\mathbb{N}}$の）上極限集合	182
$\max A$	（Aの）最大元	—
$\min A$	（Aの）最小元	—
$LN(\cdot,\cdot)$	対数正規分布	57
$M_X(\cdot)$	（Xの）積率母関数	55
$M_k(\cdot;\cdot)$	多項分布	85
MSE	平均2乗誤差	126
$\mathbb{N}$	自然数全体	—
$N(\cdot,\cdot)$	正規分布	70
$NB(\cdot,\cdot)$	負の2項分布	186
$N_2(\cdot,\cdot)$	2変量正規分布	87
$N_p(\cdot,\cdot)$	p変量正規分布	90
O, O_n	（n次）零行列	—
$o_p(\cdot)$	確率収束のオーダー	95
$P(\cdot)$	確率測度	6
$Po(\cdot)$	ポアソン分布	61
$p_X(\cdot)$	（Xの）確率関数	19
$p_{X,Y}(\cdot,\cdot)$	（(X,Y)の）同時確率関数	26
$Q(\cdot)$	標準正規分布の上側確率	73

表 ii. 本書で用いられる記号

記号	意味	頁	記号	意味	頁
$\mathbb{R}$	（1 次元）ユークリッド空間	–	$\chi_A(\cdot)$	（A の）定義関数	7
$\mathbb{R}^n$	n 次元ユークリッド空間		χ_n^2	自由度 n のカイ 2 乗分布	75
$\mathbb{R}_+$	正の実数全体	54	$\chi_n^2(\alpha)$	自由度 n のカイ 2 乗分布の上側 α 点	78
$\mathrm{rank}A$	（A の）階数	–	Ω	標本空間	4
S^2	標本分散	47	$(\Omega, \mathcal{F})$	可測空間	4
$\sup A$	（A の）上限	–	$(\Omega, \mathcal{F}, \mathrm{P})$	確率空間	6
Tan^{-1}	逆正接関数の主値	–	A'	（A の）転置行列	–
t_n	自由度 n の t 分布	78	f'	（f の）導関数	–
$\mathrm{t}_n(\alpha)$	自由度 n の t 分布の上側 α 点	81	$\lvert \cdot \rvert$	絶対値	–
$\mathrm{TSE}(\cdot, \cdot)$	両側指数分布	135	$\lVert \cdot \rVert$	ベクトルの大きさ	–
$\mathcal{U}_\theta$	（θ の）不偏推定量全体	126	$\emptyset$	空集合（空事象）	5
U^2	不偏分散	47	$\cap$	共通部分	–
$U(\cdot)$	近傍	–	$\cup$	和集合	–
$\mathrm{U}(\cdot, \cdot)$	一様分布	64	A^c	（A の）補集合	–
$\mathrm{Var}(\cdot)$	分散	43	$\amalg$	独立	31
W	棄却域	113	$\mathbf{0}, \mathbf{0}_n$	（n 次）零ベクトル	
$\bar{X}$	標本平均	47	$\xrightarrow{\mathcal{L}}$	法則収束	97
$z(\alpha)$	標準正規分布の上側 α 点	73	$\xrightarrow{p}$	確率収束	94
α	有意水準	113	$A \Rightarrow B$	A ならば B である	–
$\Gamma(\cdot)$	ガンマ関数	183	$A \Leftarrow B$	B ならば A である	–
Θ	母数空間	108	$A \Leftrightarrow B$	A と B は同値である	–
θ	未知母数	108	$x \in \mathcal{X}$	x は $\mathcal{X}$ の元である	–
$\rho(\cdot, \cdot)$	相関係数	43	$\forall x$	すべての x に対して	–
$\Sigma(\cdot)$	分散共分散行列	43	$\exists x$	ある x に対して	–
$\Phi(\cdot)$	標準正規分布の累積分布関数	70	$\nearrow$	単調増加	
$\phi(\cdot)$	標準正規分布の確率密度関数	70	$\searrow$	単調減少	
			$\sim$	（確率分布に）従う	52
			$\overset{\text{i.i.d.}}{\sim}$	互いに独立に同一の確率分布に従う	109

第 I 部

確　率

第 **1** 章

確率空間

　国勢調査，視聴率調査，及び製品の耐久性試験のような同一条件の下で繰り返し実行可能であり，その結果が事前には予測不可能な調査及び観測の総称を試行とよぶ．いま，試行により蓄積された量的データ（数値化されたデータ）の特徴，傾向の理解を目的としよう．数理統計学では，試行により観測される量的データの全体の特徴，及び量的データの各数値は，それぞれ必然性及び偶然性に基づくと考え，偶然性を伴う量的データの各数値から必然性を明らかにすることを目的とする．そのために，データを，確率的法則により定義される実数値関数（すなわち，第 2 章において議論する確率変数）のひとつの実現値とみなす．

　さて，確率は，事象の長さ，面積，及び体積を抽象化した有限な測度である[脚注 1.1]．本章では，事象と確率測度に加え，事象に与えられた条件の下で定義される確率測度のひとつである条件付確率について講じる．

■■ 1.1　事象と確率

　可算個[脚注 1.2]の試行に対して確率を定義するために，コルモゴロフは，公理主義に基づき確率を測度として定義した．確率は，必ずしもすべての試行に対して定義されるとは限らず，測り得る '可測' な集合に対して定義される．

[脚注 1.1] この主張は A.N. Kolmogorov (1903–1987) による．
[脚注 1.2] 定義 9.3 参照．

定義 1.1

$\Omega(\neq \emptyset)$ を集合，$\mathcal{F}$ を Ω の部分集合族とする[脚注 1.3].

(i) $\mathcal{F}$ が Ω 上の**完全加法族**，または **σ-加法族**である $\overset{\text{def}}{\Longleftrightarrow}$ 次の条件 (F1)–(F3) を満たす.

(F1) $\Omega \in \mathcal{F}$.

(F2) $A \in \mathcal{F} \Rightarrow A^c \in \mathcal{F}$[脚注 1.4].

(F3) $A_n \in \mathcal{F}\ (n \in \mathbb{N}) \Rightarrow \bigcup_{n=1}^{\infty} A_n \in \mathcal{F}$[脚注 1.5].

(ii) $\mathcal{F}$ が Ω 上の完全加法族であるとき，$(\Omega, \mathcal{F})$ を**可測空間**といい，$\mathcal{F}$ の元を**事象**という[脚注 1.6].

例 1.1　$\Omega = \{裏, 表\}$ とし，

$$\mathcal{F}_1 = \{\emptyset, \Omega\}, \qquad \mathcal{F}_2 = \{\emptyset, \{裏\}, \Omega\},$$
$$\mathcal{F}_3 = \{\emptyset, \{裏\}, \{表\}\}, \ \mathcal{F}_4 = \{\emptyset, \{裏\}, \{表\}, \Omega\}$$

とする. このとき，$\mathcal{F}_1$, $\mathcal{F}_4$ は Ω 上の完全加法族である. すなわち，$(\Omega, \mathcal{F}_1)$, $(\Omega, \mathcal{F}_4)$ は可測空間である. 一方，$\mathcal{F}_2$, $\mathcal{F}_3$ は Ω 上の完全加法族ではない.

問 1.1　例 1.1 において，$\mathcal{F}_1$, $\mathcal{F}_4$ は Ω 上の完全加法族であり，$\mathcal{F}_2$, $\mathcal{F}_3$ は Ω 上の完全加法族でないことを示せ.

注意 1.1　(i) 完全加法族より弱い概念として有限加法族がある. $\mathcal{F}$ が Ω 上の**有限加法族**である $\overset{\text{def}}{\Longleftrightarrow}$ (F1), (F2) 及び次の条件 (F3)$'$ を満たす.

(F3)$'$ $A, B \in \mathcal{F} \Rightarrow A \cup B \in \mathcal{F}$

(ii) Ω 上の最大の完全加法族は Ω の部分集合全体であり，これを $\mathcal{P}(\Omega)$ と表

[脚注 1.3] Ω を**標本空間**という. また，Ω の部分集合族とは Ω の部分集合の集まりである.
[脚注 1.4] このとき，A^c を A の**余事象**という.
[脚注 1.5] このとき，$\bigcup_{n=1}^{\infty} A_n$ を $A_n\ (n \in \mathbb{N})$ の**和事象**という.
[脚注 1.6] $\mathcal{F}$-可測（集合）ともいう.

す. 一方, Ω 上の最小の完全加法族は $\{\emptyset, \Omega\}$ である. 特に $\Omega, \emptyset$ は事象
であり, Ω を**全事象**, $\emptyset$ を**空事象** とよぶ (命題 1.1 (i) 参照).

問 1.2 $\mathcal{F}$ が Ω 上の完全加法族ならば, $\mathcal{F}$ は Ω 上の有限加法族であることを
示せ.

以降, $\Omega(\neq \emptyset)$ は集合, $\mathcal{F}$ は Ω 上の完全加法族とする. すなわち, $(\Omega, \mathcal{F})$ は
可測空間である. また, Ω 上の完全加法族を単に完全加法族という.

命題 1.1 完全加法族について, 次が成り立つ.

  (i) $\emptyset \in \mathcal{F}$.

  (ii) $A_n \in \mathcal{F} \ (n \in \mathbb{N}) \Rightarrow \bigcap_{n=1}^{\infty} A_n \in \mathcal{F}$脚注 1.7.

証明

  (i) (F1) より $\Omega \in \mathcal{F}$ であるので, (F2) より $\emptyset = \Omega^c \in \mathcal{F}$ となる.

  (ii) (F2), (F3) とド・モルガンの法則 (補題 9.2) より $A_n \in \mathcal{F} \ (n \in \mathbb{N}) \Rightarrow$
    $A_n^c \in \mathcal{F} \ (n \in \mathbb{N}) \Rightarrow \bigcup_{n=1}^{\infty} A_n^c \in \mathcal{F} \Rightarrow \bigcap_{n=1}^{\infty} A_n = (\bigcup_{n=1}^{\infty} A_n^c)^c \in \mathcal{F}$
    となる. $\square$

$\mathbb{R}^k$ の重要な部分集合族のひとつとして $\mathbb{R}^k$ の開集合族がある. しかしながら,
これ自体は完全加法族ではない (問 1.3 参照). そこで, 開集合族に対して完全
加法性をもつ集合族を考える.

定義 1.2

> $\mathbb{R}^k$ の開集合の全体を含む最小の完全加法族を $\mathbb{R}^k$ 上の**ボレル集合族**と
> いい, $\mathcal{B}_k$ と表す脚注 1.8.

注意 1.1 より $\{\emptyset, \mathbb{R}^k\} \subset \mathcal{B}_k \subset \mathcal{P}(\mathbb{R}^k)$ が成り立つ.

脚注 1.7 このとき, $\bigcap_{n=1}^{\infty} A_n$ を $A_n \ (n \in \mathbb{N})$ の**積事象**という.
脚注 1.8 $\mathcal{B}_k$ は一意に存在することが示される. 証明は例えば [3] 参照.

例 1.2　$(\mathbb{R}^k, \mathcal{B}_k)$ は可測空間である.

問 1.3　$\mathbb{R}$ の開集合の全体は完全加法族でないことを示せ.

問 1.4　$a < b$ のとき, $[a, b) = \bigcap_{n=1}^{\infty}(a - 1/n, b)$, $(a, b] = \bigcap_{n=1}^{\infty}(a, b + 1/n)$, $[a, b] = \bigcap_{n=1}^{\infty}(a - 1/n, b + 1/n)$ を示すことにより, $[a, b), (a, b], [a, b] \in \mathcal{B}_1$ を確認せよ.

　完全加法族 $\mathcal{F}$ 上で定義される確率測度は, $\mathcal{F}$-可測集合の測度（長さ, 面積, 及び体積を抽象化した概念）として定義される.

定義 1.3

$(\Omega, \mathcal{F})$ を可測空間とする.

(i) $\mathrm{P} : \mathcal{F} \to \mathbb{R}$ は $\mathcal{F}$ 上の**確率測度** である $\overset{\text{def}}{\Longleftrightarrow}$ 次の条件 (P1)–(P3) を満たす.

　(P1)　（**非負性**）任意の $A \in \mathcal{F}$ に対して $\mathrm{P}(A) \geq 0$.

　(P2)　（**完全加法性**）$A_n \in \mathcal{F}$ $(n \in \mathbb{N})$, $A_m \cap A_n = \emptyset$ $(m \neq n)$[脚注 1.9]
　　　　$\Rightarrow \mathrm{P}(\bigcup_{n=1}^{\infty} A_n) = \sum_{n=1}^{\infty} \mathrm{P}(A_n)$.

　(P3)　（**正規性**）$\mathrm{P}(\Omega) = 1$.

(ii) P が $\mathcal{F}$ 上の確率測度であるとき, $(\Omega, \mathcal{F}, \mathrm{P})$ を**確率空間**という.

　以降, 確率測度を単に確率といい, 測度を強調したいときは確率測度という.

例 1.3　例 1.1 において, $(\Omega, \mathcal{F}_4)$ を考える. P は $\mathrm{P}(\emptyset) = 0$, $\mathrm{P}(\{裏\}) = \mathrm{P}(\{表\}) = \frac{1}{2}$, $\mathrm{P}(\Omega) = 1$ を満たすものとする. このとき, P は $\mathcal{F}_4$ 上の確率測度となる. すなわち, $(\Omega, \mathcal{F}_4, \mathrm{P})$ は確率測度である.

例 1.4　可測空間 $(\mathbb{R}, \mathcal{B}_1)$ を考える. 任意の $A \in \mathcal{B}_1$ に対して

[脚注 1.9] $A_n \in \mathcal{F}$ $(n \in \mathbb{N})$, $A_m \cap A_n = \emptyset$ $(m \neq n)$ のとき, $\{A_n : n \in \mathbb{N}\}$ は互いに**排反**であるという.

$$\mathrm{P}(A) := \int_A \chi_{(0,1]}(t)dt$$

と定義する$^{\text{脚注 1.10}}$. このとき, P は $\mathcal{B}_1$ 上の確率測度となる. すなわち, $(\mathbb{R}, \mathcal{B}_1, \mathrm{P})$ は確率空間である. 実際, (P1), (P3) については自明である. (P2) について示す. $A_n \in \mathcal{B}_1$ $(n \in \mathbb{N})$, $A_m \cap A_n = \emptyset$ $(m \neq n)$ とする. このとき,

$$\mathrm{P}\left(\bigcup_{n=1}^{\infty} A_n\right) = \int_{\bigcup_{n=1}^{\infty} A_n} \chi_{(0,1]}(t)dt = \int_{\mathbb{R}} \chi_{\cup_{n=1}^{\infty}\{A_n \cap (0,1]\}}(t)dt$$

となる. ここで,

(1.1) $$\chi_{\bigcup_{n=1}^{\infty}\{A_n \cap (0,1]\}}(t) = \sum_{n=1}^{\infty} \chi_{A_n \cap (0,1]}(t)$$

に注意することにより

$$\mathrm{P}\left(\bigcup_{n=1}^{\infty} A_n\right) = \sum_{n=1}^{\infty} \int_{A_n} \chi_{(0,1]}(t)dt = \sum_{n=1}^{\infty} \mathrm{P}(A_n)$$

が成り立つことがわかる.

問 1.5　(1.1) を示せ.

注意 1.2　(i) 完全加法性より弱い概念として有限加法性がある.

(P2)′ （**有限加法性**） $A_1, A_2 \in \mathcal{F}$, $A_1 \cap A_2 = \emptyset \Rightarrow \mathrm{P}(A_1 \cup A_2) = \mathrm{P}(A_1) + \mathrm{P}(A_2)$.

すなわち, P が (P2) を満たせば (P2)′ を満たす.

(ii) 確率測度より弱い概念として測度がある. P は $\mathcal{F}$ 上の**測度**である $\overset{\text{def}}{\Longleftrightarrow}$ (P1), (P2) を満たす. このとき, $(\Omega, \mathcal{F}, \mathrm{P})$ を**測度空間**とよぶ. すなわち, (P3) を満たす測度は確率測度である.

以降, 特に断りがなければ, P は $\mathcal{F}$ 上の確率測度とする. すなわち, $(\Omega, \mathcal{F}, \mathrm{P})$ は確率空間である.

$^{\text{脚注 1.10}}$ χ_A は集合 A の**定義関数**, すなわち $\chi_A(x) := 1$ $(x \in A)$; $= 0$ $(x \notin A)$ である.

命題 1.2　確率測度について，次が成り立つ.

(i) $P(\emptyset) = 0$.

(ii) **（単調性）** $A \subset B$ を満たす任意の $A, B \in \mathcal{F}$ に対して $P(A) \leq P(B)$.

(iii) 任意の $A \in \mathcal{F}$ に対して $P(A^c) = 1 - P(A)$.

(iv) 任意の $A \in \mathcal{F}$ に対して $0 \leq P(A) \leq 1$.

(v) 任意の $A, B \in \mathcal{F}$ に対して $P(A \cup B) = P(A) + P(B) - P(A \cap B)$.

証明

(i) $\emptyset, \Omega \in \mathcal{F}$, $\emptyset \cup \Omega = \Omega$, $\emptyset \cap \Omega = \emptyset$ であるので, (P2) より $P(\Omega) = P(\emptyset \cup \Omega) = P(\emptyset) + P(\Omega)$ となり, (P3) より $P(\emptyset) = 0$ を得る.

(ii) $B = (B \cap A^c) \cup A$, $(B \cap A^c) \cap A = \emptyset$ であるので, (P1), (P2) より $P(B) = P((B \cap A^c) \cup A) = P(B \cap A^c) + P(A) \geq P(A)$ を得る.

(iii) (F2) より $A^c \in \mathcal{F}$ であり, $A \cup A^c = \Omega$, $A \cap A^c = \emptyset$ であるので, (P2), (P3) より $1 = P(\Omega) = P(A \cup A^c) = P(A) + P(A^c)$ となる. ここで, $A \subset \Omega$ であるので, (ii) より $P(A) \leq 1$ となり, $P(A^c) = 1 - P(A)$ を得る.

(iv) (P1) と (iii) の証明より明らか.

(v) (F3) より $A \cup B \in \mathcal{F}$ であり, $A \cup B = A \cup (A^c \cap B)$, $A \cap (A^c \cap B) = \emptyset$ であるので, (P2) より $P(A \cup B) = P(A) + P(A^c \cap B)$. 次に, $B = (A \cap B) \cup (A^c \cap B)$, $(A \cap B) \cap (A^c \cap B) = \emptyset$ であるので, $P(B) = P(A \cap B) + P(A^c \cap B)$. これら 2 式と (iv) より主張を得る. □

命題 1.3（劣加法性）　確率測度について，次が成り立つ.
$A_n \in \mathcal{F}$ $(n \in \mathbb{N}) \Rightarrow P(\bigcup_{n=1}^{\infty} A_n) \leq \sum_{n=1}^{\infty} P(A_n)$.

証明　$B_1 := A_1,\ B_n := A_n \setminus \bigcup_{i=1}^{n-1} A_i\ (n = 2, 3 \ldots)$ とおく [脚注 1.11]. このとき，$B_m \cap B_n = \emptyset\ (m \neq n)$, $\bigcup_{n=1}^{\infty} B_n = \bigcup_{n=1}^{\infty} A_n$ であるから，(P2), 単調性（命題 1.2 (ii)）より $\mathrm{P}(\bigcup_{n=1}^{\infty} A_n) = \mathrm{P}(\bigcup_{n=1}^{\infty} B_n) = \sum_{n=1}^{\infty} \mathrm{P}(B_n) = \sum_{n=1}^{\infty} \mathrm{P}(A_n \setminus \bigcup_{i=1}^{n-1} A_i) \leq \sum_{n=1}^{\infty} \mathrm{P}(A_n)$ を得る. □

命題 1.4（連続性）　確率測度について，次が成り立つ.

(i) $A_n \in \mathcal{F},\ A_n \subset A_{n+1}\ (n \in \mathbb{N})$[脚注 1.12]$\Rightarrow \mathrm{P}\left(\lim_{n \to \infty} A_n\right) = \lim_{n \to \infty} \mathrm{P}(A_n)$.

(ii) $B_n \in \mathcal{F},\ B_n \supset B_{n+1}\ (n \in \mathbb{N})$[脚注 1.13]$\Rightarrow \mathrm{P}\left(\lim_{n \to \infty} B_n\right) = \lim_{n \to \infty} \mathrm{P}(B_n)$.

証明

(i) $C_1 := A_1,\ C_n := A_n \setminus A_{n-1}\ (n = 2, 3, \ldots)$ とおく. このとき，$C_n \cap C_m = \emptyset\ (n \neq m)$, $\bigcup_{n=1}^{N} C_n = A_N$, $\bigcup_{n=1}^{\infty} A_n = \bigcup_{n=1}^{\infty} C_n$ であるから $\mathrm{P}(\lim_{n \to \infty} A_n) = \mathrm{P}(\bigcup_{n=1}^{\infty} A_n) = \mathrm{P}(\bigcup_{n=1}^{\infty} C_n) = \sum_{n=1}^{\infty} \mathrm{P}(C_n) = \lim_{N \to \infty} \sum_{n=1}^{N} \mathrm{P}(C_n) = \lim_{N \to \infty} \mathrm{P}(\bigcup_{n=1}^{N} C_n) = \lim_{N \to \infty} \mathrm{P}(A_N)$ を得る.

(ii) ド・モルガンの法則（補題 9.2）より，$\bigcap_{n=1}^{\infty} B_n = (\bigcup_{n=1}^{\infty} B_n^{\mathrm{c}})^{\mathrm{c}}$ であり，$B_n^{\mathrm{c}} \subset B_{n+1}^{\mathrm{c}}\ (n \in \mathbb{N})$ となるので，$\mathrm{P}(\lim_{n \to \infty} B_n) = \mathrm{P}(\bigcap_{n=1}^{\infty} B_n) = \mathrm{P}((\bigcup_{n=1}^{\infty} B_n^{\mathrm{c}})^{\mathrm{c}}) = 1 - \mathrm{P}(\bigcup_{n=1}^{\infty} B_n^{\mathrm{c}}) = 1 - \lim_{n \to \infty} \mathrm{P}(B_n^{\mathrm{c}}) = \lim_{n \to \infty} \mathrm{P}(B_n)$ を得る. □

■ 1.2　条件付確率と事象の独立性

事象に関する条件が与えられた下で定義される確率は条件付確率とよばれる. 一方，事象の独立性は，確率が付加される条件に依存しないことにより特徴付けられる [脚注 1.14].

[脚注 1.11] 一般に，集合 A, B に対して $A \setminus B := A \cap B^{\mathrm{c}}$ と定義される.

[脚注 1.12] このとき，$\lim_{n \to \infty} A_n = \bigcup_{n=1}^{\infty} A_n$ となる.

[脚注 1.13] このとき，$\lim_{n \to \infty} B_n = \bigcap_{n=1}^{\infty} B_n$ となる.

[脚注 1.14] P.S. Laplace (1749–1827)：'確率の哲学的試論' による確率の積の法則は，積事象に対する確率を，それらの積として定義されているが，これは，現代の確率論では事象の独立性そのものである.

定義 1.4

> $A, B \in \mathcal{F}$, $\mathrm{P}(B) > 0$ とする. このとき,
>
> $$\mathrm{P}(A|B) := \frac{\mathrm{P}(A \cap B)}{\mathrm{P}(B)}$$
>
> を B が与えられたときの A の**条件付確率**とよぶ[脚注 1.15].

確率 $\mathrm{P}(A)$ と条件付確率 $\mathrm{P}(A|B)$ の違いは $\mathrm{P}(A)$ が全体を Ω とし, 対象を A としているのに対し, $\mathrm{P}(A|B)$ は全体を B とし, 対象を A としている点である (図 1.2 参照).

図 1.1 事前確率 $\mathrm{P}(A)$ と事後確率 $\mathrm{P}(A|B)$

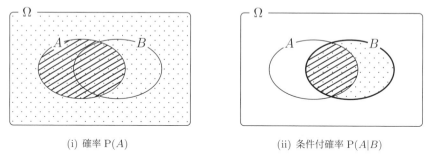

(i) 確率 $\mathrm{P}(A)$ (ii) 条件付確率 $\mathrm{P}(A|B)$

図 1.2 確率 $\mathrm{P}(A)$ と条件付確率 $\mathrm{P}(A|B)$ との比較

命題 1.5 条件付確率は確率測度である.

証明 $A, B \in \mathcal{F}$ として, B が与えられたときの A の条件付確率が (P1)–(P3)

[脚注 1.15] $\mathrm{P}(A|B)$ を $\mathrm{P}_B(A)$ と表す文献もある. また, 条件付確率を時系列的に考えると, 対象としている事象 (B) が起こる前と後を, それぞれ単に事前, 事後ということがある. これらに従い, $\mathrm{P}(A)$, $\mathrm{P}(A|B)$ を, それぞれ A の**事前確率**, **事後確率**という (図 1.1 参照).

を満たすことを示す.

(P1) $\mathrm{P}(A \cap B) \geq 0, \mathrm{P}(B) > 0$ であるので, $\mathrm{P}(A|B) \geq 0$ となる.

(P2) $A_n \in \mathcal{F}$ $(n \in \mathbb{N})$, $A_m \cap A_n = \emptyset$ $(m \neq n)$ とする. このとき,

$$\mathrm{P}\left(\bigcup_{n=1}^{\infty} A_n \bigg| B\right) = \frac{\mathrm{P}\left(\left(\bigcup_{n=1}^{\infty} A_n\right) \cap B\right)}{\mathrm{P}(B)} = \frac{\mathrm{P}\left(\bigcup_{n=1}^{\infty}(A_n \cap B)\right)}{\mathrm{P}(B)}$$

$$= \frac{\sum_{n=1}^{\infty} \mathrm{P}(A_n \cap B)}{\mathrm{P}(B)} = \sum_{n=1}^{\infty} \mathrm{P}(A_n|B)$$

となる.

(P3) $\mathrm{P}(\Omega|B) = \dfrac{\mathrm{P}(\Omega \cap B)}{\mathrm{P}(B)} = \dfrac{\mathrm{P}(B)}{\mathrm{P}(B)} = 1.$ □

　定義 1.4 において, 条件付確率 $\mathrm{P}(A|B)$ が, 条件を伴わない確率 $\mathrm{P}(A)$ と等しい, すなわち, $\mathrm{P}(A|B) = \mathrm{P}(A)$ ならば, $\mathrm{P}(B) = 0$ のときも含めて, 2 つの事象 A, B は独立であると定義される.

定義 1.5

(i) A と B $(A, B \in \mathcal{F})$ が**独立**である $\overset{\mathrm{def}}{\Longleftrightarrow} \mathrm{P}(A \cap B) = \mathrm{P}(A)\mathrm{P}(B)$.

(ii) $\{A_n \in \mathcal{F} : n \in \mathbb{N}\}$ が**互いに独立**である
$\overset{\mathrm{def}}{\Longleftrightarrow}$ 任意の $J \subset \mathbb{N}$ に対して, $\mathrm{P}(\bigcap_{j \in J} A_j) = \prod_{j \in J} \mathrm{P}(A_j)$.

命題 1.6　$A, B \in \mathcal{F}$, $\mathrm{P}(B) > 0$ とする. このとき, 次が成り立つ.
A と B が独立 $\Leftrightarrow \mathrm{P}(A|B) = \mathrm{P}(A)$.

証明　定義 1.4 と定義 1.5 (i) より明らか.

　次に, 高々可算無限個の原因とそれらから生じた結果を考える. m 番目 $(m \in \mathbb{N})$ の原因を事象 A_m, 結果を事象 B とする. 次に述べるベイズの定理は, n 番目の原因 A_n が生じた確率 $\mathrm{P}(A_n)$ 及び, 各原因 A_m が与えられた条

件の下，結果 B が生じる条件付確率 $\mathrm{P}(B|A_m)$ が得られるならば，結果 B が生じたという条件の下，A_n が生じる条件付確率 $\mathrm{P}(A_n|B)$ を与える.

定理 1.1（ベイズの定理[脚注 1.16]**）**　$A_n \in \mathcal{F}$ $(n \in \mathbb{N})$ は次の条件を満たすものとする.

(i) $\Omega = \bigcup_{n=1}^{\infty} A_n$, $A_i \cap A_j = \emptyset$ $(i \neq j)$[脚注 1.17].

(ii) $\mathrm{P}(A_n) > 0$.

このとき，$\mathrm{P}(B) > 0$ となる $B \in \mathcal{F}$ に対して

$$\mathrm{P}(A_n|B) = \frac{\mathrm{P}(B|A_n)\mathrm{P}(A_n)}{\sum_{m=1}^{\infty} \mathrm{P}(B|A_m)\mathrm{P}(A_m)} \quad (n \in \mathbb{N})$$

が成り立つ.

証明　条件 (ii)，定義 1.4 より

$$(1.2) \qquad \mathrm{P}(A_m \cap B) = \mathrm{P}(B|A_m)\mathrm{P}(A_m)$$

となり，集合の分配法則（補題 9.1）により

$$B = \Omega \cap B = \left(\bigcup_{m=1}^{\infty} A_m\right) \cap B = \bigcup_{m=1}^{\infty}(A_m \cap B)$$

と書ける．(P2)，(1.2) より

(1.3)
$$\mathrm{P}(B) = \mathrm{P}\left(\bigcup_{m=1}^{\infty}(A_m \cap B)\right) = \sum_{m=1}^{\infty} \mathrm{P}(A_m \cap B) = \sum_{m=1}^{\infty} \mathrm{P}(B|A_m)\mathrm{P}(A_m)\text{[脚注 1.18]}$$

[脚注 1.16] T. Bayes (1702?–1761). 英国ロンドンに生まれ，数学者として生計を立てず，Tunbridge Wells（タンブリッジ・ウェルズ）の教会の牧師となる (1720). また，Bayes の定理に基づく考えを Bayes 主義 (Bayesian) という. Bayes 主義は，事前確率を主観に基づく主観確率として解釈するため，現代統計学の父として知られている R. A. Fisher (1890–1962) や J. Neyman (1894–1981) らにより強い批判を受け，Bayes 主義とそれに基づく Bayes 統計は異端とされてきた. しかしながら，Bayes 主義は，20 世紀に再興され，Bayes の定理は，迷惑メール判別フィルター，マーケティング理論，気象予測，人工知能，新薬開発等の分野へ応用され，それらの分野の基盤となり脚光を浴びている.

[脚注 1.17] 互いに排反な事象 $\{A_n : n \in \mathbb{N}\}$ が，$\Omega = \bigcup_{n=1}^{\infty} A_n$ を満たすとき，$\{A_n : n \in \mathbb{N}\}$ は Ω の**分割**とよばれる.

[脚注 1.18] これを**全確率の定理**という.

が成り立ち，定義 1.4，(1.3) より

$$\mathrm{P}(A_n|B) = \frac{\mathrm{P}(A_n \cap B)}{\mathrm{P}(B)} = \frac{\mathrm{P}(B|A_n)\mathrm{P}(A_n)}{\sum_{m=1}^{\infty} \mathrm{P}(B|A_m)\mathrm{P}(A_m)}$$

を得る. □

問 1.6　3 つの箱 A_i $(i=1,2,3)$ がある．A_1 には 3 個の赤球と 1 個の白球があり，A_2 には 1 個の赤球と 2 個の白球があり，そして A_3 には 2 個の赤球と 3 個の白球がある．A_1, A_2, A_3 から箱を無作為に 1 つ選び，その箱から 2 個の球を無作為に選び，2 個の赤球を得た．このとき，選んだ箱が A_1 である条件付確率を求めよ．

章末問題 1

1.1 $\Omega = \{1,2,3,4\}$，$\mathcal{F} = \{\emptyset, \Omega, \{1\}, \{2,3\}, \{4\}, \{1,2,3\}, \{2,3,4\}, \{1,4\}\}$ とする．

(1) $(\Omega, \mathcal{F})$ は可測空間となることを確かめよ．

(2) $\mathrm{P}(\{1\}) = \frac{1}{2}$，$\mathrm{P}(\{2,3\}) = \frac{1}{3}$，$\mathrm{P}(\{4\}) = \frac{1}{6}$ とする．このとき，$(\Omega, \mathcal{F}, \mathrm{P})$ は確率空間となることを確かめよ．

(3) (2) の P に対して，$\mathrm{P}(\{1,2,3\})$，$\mathrm{P}(\{2,3,4\})$，$\mathrm{P}(\{1,4\})$ を求めよ．

1.2 (1) $A, B \in \mathcal{F}$ に対して

$$(1.4) \qquad \mathrm{P}(A \cap B) \leq \frac{\mathrm{P}(A) + \mathrm{P}(B)}{2} \leq \mathrm{P}(A \cup B)$$

を示せ．

(2) (1.4) の各不等式において等号が成り立つための必要十分条件はいずれも $\mathrm{P}((A \setminus B) \cup (B \setminus A)) = 0$ であることを示せ[脚注 1.19]．

1.3 $A, B \in \mathcal{F}$ とする．A と B が独立であることと A^c と B^c が独立であることは同値であることを示せ．

[脚注 1.19] $(A \setminus B) \cup (B \setminus A)$ を A と B の**対称差**とよび，$A \ominus B$ と書くことがある．

1.4 $A, B, C \in \mathcal{F}$, $\mathrm{P}(C) > 0$, $\mathrm{P}(B \cap C) > 0$ とする．このとき，

$$\mathrm{P}(A \cap B \cap C) = \mathrm{P}(C)\mathrm{P}(B|C)\mathrm{P}(A|B \cap C)$$

を示せ．

第2章

確率変数

例えば，宝くじ，賭博や株式投資の結果を考えよう．これらの結果は，事前には予測不可能であり，確率的に変動する．この確率的変動を $\mathbb{R}$ 上で議論するために確率変数が考えられ，さらに，確率変数は $\mathbb{R}^k$ 上の確率ベクトルへ拡張される．

確率変数の独立性は，前章において定義した事象の独立性により導かれる．また，確率変数の期待値は，算術平均を抽象化することにより定義され，さらに，統計量の期待値へ一般化される．

2.1 確率変数

試行のひとつとしてサイコロ投げを考える．$\Omega = \{1, 2, \ldots, 6\}$ とし，Ω 上の実数値関数 X を，サイコロの出目に応じてその目の値で定義する．すなわち，任意の $\omega \in \Omega$ に対して，$X(\omega) := \omega$ と定義する．このとき，各 $x \in \mathbb{R}$ に対して，$\{\omega \in \Omega : X(\omega) \le x\}$ $(\subset \Omega)$ は事象であることが示される．このように可測性が付随する Ω 上の実数値関数を，確率論や数理統計学では確率変数という．

定義 2.1

$(\Omega, \mathcal{F}, \mathrm{P})$ を確率空間とする．

(i) Ω 上で定義された実数値関数 X が $(\Omega, \mathcal{F}, \mathrm{P})$ 上の**確率変数**である[脚注 2.1] $\overset{\text{def}}{\Longleftrightarrow} \{\omega \in \Omega : X(\omega) \le x\} \in \mathcal{F}$ $(\forall x \in \mathbb{R})$[脚注 2.2]．こ

[脚注 2.1] 一般に確率変数は，$X, Y, Z, \ldots$ のように大文字が用いられる．一方，通常の変数は，$x, y, z, \ldots$ のように小文字が用いられる．

のとき，$\{\omega \in \Omega : X(\omega) \le x\}$ は**ボレル可測**であるという.

(ii) X を $(\Omega, \mathcal{F}, \mathrm{P})$ 上の確率変数とする．このとき，

(2.1)　　　$F_X(x) := \mathrm{P}(\{\omega \in \Omega : X(\omega) \le x\})$　$(x \in \mathbb{R})$

を X の**累積分布関数**という.

注意 2.1　(i) 後述の定理 2.1(i) より累積分布関数 F_X は実数に対して $[0,1]$ の値を定める関数であり，$F_X : \mathbb{R} \to [0,1]$ である．一方，確率測度 P は集合に対して $[0,1]$ の値を定める関数であり，$\mathrm{P} : \mathcal{F} \to [0,1]$ である.

(ii) 通常，事象 $\{\omega \in \Omega : X(\omega) \le x\}$ を $\{X \le x\}$, 確率 $\mathrm{P}(\{\omega \in \Omega : X(\omega) \le x\})$ を $\mathrm{P}(X \le x)$ のように略記する.

(iii) (2.1) の右辺が定義されるためには $\{\omega \in \Omega : X(\omega) \le x\} \in \mathcal{F}$ となることが必要十分である．このことは X が $(\Omega, \mathcal{F})$ 上の確率変数であることを意味している.

例 2.1　例 1.3 において，$X(\omega) = 0(\omega = 裏); 1(\omega = 表)$ を考える．このとき，任意の $x \in \mathbb{R}$ に対して

$$\{\omega \in \Omega : X(\omega) \le x\} = \begin{cases} \emptyset & (x < 0), \\ \{0\} & (0 \le x < 1), \\ \Omega & (1 \le x) \end{cases}$$

であるので，$\{\omega \in \Omega : X(\omega) \le x\} \in \mathcal{F}_4$ となる．したがって，X は $(\Omega, \mathcal{F}_4, \mathrm{P})$ 上の確率変数となる．また，X の累積分布関数は

脚注 2.2 定義 2.1(i) から分かるように，確率変数の定義に確率測度 P は不要であるが，P により，確率変数を確率的法則に従う関数とみなすことができる．また，X は $\mathcal{F}$-可測（関数）であるという.

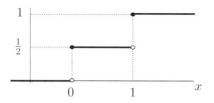

図 2.1　例 2.1 の累積分布関数 F_X の概形

$$F_X(x) = \begin{cases} 0 & (x < 0), \\ \frac{1}{2} & (0 \leq x < 1), \\ 1 & (1 \leq x) \end{cases}$$

となる（累積分布関数 F_X の概形は図 2.1 参照）.

例 2.2　例 1.4 において，$X(\omega) = 2\omega$ を考える．このとき，問 1.4 より，任意の $x \in \mathbb{R}$ に対して

$$\{\omega \in \mathbb{R} : X(\omega) \leq x\} = \left(-\infty, \frac{x}{2}\right] \in \mathcal{B}_1$$

となる．したがって，X は $(\mathbb{R}, \mathcal{B}_1, \mathrm{P})$ 上の確率変数となる．また，X の累積分布関数は

$$F_X(x) = \mathrm{P}\left(\left(-\infty, \frac{x}{2}\right]\right) = \int_{-\infty}^{x/2} \chi_{(0,1]}(t)dt = \begin{cases} 0 & (x < 0), \\ \frac{x}{2} & (0 \leq x < 2), \\ 1 & (2 \leq x) \end{cases}$$

となる（累積分布関数 F_X の概形は図 2.2 参照）.

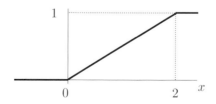

図 2.2　例 2.2 の累積分布関数 F_X の概形

以降，特に断りがなければ，F_X は X の累積分布関数とする．

定理 2.1　累積分布関数について，次が成り立つ．

(i) 任意の $x \in \mathbb{R}$ に対して，$0 \leq F_X(x) \leq 1$ である．

(ii) F_X は広義単調増加関数である．

(iii) $\lim_{x \to \infty} F_X(x) = 1$, $\lim_{x \to -\infty} F_X(x) = 0$.

(iv) F_X は右連続関数である．

(v) 任意の $x \in \mathbb{R}$ に対して，$\mathrm{P}(X = x) = F_X(x) - \lim_{z \nearrow x} F_X(z)$ である．

証明

(i) 定義 2.1 (ii) より $F_X(x) = \mathrm{P}(X \leq x)$ であるので，命題 1.2 (iv) より明らか．

(ii) $x_1 < x_2$ であれば $\{\omega \in \Omega : X(\omega) \leq x_1\} \subset \{\omega \in \Omega : X(\omega) \leq x_2\}$ であるから，確率の単調性（命題 1.2 (ii)）より $F_X(x_1) \leq F_X(x_2)$ が成り立つ．

(iii) $A_n := \{\omega \in \Omega : X(\omega) \leq n\}(\in \mathcal{F})$ とおくと，$A_n \subset A_{n+1}$ $(n \in \mathbb{N})$, $\lim_{n \to \infty} A_n = \Omega$ となり，確率の連続性（命題 1.4 (i)）より $\lim_{n \to \infty} F_X(n) = \lim_{n \to \infty} \mathrm{P}(A_n) = \mathrm{P}(\lim_{n \to \infty} A_n) = \mathrm{P}(\Omega) = 1$ を得る．同様に，$B_n := \{\omega \in \Omega : X(\omega) \leq -n\}(\in \mathcal{F})$ とおくと，$B_n \supset B_{n+1}$ $(n \in \mathbb{N})$, $\lim_{n \to \infty} B_n = \emptyset$ となり，確率の連続性（命題 1.4 (ii)）より $\lim_{n \to \infty} F_X(-n) = \lim_{n \to \infty} \mathrm{P}(B_n) = \mathrm{P}(\lim_{n \to \infty} B_n) = \mathrm{P}(\emptyset) = 0$ を得る．

(iv) $x \in \mathbb{R}$ を任意に固定する．$C_n := \{\omega \in \Omega : X(\omega) \leq x + 1/n\}(\in \mathcal{F})$ とおくと，$C_n \supset C_{n+1}$ $(n \in \mathbb{N})$, $\lim_{n \to \infty} C_n = \{\omega \in \Omega : X(\omega) \leq x\}$ となり，確率の連続性（命題 1.4 (ii)）より $\lim_{n \to \infty} F_X(x + 1/n) = \lim_{n \to \infty} \mathrm{P}(C_n) = \mathrm{P}(\lim_{n \to \infty} C_n) = \mathrm{P}(\{\omega \in \Omega : X(\omega) \leq x\}) = F_X(x)$ を得る．

(v) $D_n := \{\omega \in \Omega : x - 1/n < X(\omega) \leq x\}(\in \mathcal{F})$ とおくと，$D_n \supset D_{n+1}$

$(n \in \mathbb{N})$, $\lim_{n \to \infty} D_n = \{\omega \in \Omega : X(\omega) = x\}$ となり，確率の連続性（命題 1.4 (ii)）より $\mathrm{P}(X = x) = \mathrm{P}(\lim_{n \to \infty} D_n) = \lim_{n \to \infty} \mathrm{P}(D_n) = \lim_{n \to \infty} \{F_X(x) - F_X(x - 1/n)\} = F_X(x) - \lim_{n \to \infty} F_X(x - 1/n) = F_X(x) - \lim_{z \nearrow x} F_X(z)$ を得る． □

定理 2.2　$\mathbb{R}$ 上の関数 F が定理 2.1 (ii)–(iv) を満たすとき，F はある確率変数の累積分布関数となる．

証明は例えば [15] 参照.

定義 2.2

(i) X は**離散型確率変数**である $\overset{\text{def}}{\Longleftrightarrow}$ $\mathbb{R}$ 上の高々可算集合^{脚注 2.3}$\mathcal{X}$ が存在して，$\mathrm{P}(X \in \mathcal{X}) = 1$ となる^{脚注 2.4}．このとき，

$$p_X(x) := \mathrm{P}(X = x) \quad (x \in \mathbb{R})$$

を X の**確率関数**という．

(ii) X は**連続型確率変数**である $\overset{\text{def}}{\Longleftrightarrow}$ F_X は連続関数である．このとき，

$$F_X(x) = \int_{-\infty}^{x} f_X(t)dt \quad (x \in \mathbb{R})$$

を満たす非負値関数 f_X が存在すれば，f_X を X の**確率密度関数**という^{脚注 2.5}．

注意 2.2　確率密度関数は本質的に

$$f_X(x) = \begin{cases} \frac{d}{dx} F_X(x) & (\frac{d}{dx} F_X(x) \text{ が存在する点 } x), \\ 0 & (\text{その他}) \end{cases}$$

脚注 2.3 定義 9.3 参照.

脚注 2.4 本質的に $\mathcal{X} := \{x \in \mathbb{R} : \mathrm{P}(X = x) > 0\}$ とすればよい.

脚注 2.5 与えられた確率変数に対して，確率密度関数は一意には決まらないが，2 つの確率密度関数が一致する事象の確率は 1 となることが知られている．この意味で確率密度関数は一意に決まる（後述する脚注 2.11 参照）.

となる.

例 2.3 例 2.1 について考える. まず, 容易に

$$P(X = 0) = P(\{ \text{裏} \}) = \frac{1}{2}, \quad P(X = 1) = P(\{ \text{表} \}) = \frac{1}{2}$$

がわかる. すなわち, $\mathcal{X} = \{0, 1\}$ として, $P(X \in \mathcal{X}) = 1$ となるので, X は
離散型であることがわかる. また, $x \neq 0, 1$ に対しては $P(X = x) = P(\emptyset) = 0$
となる. 以上のことをまとめると, X の確率関数は

$$p_X(x) = \begin{cases} \frac{1}{2} & (x = 0, 1), \\ 0 & (\text{その他}) \end{cases}$$

となる (確率関数 p_X の概形は図 2.3 参照).

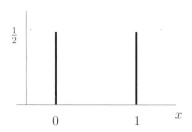

図 2.3 例 2.3 の確率関数 p_X の概形

例 2.4 例 2.2 について考える. F_X は連続関数であるので, X は連続型であ
ることがわかる. また, 確率密度関数は注意 2.2 より

$$f_X(x) = \frac{d}{dx} F_X(x) = \begin{cases} \frac{1}{2} & (0 < x < 2), \\ 0 & (\text{その他}) \end{cases}$$

となる (確率密度関数 f_X の概形は図 2.4 参照).

問 2.1 $P(X = c) = 1$ (c は定数) とする.

(1) X の累積分布関数を求め, その概形を描け.

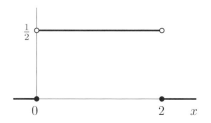

図 2.4 例 2.4 の確率密度関数 f_X の概形

(2) X は離散型か連続型かを答えよ.

離散型でも連続型でもない確率変数は存在する.

例 2.5 関数

$$F(x) = \begin{cases} 0 & (x < 0), \\ x & (0 \le x < \frac{1}{2}), \\ 1 & (\frac{1}{2} \le x) \end{cases}$$

を考える (図 2.5 参照).

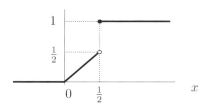

図 2.5 例 2.5 の関数 F の概形

まず, F は定理 2.1 の (ii)–(iv) を満たしているので, 定理 2.2 より, ある確率変数 X の累積分布関数となっていることがわかる. 次に, F は連続関数でないので, X は連続型ではないことがわかる. また, 定理 2.1 (v) より $\mathrm{P}(X = \frac{1}{2}) = F(\frac{1}{2}) - \lim_{z \nearrow 1/2} F(z) = 1 - \frac{1}{2} = \frac{1}{2}$ であり, $x \ne \frac{1}{2}$ に対しては,

$P(X = x) = 0$ がわかる. すなわち, $P(X \in \mathcal{X}) = 1$ となる高々可算集合 $\mathcal{X}$ は存在しない. よって, X は離散型でも連続型でもない. いま,

$$F_1(x) := \begin{cases} 0 & (x < \frac{1}{2}), \\ 1 & (\frac{1}{2} \le x), \end{cases} \qquad F_2(x) := \begin{cases} 0 & (x < 0), \\ 2x & (0 \le x < \frac{1}{2}), \\ 1 & (\frac{1}{2} \le x) \end{cases}$$

とおくと, F_1, F_2 はそれぞれ離散型分布, 連続型分布の累積分布関数であり, $F(x) = \frac{1}{2}F_1(x) + \frac{1}{2}F_2(x)$ と表される. すなわち, X は離散型と連続型の混合型とみなせる.

　以降, 確率変数を離散型と連続型に限定し, 確率関数, 確率密度関数をそれぞれ p_X, f_X 等と表して議論する.

問 2.2　$P(X \le c) = 1$ (c は定数) のとき, $x > c$ に対して, $p_X(x) = 0$, $f_X(x) = 0$ を確認せよ.

命題 2.1　確率関数について, 次が成り立つ.

$$p_X(x_n) = F_X(x_n) - F_X(x_{n-1}).$$

ただし, $p_X(x) > 0$ となる x を狭義単調増大列 $\{x_n\}$ の各 x_n と表し, $F_X(x_0) = 0$ とする.

証明　定義 2.2 (i) より

$$F_X(x_n) = \sum_{i=1}^{n} p_X(x_i), \quad F_X(x_{n-1}) = \sum_{i=1}^{n-1} p_X(x_i)$$

と書けるので, これらの差をとることにより示される. □

命題 2.2　確率密度関数について, 次が成り立つ.

$$P(a < X < b) = P(a \le X < b) = P(a < X \le b) = P(a \le X \le b)$$
$$= \int_a^b f_X(x)dx.$$

証明 まず, $\int_a^b f_X(x)dx = [F_X(x)]_a^b = F_X(b) - F_X(a) = \mathrm{P}(\{\omega \in \Omega : X(\omega) \leq b\}) - \mathrm{P}(\{\omega \in \Omega : X(\omega) \leq a\}) = \mathrm{P}(\{\omega \in \Omega : a < X(\omega) \leq b\}) = \mathrm{P}(a < X \leq b)$ を得る. 次に, F_X は連続関数であるので, 定理 2.1 (v) より任意の a に対して $\mathrm{P}(X = a) = 0$ となる. $\qquad\square$

定理 2.3 (i) ある数列 $\{a_n\}$ に対して, $p(a_n) > 0$ $(\forall n \in \mathbb{N})$, $p(x) = 0$ $(x \neq a_n)$, $\sum_{n=1}^{\infty} p(a_n) = 1$ を共に満足する関数 p は, ある離散型確率変数の確率関数である.

(ii) $f(x) \geq 0$ $(\forall x \in \mathbb{R})$, $\int_{-\infty}^{\infty} f(x)dx = 1$ を共に満足する関数 f は, ある連続型確率変数の確率密度関数である.

証明

(i) 関数 $F(x) := \sum_{n=1}^{\infty} p(a_n)\chi_{[a_n,\infty)}(x)$ は定理 2.1 (ii)–(iv) を満足していることがわかる. よって, 定理 2.2 より F はある確率変数 X の累積分布関数となる. さらに, $A = \{a_n : n \in \mathbb{N}\}$ とおくと, 定理 2.1 (v) より

$$\mathrm{P}(X = x) = F(x) - \lim_{z \nearrow x} F(z) = \begin{cases} F(a_n) - F(a_{n-1}) & (x \in A), \\ 0 & (x \notin A) \end{cases}$$

となる. すなわち, $\mathrm{P}(X \in A) = 1$ となり, 定義 2.2 (i) より, p はある離散型確率変数の確率関数となることがわかる.

(ii) 関数 $F(x) := \int_{-\infty}^{x} f(t)dt$ は定理 2.1 (ii)–(iv) を満足していることがわかる. よって, 定理 2.2 より F はある確率変数の累積分布関数となり, 定義 2.2 (ii) より, f はある連続型確率変数の確率密度関数となることがわかる. $\qquad\square$

注意 2.3 一般に X が連続型確率変数のとき, 任意の $B \in \mathcal{B}_1$ に対して,

$$\mathrm{P}(X \in B) = \int_B f_X(x)dx$$

となることが示される (例えば [3] 参照).

確率関数，確率密度関数の主な性質をまとめると，表 2.1 のようになる.

表 **2.1**　確率関数，確率密度関数の主な性質

	値　域	全　体	$\mathrm{P}(X=x)$	累積分布関数との関係
離散型	$0 \leq p_X(x) \leq 1$	$\displaystyle\sum_{n=1}^{\infty} p_X(x_n) = 1$	$p_X(x)$	$p_X(x_n) =$ $F_X(x_n) - F_X(x_{n-1})$ $(x_n \in \mathcal{X})$
連続型	$0 \leq f_X(x)$	$\displaystyle\int_{-\infty}^{\infty} f_X(x)dx = 1$	0	$\dfrac{d}{dx} F_X(x) = f_X(x)$ $(x \in \mathbb{R})$

■ 2.2　確率ベクトル

確率変数は Ω 上の実数値可測関数であった. 確率ベクトルは, これを k 次元ベクトル値可測関数へ拡張することにより定義される. 本節では, 特に, $k = 2$ に対して確率ベクトルを定義するが, $k \geq 3$ に対しても同様に定義される.

定義 2.3

(i) Ω 上で定義されたベクトル値関数 (X, Y) が $(\Omega, \mathcal{F})$ 上の **2 次元確率ベクトル**である $\overset{\text{def}}{\Longleftrightarrow} \{\omega \in \Omega : X(\omega) \leq x, Y(\omega) \leq y\} \in \mathcal{F}$ $(\forall (x, y) \in \mathbb{R}^2)$.

(ii) (X, Y) が $(\Omega, \mathcal{F})$ 上の 2 次元確率ベクトルのとき,

$$F_{X,Y}(x, y) := \mathrm{P}(\{\omega \in \Omega : X(\omega) \leq x, Y(\omega) \leq y\}) \quad ((x, y) \in \mathbb{R}^2)$$

を (X, Y) の**同時分布関数**という.

k 次元 $(k \geq 3)$ の確率ベクトル, 同時分布関数も同様に定義される.

定理 2.4　同時分布関数について, 次が成り立つ.

(i) 任意の $(x, y) \in \mathbb{R}^2$ に対して, $0 \leq F_{X,Y}(x, y) \leq 1$.

(ii) $\displaystyle\lim_{x\to-\infty} F_{X,Y}(x,y)=0,\quad \lim_{y\to-\infty} F_{X,Y}(x,y)=0.$

(iii) $\displaystyle\lim_{x,y\to\infty} F_{X,Y}(x,y)=1.$

(iv) 任意の $(x,y)\in\mathbb{R}^2$ に対して,

$$\mathrm{P}(X=x,Y=y)=F_{X,Y}(x,y)-\lim_{z\nearrow x}F_{X,Y}(z,y)$$
$$-\lim_{w\nearrow y}F_{X,Y}(x,w)+\lim_{z\nearrow x,\,w\nearrow y}F_{X,Y}(z,w).$$

証明

(i) 1 次元の場合（定理 2.1 (i)）と同様であるので省略.

(ii) $A_n:=\{\omega\in\Omega:X(\omega)\le -n,Y(\omega)\le y\}(\in\mathcal{F})$ とおくと, $A_n\supset A_{n+1}$ $(n\in\mathbb{N})$, $\displaystyle\lim_{n\to\infty}A_n=\emptyset$ となり, $\displaystyle\lim_{x\to-\infty}F_{X,Y}(x,y)=\lim_{n\to\infty}F_{X,Y}(-n,y)=\lim_{n\to\infty}\mathrm{P}(A_n)=\mathrm{P}\left(\lim_{n\to\infty}A_n\right)=\mathrm{P}(\emptyset)=0$ を得る. 後者についても同様.

(iii) $B_n:=\{\omega\in\Omega:X(\omega)\le n,Y(\omega)\le n\}(\in\mathcal{F})$ とおくと, $B_n\subset B_{n+1}$ $(n\in\mathbb{N})$, $\displaystyle\lim_{n\to\infty}B_n=\Omega$ となり, $\displaystyle\lim_{x,y\to\infty}F_{X,Y}(x,y)=\lim_{n\to\infty}F_{X,Y}(n,n)=\lim_{n\to\infty}\mathrm{P}(B_n)=\mathrm{P}\left(\lim_{n\to\infty}B_n\right)=\mathrm{P}(\Omega)=1$ を得る.

(iv) $C_n:=\{\omega\in\Omega:x-1/n<X(\omega)\le x,y-1/n<Y(\omega)\le y\}(\in\mathcal{F})$ とおくと, $C_n\supset C_{n+1}$ $(n\in\mathbb{N})$, $\displaystyle\lim_{n\to\infty}C_n=\{\omega\in\Omega:X(\omega)=x,Y(\omega)=y\}$ となり, $\mathrm{P}(X=x,Y=y)=\mathrm{P}\left(\lim_{n\to\infty}C_n\right)=\lim_{n\to\infty}\mathrm{P}(C_n)=\lim_{n\to\infty}\{F_{X,Y}(x,y)-F_{X,Y}(x-1/n,y)-F_{X,Y}(x,y-1/n)+F_{X,Y}(x-1/n,y-1/n)\}=F_{X,Y}(x,y)-\lim_{z\nearrow x}F_{X,Y}(z,y)-\lim_{w\nearrow y}F_{X,Y}(x,w)+\lim_{z\nearrow x,w\nearrow y}F_{X,Y}(z,w)$ を得る. $\square$

次に, 2 次元確率ベクトル (X,Y) とその同時分布関数が与えられたとき, X, Y それぞれの累積分布関数, 確率関数, 確率密度関数の役割を果たす関数について議論する. なお, X に関する概念, Y に関する概念の 2 つが考えられるときは, どちらも同様に議論されるため, 主に X に関する概念を中心に論ずるこ

ととする.

定義 2.4

$F_{X,Y}$ を (X,Y) の同時分布関数とする. このとき,

$$F_X(x) := \lim_{y \to \infty} F_{X,Y}(x,y) \quad (x \in \mathbb{R})$$

を X の **周辺分布関数** という.

以降, 特に断りがなければ, (X,Y) を 2 次元確率ベクトルとし, その同時分布関数を $F_{X,Y}(x,y)$ とする.

定義 2.5

(i) (X,Y) は **2 次元離散型確率ベクトル** である $\overset{\text{def}}{\iff} \mathbb{R}^2$ 上の高々可算集合 $\mathcal{Z}$ が存在して, $\mathrm{P}((X,Y) \in \mathcal{Z}) = 1$ となる[脚注 2.6]. このとき,

$$p_{X,Y}(x,y) := \mathrm{P}(X = x, Y = y) \quad ((x,y) \in \mathbb{R}^2)$$

を (X,Y) の **同時確率関数** という.

(ii) (X,Y) は **2 次元連続型確率ベクトル** である $\overset{\text{def}}{\iff} F_{X,Y}$ は連続関数である. このとき,

$$F_{X,Y}(x,y) = \int_{-\infty}^{x} \int_{-\infty}^{y} f_{X,Y}(u,v) dv du \quad ((x,y) \in \mathbb{R}^2)$$

を満たす非負値関数 $f_{X,Y}$ が存在すれば, $f_{X,Y}$ を (X,Y) の **同時確率密度関数** という.

注意 2.4　同時確率密度関数は本質的に

[脚注 2.6] 本質的に $\mathcal{Z} := \{(x,y) \in \mathbb{R}^2 : \mathrm{P}(X = x, Y = y) > 0\}$ とすればよい.

$$f_{X,Y}(x,y) = \begin{cases} \frac{\partial^2}{\partial x \partial y}F_{X,Y}(x,y) & (\frac{\partial^2}{\partial x \partial y}F_{X,Y}(x,y) \text{ が存在する点 } (x,y)), \\ 0 & (\text{その他}) \end{cases}$$

となる.

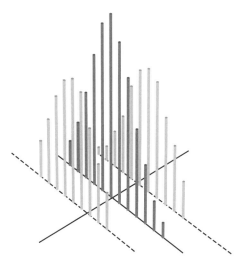

図 2.6 同時確率関数 $p_{X,Y}$ のイメージ

定義 2.6

(i) (X,Y) が離散型のとき,

$$p_X(x) := \sum_{n=1}^{\infty} p_{X,Y}(x,y_n) \quad (x \in \mathbb{R})$$

を X の**周辺確率関数**という. ただし, $p_{X,Y}(x,y) > 0$ となる y を狭義単調増大列 $\{y_n\}$ の各 y_n と表す.

(ii) (X,Y) が連続型のとき,

$$f_X(x) := \int_{-\infty}^{\infty} f_{X,Y}(x,y)dy \quad (x \in \mathbb{R})$$

を X の**周辺確率密度関数**という.

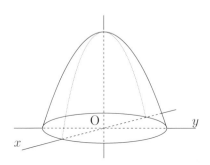 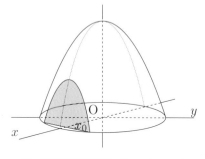

(i) 同時確率密度関数 $f_{X,Y}$ のイメージ　　　(ii) 周辺確率密度関数 f_X のイメージ

図 2.7　同時確率密度関数 $f_{X,Y}$ と周辺確率密度関数 $f_X(x_0)$

図 2.7 (ii) において, X の周辺確率密度関数 f_X の $x = x_0$ における値 $f_X(x_0)$ は断面（斜線部分）の面積を表す.

以降, 特に断りがなければ $p_X(x) > 0$ となる x を狭義単調増大列 $\{x_m\}$ の各 x_m, $p_Y(y) > 0$ となる y を狭義単調増大列 $\{y_n\}$ の各 y_n と表し

$$(2.2)\quad \mathcal{X} := \{x_1, x_2, \ldots, x_m, x_{m+1}, \ldots\}, \quad \mathcal{Y} := \{y_1, y_2, \ldots, y_n, y_{n+1}, \ldots\}$$

とする.

命題 2.3　同時確率関数について, 次が成り立つ.

$$p_{X,Y}(x_m, y_n) = F_{X,Y}(x_m, y_n) - F_{X,Y}(x_{m-1}, y_n)$$
$$- F_{X,Y}(x_m, y_{n-1}) + F_{X,Y}(x_{m-1}, y_{n-1}) \quad ((x_m, y_n) \in \mathcal{X} \times \mathcal{Y}).$$

ただし, $F_{X,Y}(x_0, y_0) = F_{X,Y}(x_0, y_n) = F_{X,Y}(x_m, y_0) = 0$ とする.

証明

$$F_{X,Y}(x_m, y_n) = \sum_{i=1}^{m} \sum_{j=1}^{n} p_{X,Y}(x_i, y_j),$$

$$F_{X,Y}(x_{m-1}, y_n) = \sum_{i=1}^{m-1} \sum_{j=1}^{n} p_{X,Y}(x_i, y_j),$$

$$F_{X,Y}(x_m, y_{n-1}) = \sum_{i=1}^{m} \sum_{j=1}^{n-1} p_{X,Y}(x_i, y_j),$$

$$F_{X,Y}(x_{m-1}, y_{n-1}) = \sum_{i=1}^{m-1} \sum_{j=1}^{n-1} p_{X,Y}(x_i, y_j)$$

であるので,

$$F_{X,Y}(x_m, y_n) - F_{X,Y}(x_{m-1}, y_n) - F_{X,Y}(x_m, y_{n-1}) + F_{X,Y}(x_{m-1}, y_{n-1})$$

$$= \sum_{i=1}^{m} \sum_{j=1}^{n} p_{X,Y}(x_i, y_j) - \sum_{i=1}^{m-1} \sum_{j=1}^{n} p_{X,Y}(x_i, y_j)$$

$$- \sum_{i=1}^{m} \sum_{j=1}^{n-1} p_{X,Y}(x_i, y_j) + \sum_{i=1}^{m-1} \sum_{j=1}^{n-1} p_{X,Y}(x_i, y_j)$$

$$= p_{X,Y}(x_m, y_n)$$

となる. □

命題 2.4 同時確率密度関数について,次が成り立つ.

$$\mathrm{P}(a < X \le b, c < Y \le d) = \int_a^b \int_c^d f_{X,Y}(x, y) dy dx \quad (a < b, c < d).$$

証明 注意 2.4 より

$$\int_a^b \int_c^d f_{X,Y}(x, y) dy dx = \left[\left[F_{X,Y}(x, y) \right]_{y=c}^{y=d} \right]_{x=a}^{x=b}$$

$$= F_{X,Y}(b, d) - F_{X,Y}(a, d) - F_{X,Y}(b, c) + F_{X,Y}(a, c)$$

$$= \mathrm{P}(X \le b, Y \le d) - \mathrm{P}(X \le a, Y \le d)$$

$$\quad - \mathrm{P}(X \le b, Y \le c) + \mathrm{P}(X \le a, Y \le c)$$

$$= \mathrm{P}(a < X \le b, Y \le d) - \mathrm{P}(a < X \le b, Y \le c)$$

$$= \mathrm{P}(a < X \le b, c < Y \le d)$$

を得る. □

命題 2.5　(i) F_X を X の周辺分布関数とする. このとき,

$$F_X(x) = \mathrm{P}(X \le x) \quad (x \in \mathbb{R})$$

が成り立つ.

(ii) p_X を X の周辺確率関数とする. このとき,

$$\mathrm{P}(X = x) = p_X(x) \quad (x \in \mathbb{R})$$

が成り立つ.

(iii) f_X を X の周辺確率密度関数とする. このとき,

$$\mathrm{P}(X \le x) = \int_{-\infty}^{x} f_X(t)dt \quad (x \in \mathbb{R})$$

が成り立つ.

証明

(i) 定理 2.4 と同様にして示される.

(ii) $p_{X,Y}(x,y) > 0$ となる y を狭義単調増大列 $\{y_n\}$ の各 y_n とすると, $\mathrm{P}(X = x) = \mathrm{P}(X = x, -\infty < Y < \infty) = \sum_{n=1}^{\infty} \mathrm{P}(X = x, Y = y_n) = p_X(x)$ を得る.

(iii) 命題 2.4 より, $\mathrm{P}(X \le x) = \mathrm{P}(X \le x, -\infty < Y < \infty) = \int_{-\infty}^{x} \int_{-\infty}^{\infty} f_{X,Y}(u,v)dvdu = \int_{-\infty}^{x} f_X(u)du$ を得る. □

命題 2.5 より周辺分布関数, 周辺確率関数, 周辺確率密度関数はそれぞれ累積分布関数, 確率関数, 確率密度関数である.

注意 2.5　一般に $\boldsymbol{X}$ が k 次元連続型確率ベクトルのとき, 任意の $B \in \mathcal{B}_k$ に

対して,

$$P(\boldsymbol{X} \in B) = \int_B f_{\boldsymbol{X}}(\boldsymbol{x}) d\boldsymbol{x}$$

となることが示される（例えば [3] 参照）.

■ 2.3 確率変数の独立性

確率変数 X, Y は，任意の $x, y \in \mathbb{R}$ に対して，$A = \{\omega \in \Omega : X(\omega) \le x\}$, $B = \{\omega \in \Omega : Y(\omega) \le y\}$ が事象であることにより定義された．確率変数 X, Y が独立であることは，事象の独立性から，任意の $(x, y) \in \mathbb{R}^2$ に対して，これら 2 つの事象が独立であること，すなわち，$P(A \cap B) = P(A)P(B)$ により定義されることは自然である．したがって，確率変数の独立性は，累積分布関数，及び同時分布関数により定義される.

定義 2.7

(i) X と Y は**独立**である $^{\text{脚注 2.7}}$ $\overset{\text{def}}{\iff}$ $F_{X,Y}(x, y) = F_X(x)F_Y(y)$ $(\forall (x, y) \in \mathbb{R}^2)$.

(ii) より一般に $X_1, \ldots, X_n$ は**互いに独立**である $\overset{\text{def}}{\iff}$ $F_{\boldsymbol{X}}(\boldsymbol{x}) = \prod_{i=1}^{n} F_{X_i}(x_i)$ $(\forall \boldsymbol{x} \in \mathbb{R}^n)$. ただし，$F_{\boldsymbol{X}}$ は確率ベクトル $\boldsymbol{X} = (X_1, \ldots, X_n)$ の同時分布関数であり，$\boldsymbol{x} = (x_1, \ldots, x_n)$ である.

命題 2.6 (i) (X, Y) が離散型のとき,

$$X \text{ と } Y \text{ は独立である} \Leftrightarrow p_{X,Y}(x, y) = p_X(x)p_Y(y) \quad (\forall (x, y) \in \mathbb{R}^2)$$

が成り立つ.

(ii) (X, Y) が連続型のとき,

$$X \text{ と } Y \text{ は独立である} \Leftrightarrow f_{X,Y}(x, y) = f_X(x)f_Y(y) \quad (\forall (x, y) \in \mathbb{R}^2)$$

$^{\text{脚注 2.7}}$ このとき，$X \amalg Y$ と表すことがある.

が成り立つ.

証明

(i) ($\Rightarrow$) $(x_m, y_n) \in \mathcal{X} \times \mathcal{Y}$ $((m, n) \in \mathbb{N}^2)$ とする [脚注 2.8]. このとき, X と Y が独立であれば, 命題 2.3 より

$$
\begin{aligned}
p_{X,Y}(x_m, y_n) &= F_{X,Y}(x_m, y_n) - F_{X,Y}(x_{m-1}, y_n) \\
&\quad - F_{X,Y}(x_m, y_{n-1}) + F_{X,Y}(x_{m-1}, y_{n-1}) \\
&= F_X(x_m)F_Y(y_n) - F_X(x_{m-1})F_Y(y_n) \\
&\quad - F_X(x_m)F_Y(y_{n-1}) + F_X(x_{m-1})F_Y(y_{n-1}) \\
&= p_X(x_m)p_Y(y_n)
\end{aligned}
$$

を得る. また, $p_X(x) = 0$ となる x, または $p_Y(y) = 0$ となる y に対しては $p_{X,Y}(x, y) \leq p_X(x), p_Y(y)$ となるので, $p_{X,Y}(x, y) = p_X(x)p_Y(y) = 0$ となる. ($\Leftarrow$) $(m, n) \in \mathbb{N}^2$ は $x_m \leq x < x_{m+1}$, $y_n \leq y < y_{n+1}$ を満足するものとする. このとき,

$$
\begin{aligned}
F_{X,Y}(x, y) &= \sum_{i=1}^{m}\sum_{j=1}^{n} \mathrm{P}(X = x_i, Y = y_j) = \sum_{i=1}^{m}\sum_{j=1}^{n} p_{X,Y}(x_i, y_j) \\
&= \sum_{i=1}^{m}\sum_{j=1}^{n} p_X(x_i)p_Y(y_j) = \sum_{i=1}^{m} p_X(x_i) \sum_{j=1}^{n} p_Y(y_j) \\
&= F_X(x)F_Y(y)
\end{aligned}
$$

を得る.

(ii) ($\Rightarrow$) X と Y が独立であれば,

$$
\begin{aligned}
\int_{-\infty}^{x}\int_{-\infty}^{y} f_{X,Y}(u, v)\,dv\,du &= \int_{-\infty}^{x} f_X(u)\,du \int_{-\infty}^{y} f_Y(v)\,dv \\
&= \int_{-\infty}^{x}\int_{-\infty}^{y} f_X(u)f_Y(v)\,dv\,du \quad (\forall(x, y) \in \mathbb{R}^2)
\end{aligned}
$$

[脚注 2.8] $\mathcal{X}$, $\mathcal{Y}$ については (2.2) 参照.

であるので，$f_{X,Y}(x,y) = f_X(x)f_Y(y)$ $(\forall (x,y) \in \mathbb{R}^2)$ が成り立つ.

($\Leftarrow$) 任意の $(x,y) \in \mathbb{R}^2$ に対して $f_{X,Y}(x,y) = f_X(x)f_Y(y)$ であれば

$$F_{X,Y}(x,y) = \int_{-\infty}^{x} \int_{-\infty}^{y} f_{X,Y}(u,v)dvdu$$
$$= \int_{-\infty}^{x} f_X(u)du \int_{-\infty}^{y} f_Y(v)dv = F_X(x)F_Y(y)$$

を得る. □

定義 2.8

(i) (X,Y) が離散型のとき，$p_Y(y) > 0$ となる y に対して

$$p_{X|Y}(x|y) := \frac{p_{X,Y}(x,y)}{p_Y(y)}$$

を，$Y = y$ が与えられたときの X の**条件付確率関数**という.

(ii) (X,Y) が連続型のとき，$f_Y(y) > 0$ となる y に対して

$$f_{X|Y}(x|y) := \frac{f_{X,Y}(x,y)}{f_Y(y)}$$

を，$Y = y$ が与えられたときの X の**条件付確率密度関数**という.

注意 2.6　定義 2.8 において，$Y = y$ が与えられたということは，y を定数とみなしていることに注意する. すなわち，$Y = y$ が与えられたときの X の条件付確率関数 $p_{X|Y}(x|y)$，X の条件付確率密度関数 $f_{X|Y}(x|y)$ は，いずれも x のみの関数である.

命題 2.7　(i) $p_{X|Y}(x|y)$ は確率関数である.

(ii) $f_{X|Y}(x|y)$ は確率密度関数である.

問 2.3　命題 2.7 を示せ.

例 2.6　(X, Y) の同時確率関数が

$$p_{X,Y}(x,y) = \begin{cases} \frac{1}{20}(x+y) & ((x,y) \in \{(x,y) \in \mathbb{N}^2 : 1 \leq x, 1 \leq y, x+y \leq 4\}), \\ 0 & (その他) \end{cases}$$

で与えられているとする．このとき，X の周辺確率関数，Y の周辺確率関数はそれぞれ

$$p_X(x) = \begin{cases} \frac{1}{40}(4-x)(x+5) & (x = 1, 2, 3), \\ 0 & (その他), \end{cases}$$

$$p_Y(y) = \begin{cases} \frac{1}{40}(4-y)(y+5) & (y = 1, 2, 3), \\ 0 & (その他) \end{cases}$$

となる．したがって，$Y = y \ (y = 1, 2, 3)$ が与えられたときの X の条件付確率関数は

$$p_{X|Y}(x|y) = \begin{cases} \frac{2(x+y)}{(4-y)(y+5)} & (x \in \{x \in \mathbb{N} : 1 \leq x \leq 4-y\}), \\ 0 & (その他) \end{cases}$$

となる．また，$p_{X,Y}(x,y) = p_X(x)p_Y(y) \ (\forall (x,y) \in \mathbb{R}^2)$ を満たさないので命題 2.6 (i) より X と Y は独立でないことがわかる．

例 2.7　(X, Y) の同時確率密度関数が

$$f_{X,Y}(x,y) = \begin{cases} 8xy & (0 < y < x < 1), \\ 0 & (その他) \end{cases}$$

で与えられているとする．このとき，X の周辺確率密度関数，Y の周辺確率密度関数はそれぞれ

$$f_X(x) = \begin{cases} 4x^3 & (0 < x < 1), \\ 0 & (その他), \end{cases} \qquad f_Y(y) = \begin{cases} 4y(1-y^2) & (0 < y < 1), \\ 0 & (その他) \end{cases}$$

となる．したがって，$X = x \ (0 < x < 1)$ が与えられたときの Y の条件付確率密度関数，$Y = y \ (0 < y < 1)$ が与えられたときの X の条件付確率密度関数はそれぞれ，

$$f_{Y|X}(y|x) = \begin{cases} \frac{2y}{x^2} & (0 < y < x), \\ 0 & (\text{その他}), \end{cases} \qquad f_{X|Y}(x|y) = \begin{cases} \frac{2x}{1-y^2} & (y < x < 1), \\ 0 & (\text{その他}) \end{cases}$$

となる．また，$f_{X,Y}(x,y) = f_X(x)f_Y(y) \ (\forall (x,y) \in \mathbb{R}^2)$ を満たさないので，命題 2.6 (ii) より X と Y は独立でないことがわかる．

■ 2.4 統計量

　統計量は，データを縮約し，その本質は第 II 部において講じる統計において明らかになる．本節では，それを測度論から定義する．すなわち，統計量は，確率ベクトルに基づくベクトル値可測関数である．

定義 2.9

> 　$\boldsymbol{X} = (X_1, \ldots, X_n)$ を確率ベクトル，$\mathcal{X} \subset \mathbb{R}^n$ とする．このとき，$T : \mathcal{X} \to \mathbb{R}^k$ が（k 次元）**統計量**である $\overset{\text{def}}{\Longleftrightarrow} \{\boldsymbol{x} \in \mathcal{X} : T(\boldsymbol{x}) \in B\} \in \mathcal{B}'_n$ （$\forall B \in \mathcal{B}_k$）．ただし，$\mathcal{B}'_n$ は $\mathcal{X}$ に含まれるすべての開集合を含む最小の完全加法族とする．また，$T(\boldsymbol{X})$ を $\boldsymbol{X}$ に基づく統計量という[脚注 2.9]．

例 2.8　$T(\boldsymbol{X}) = \sum_{i=1}^{n} X_i/n$ は，$\boldsymbol{X}$ に基づく（1 次元）統計量である（[1]参照）．

注意 2.7　本書をとおして対象とする確率ベクトルの関数は常に統計量とする．また，定義 2.9 において $B = \prod_{i=1}^{k}(-\infty, x_i](\in \mathcal{B}_k)$ とすることにより，統計量は $(\mathcal{X}, \mathcal{B}'_n)$ 上の確率ベクトルであることが示される．

[脚注 2.9] 第 II 部において講じる統計では，$\boldsymbol{X} = (X_1, \ldots, X_n)$ は無作為標本であり，統計量としては $\boldsymbol{X}$ の縮約，すなわち $n \geq k$ の場合を考える．また，簡単のため，$T(\boldsymbol{X})$ は T により表される．

命題 2.8　X と Y は独立とする．このとき，$g(X)$ と $h(Y)$ も独立である．

証明　(X, Y) が連続型のとき，$x, y \in \mathbb{R}$ に対して，$A(x) := \{u \in \mathbb{R} : g(u) \leq x\}$, $B(y) := \{v \in \mathbb{R} : h(v) \leq y\}$ とおく．このとき，注意 2.5 より $(g(X), h(Y))$ の同時分布関数は $F_{g(X), h(Y)}(x, y) = \mathrm{P}(g(X) \leq x, h(Y) \leq y) = \mathrm{P}(X \in A(x), Y \in B(y)) = \int_{A(x)} \int_{B(y)} f_{X,Y}(s, t) dt ds = \int_{A(x)} f_X(s) ds \int_{B(y)} f_Y(t) dt = \mathrm{P}(X \in A(x)) \mathrm{P}(Y \in B(y)) = \mathrm{P}(g(X) \leq x) \mathrm{P}(h(Y) \leq y) = F_{g(X)}(x) F_{h(Y)}(y)$ となる．(X, Y) が離散型のときも同様に示される．　　　　　　□

例 2.9　X の確率関数を

$$p_X(x) = \begin{cases} \dfrac{1}{2} & (x = 0, 1), \\ 0 & (その他) \end{cases}$$

とする（例 2.3 参照）．このとき，$Y = 2X$ の確率関数を考える．Y の確率関数は

$$p_Y(y) = \mathrm{P}(Y = y) = \mathrm{P}(2X = y) = \mathrm{P}\left(X = \frac{y}{2}\right) = p_X\left(\frac{y}{2}\right) = \begin{cases} \dfrac{1}{2} & (y = 0, 2), \\ 0 & (その他) \end{cases}$$

となる．

　一般には次の定理が成り立つ．

定理 2.5　$\boldsymbol{X} = (X_1, \ldots, X_n)$ を離散型確率ベクトルとし，その同時確率関数 $p_{\boldsymbol{X}}$ はある集合 $\mathcal{X}(\subset \mathbb{R}^n)$ を用いて

$$p_{\boldsymbol{X}}(\boldsymbol{x}) \begin{cases} > 0 & (\boldsymbol{x} \in \mathcal{X}), \\ = 0 & (\boldsymbol{x} \notin \mathcal{X}) \end{cases}$$

と表されているとする．また，$\boldsymbol{g} : \mathcal{X} \to \boldsymbol{g}(\mathcal{X})(= \{\boldsymbol{g}(\boldsymbol{x}) : \boldsymbol{x} \in \mathcal{X}\})$ は 1 対 1 対応であり，その逆関数を $\boldsymbol{h}$ とする．すなわち，$\boldsymbol{y} = \boldsymbol{g}(\boldsymbol{x}) \Leftrightarrow \boldsymbol{x} = \boldsymbol{h}(\boldsymbol{y})$ である．このとき，$\boldsymbol{Y} = \boldsymbol{g}(\boldsymbol{X})$ の同時確率関数は

$$p_{\boldsymbol{Y}}(\boldsymbol{y}) = \begin{cases} p_{\boldsymbol{X}}(\boldsymbol{h}(\boldsymbol{y})) & (\boldsymbol{y} \in \boldsymbol{g}(\mathcal{X})), \\ 0 & (\boldsymbol{y} \notin \boldsymbol{g}(\mathcal{X})) \end{cases}$$

となる.

証明　Y の同時確率関数は $p_{\boldsymbol{Y}}(\boldsymbol{y}) = \mathrm{P}(\boldsymbol{Y} = \boldsymbol{y}) = \mathrm{P}(\boldsymbol{g}(\boldsymbol{X}) = \boldsymbol{y})$ となる. (i) $\boldsymbol{y} \in \boldsymbol{g}(\mathcal{X})$ に対して, $\mathrm{P}(\boldsymbol{g}(\boldsymbol{X}) = \boldsymbol{y}) = \mathrm{P}(\boldsymbol{X} = \boldsymbol{h}(\boldsymbol{y})) = p_{\boldsymbol{X}}(\boldsymbol{h}(\boldsymbol{y}))$ となる. (ii) $\boldsymbol{y} \notin \boldsymbol{g}(\mathcal{X})$ に対して, $\boldsymbol{g}(\boldsymbol{X}) = \boldsymbol{y} \Rightarrow \boldsymbol{X} \notin \mathcal{X}$ となるので, $\mathrm{P}(\boldsymbol{g}(\boldsymbol{X}) = \boldsymbol{y}) \leq \mathrm{P}(\boldsymbol{X} \notin \mathcal{X}) = 0$ となる. □

例 2.10　X の確率密度関数を

$$f_X(x) = \begin{cases} e^{-x} & (x > 0), \\ 0 & (x \leq 0) \end{cases}$$

とする. このとき, $Y = X^2$ の確率密度関数を考える. Y の累積分布関数は

$$F_Y(y) = \mathrm{P}(Y \leq y) = \mathrm{P}(X^2 \leq y) = \begin{cases} \int_0^{\sqrt{y}} e^{-x} dx & (y \geq 0), \\ 0 & (y < 0) \end{cases}$$

となる. したがって, Y の確率密度関数は注意 2.2 より

$$(2.3) \qquad f_Y(y) = \begin{cases} \frac{1}{2\sqrt{y}} e^{-\sqrt{y}} & (y > 0), \\ 0 & (y \leq 0) \end{cases}$$

となる.

　一般には次の定理が成り立つ.

定理 2.6　$\boldsymbol{X} = (X_1, \ldots, X_n)$ を連続型確率ベクトルとし, その同時確率密度関数 $f_{\boldsymbol{X}}$ はある集合 $\mathcal{X}(\subset \mathbb{R}^n)$ を用いて,

$$f_{\boldsymbol{X}}(\boldsymbol{x}) \begin{cases} > 0 & (\boldsymbol{x} \in \mathcal{X}), \\ = 0 & (\boldsymbol{x} \notin \mathcal{X}) \end{cases}$$

と表されているとする. また, $\boldsymbol{g} : \mathcal{X} \to \boldsymbol{g}(\mathcal{X})$ に関して, 次を仮定する.

　(i) $\boldsymbol{g}$ は 1 対 1 対応とし, その逆関数を $\boldsymbol{h}$ とする. すなわち, $\boldsymbol{y} \in \boldsymbol{g}(\mathcal{X})$ に

対して，$\boldsymbol{y} = \boldsymbol{g}(\boldsymbol{x}) \Leftrightarrow \boldsymbol{x} = \boldsymbol{h}(\boldsymbol{y})$ である.

(ii) $\boldsymbol{g}$ は連続微分可能である.

(iii) $\frac{\partial \boldsymbol{h}(\boldsymbol{y})}{\partial \boldsymbol{y}}$ を $\boldsymbol{h}(\boldsymbol{y})$ の関数行列とするとき，$\left| \det \left\{ \frac{\partial \boldsymbol{h}(\boldsymbol{y})}{\partial \boldsymbol{y}} \right\} \right| < \infty \ (\boldsymbol{y} \in \boldsymbol{g}(\mathcal{X}))$.

このとき，$\boldsymbol{Y} = \boldsymbol{g}(\boldsymbol{X})$ の同時確率密度関数は

$$(2.4) \qquad f_{\boldsymbol{Y}}(\boldsymbol{y}) = \begin{cases} f_{\boldsymbol{X}}(\boldsymbol{h}(\boldsymbol{y})) \left| \det \left\{ \frac{\partial \boldsymbol{h}(\boldsymbol{y})}{\partial \boldsymbol{y}} \right\} \right| & (\boldsymbol{y} \in \boldsymbol{g}(\mathcal{X})), \\ 0 & (\boldsymbol{y} \notin \boldsymbol{g}(\mathcal{X})) \end{cases}$$

となる.

証明　$A(\boldsymbol{y}) := \{ \boldsymbol{x} \in \mathcal{X} : g_i(\boldsymbol{x}) \le y_i \ (i = 1, \ldots, n) \}$ とおく. ただし，$\boldsymbol{y} = (y_1, \ldots, y_n)$ である. このとき，$\boldsymbol{Y}$ の同時分布関数は

$$F_{\boldsymbol{Y}}(\boldsymbol{y}) = \mathrm{P}(Y_1 \le y_1, \ldots, Y_n \le y_n) = \mathrm{P}(g_1(\boldsymbol{X}) \le y_1, \ldots, g_n(\boldsymbol{X}) \le y_n)$$

$$(2.5) \qquad = \mathrm{P}(\boldsymbol{X} \in A(\boldsymbol{y})) = \int_{A(\boldsymbol{y})} f_{\boldsymbol{X}}(\boldsymbol{x}) d\boldsymbol{x}$$

となる. ここで，$\boldsymbol{z} = \boldsymbol{g}(\boldsymbol{x})$ と変数変換すれば，$\boldsymbol{x} = \boldsymbol{h}(\boldsymbol{z})$ となり，$A(\boldsymbol{y})$ は $\{ \boldsymbol{z} \in \boldsymbol{g}(\mathcal{X}) : z_i \le y_i \ (i = 1, \ldots, n) \}$ に写る. よって，

$$(2.5) = \int_{-\infty}^{y_1} \cdots \int_{-\infty}^{y_n} f_{\boldsymbol{X}}(\boldsymbol{h}(\boldsymbol{z})) \left| \det \left\{ \frac{\partial \boldsymbol{h}(\boldsymbol{z})}{\partial \boldsymbol{z}} \right\} \right| dz_n \cdots dz_1$$

となり，注意 2.4 を用いることにより (2.4) の $\boldsymbol{y} \in \boldsymbol{g}(\mathcal{X})$ の部分を得る. また，

$$\int_{\boldsymbol{g}(\mathcal{X})} f_{\boldsymbol{X}}(\boldsymbol{h}(\boldsymbol{y})) \left| \det \left\{ \frac{\partial \boldsymbol{h}(\boldsymbol{y})}{\partial \boldsymbol{y}} \right\} \right| d\boldsymbol{y} = 1$$

が示されるので，$\boldsymbol{y} \notin \boldsymbol{g}(\mathcal{X})$ に対しては $f_{\boldsymbol{Y}}(\boldsymbol{y}) = 0$ となることがわかる.　□

例 2.10（続）. $x = \sqrt{y}$, $dx/dy = 1/(2\sqrt{y})$ であるので，Y の確率密度関数は定理 2.6 より (2.3) で与えられることがわかる.

　次に，最小値・最大値の拡張の概念である順序統計量について議論する.

定義 2.10

$\boldsymbol{X} = (X_1, X_2, \ldots, X_n)$ に対して，$X_1, X_2, \ldots, X_n$ を大きさの順に並べて

$$X_{(1)} \le X_{(2)} \le \cdots \le X_{(n)}$$

とする．このとき，

$$(X_{(1)}, X_{(2)}, \ldots, X_{(n)})$$

を $\boldsymbol{X}$ の**順序統計量**という．

定理 2.7 $X_1, \ldots, X_n$ は互いに独立な連続型確率変数であり，それらの累積分布関数，確率密度関数をそれぞれ同一の F_X, f_X とする．このとき，$X_{(n)}$，$X_{(1)}$ の確率密度関数はそれぞれ

$$(2.6) \qquad f_{X_{(n)}}(x) = n F_X^{n-1}(x) f_X(x),$$

$$(2.7) \qquad f_{X_{(1)}}(x) = n(1 - F_X(x))^{n-1} f_X(x)$$

となる．

証明 $X_{(n)} \le x \Leftrightarrow X_1 \le x, \ldots, X_n \le x$ であるので，$X_{(n)}$ の累積分布関数は $F_{X_{(n)}}(x) = \mathrm{P}(X_{(n)} \le x) = \mathrm{P}(X_1 \le x, \ldots, X_n \le x) = \mathrm{P}(X_1 \le x) \cdots \mathrm{P}(X_n \le x) = F_X^n(x)$ となり，両辺を x で微分することにより (2.6) を得る．(2.7) についても同様である． $\square$

問 2.4 (2.7) を示せ．

■ 2.5 期待値

確率変数は確率的法則に従い変動する値であった．この確率的法則をひとつの値に集約するための概念として，確率変数の期待値が考えられる．本節では，確率ベクトルに基づく関数の期待値を定義し，その基本的性質を体系的に講じる．

定義 2.11

$g : \mathcal{X}(\subset \mathbb{R}^2) \to \mathbb{R}$ を統計量とするとき,

$$
\mathrm{E}[g(X, Y)] := \begin{cases} \displaystyle\sum_{i=1}^{\infty} \sum_{j=1}^{\infty} g(x_i, y_j) p_{X,Y}(x_i, y_j) & ((X, Y) \text{ は離散型}), \\ \displaystyle\int_{-\infty}^{\infty} \int_{-\infty}^{\infty} g(x, y) f_{X,Y}(x, y) dy dx & ((X, Y) \text{ は連続型}) \end{cases}
$$

を $g(X, Y)$ の **期待値**, または**平均**という. ただし, $x_m \in \mathcal{X}$, $y_n \in \mathcal{Y}$ $(m, n \in \mathbb{N})$ であり, $\mathrm{E}[|g(X, Y)|] < \infty$ とする[脚注 2.10]. $\mathrm{E}[|g(X, Y)|] = \infty$ のときは $g(X, Y)$ の期待値は存在しないという.

期待値が常に存在するわけではない.

例 2.11 (離散型).

$$
p(x) = \begin{cases} \dfrac{1}{x(x+1)} & (x = 1, 2, \ldots), \\ 0 & (\text{その他}) \end{cases}
$$

とする. このとき,

$$
p(x) \begin{cases} > 0 & (x = 1, 2, \ldots), \\ = 0 & (\text{その他}) \end{cases}
$$

であり, また

$$
\begin{aligned}
\sum_{x=1}^{\infty} p(x) &= \lim_{N \to \infty} \sum_{x=1}^{N} \frac{1}{x(x+1)} = \lim_{N \to \infty} \sum_{x=1}^{N} \left(\frac{1}{x} - \frac{1}{x+1} \right) \\
&= \lim_{N \to \infty} \left(1 - \frac{1}{N+1} \right) = 1
\end{aligned}
$$

[脚注 2.10] $\mathcal{X}$, $\mathcal{Y}$ については (2.2) 参照.

となる．よって，定理 2.3 (i) より p はある離散型確率変数 X の確率関数となることがわかる．しかし，

$$\sum_{x=1}^{\infty} |x|p(x) = \lim_{N \to \infty} \sum_{x=1}^{N} \frac{1}{x+1} = \infty$$

となり，X の期待値は存在しないことがわかる．

例 2.12（連続型）．

(2.8) $$f(x) = \frac{1}{\pi(1+x^2)} \quad (x \in \mathbb{R})$$

とする．このとき，$f(x) > 0$ であり，また

$$\int_{-\infty}^{\infty} f(x)dx = \frac{1}{\pi} \int_{-\infty}^{\infty} \frac{dx}{1+x^2} = \frac{1}{\pi}\Big[\mathrm{Tan}^{-1}x\Big]_{-\infty}^{\infty} = 1$$

となる．よって，定理 2.3 (ii) より f はある連続型確率変数 X の確率密度関数となることがわかる．しかし，

$$\int_{-\infty}^{\infty} |x|f(x)dx = \frac{1}{\pi}\left\{ \int_{0}^{\infty} \frac{x}{1+x^2}dx - \int_{-\infty}^{0} \frac{x}{1+x^2}dx \right\}$$
$$= \frac{1}{2\pi}\left\{ \lim_{a \to \infty}\Big[\log(1+x^2)\Big]_{0}^{a} - \lim_{b \to -\infty}\Big[\log(1+x^2)\Big]_{b}^{0} \right\} = \infty$$

となり，X の期待値は存在しないことがわかる．

以降，特に断りがなければ，期待値は存在するものとする．

命題 2.9 g_i $(i = 1, 2)$ を統計量とする．このとき，期待値について，次が成り立つ．

(i) **（正規性）** $\mathrm{E}(1) = 1$.

(ii) **（線形性）** c_1, c_2 を定数とするとき，
$\mathrm{E}[c_1 g_1(X, Y) + c_2 g_2(X, Y)] = c_1\mathrm{E}[g_1(X, Y)] + c_2\mathrm{E}[g_2(X, Y)]$.

(iii) **（単調性）** $g_1(x, y) \leq g_2(x, y)$ $(\forall(x, y) \in \mathbb{R}^2) \Rightarrow$

$$\mathrm{E}[g_1(X,Y)] \leq \mathrm{E}[g_2(X,Y)]^{脚注\ 2.11}.$$

証明 (X,Y) が離散型の場合も同様であるため，連続型の場合のみ証明する．

(i) $\mathrm{E}(1) = \int_{-\infty}^{\infty} \int_{-\infty}^{\infty} 1 \cdot f_{X,Y}(x,y)dxdy = 1.$

(ii) $\mathrm{E}[c_1 g_1(X,Y) + c_2 g_2(X,Y)]$
$$= \int_{-\infty}^{\infty} \int_{-\infty}^{\infty} \{c_1 g_1(x,y) + c_2 g_2(x,y)\} f_{X,Y}(x,y)dxdy$$
$$= c_1 \int_{-\infty}^{\infty} \int_{-\infty}^{\infty} g_1(x,y) f_{X,Y}(x,y)dxdy$$
$$+ c_2 \int_{-\infty}^{\infty} \int_{-\infty}^{\infty} g_2(x,y) f_{X,Y}(x,y)dxdy$$
$$= c_1 \mathrm{E}[g_1(X,Y)] + c_2 \mathrm{E}[g_2(X,Y)].$$

(iii) $\mathrm{E}[g_1(X,Y)] = \int_{-\infty}^{\infty} \int_{-\infty}^{\infty} g_1(x,y) f_{X,Y}(x,y)dxdy$
$$\leq \int_{-\infty}^{\infty} \int_{-\infty}^{\infty} g_2(x,y) f_{X,Y}(x,y)dxdy = \mathrm{E}[g_2(X,Y)]. \qquad \square$$

問 2.5 $\mathrm{P}(X \leq c) = 1$（c は定数）とする．このとき，$\mathrm{E}(X) \leq c$ が成り立つことを脚注 2.11 の事実を用いて示せ．

次に，確率変数のばらつきを表す尺度を考えよう．確率変数とその期待値との差を偏差という．偏差の期待値は常に 0 であるので，これは確率変数のばらつきを表す尺度にはなり得ない．そこで，偏差の平方の期待値を考え，これを分散という．偏差の平方は非負値の統計量であり，小さい（大きい）値を多くとるとき，確率変数のとり得る値は，その期待値の周辺に集まっていると解釈できる．すなわち，分散が小さい程（大きい程），確率変数の期待値周りのばらつきは小さい（大きい）と解釈される．さらに，2 つの確率変数の偏差の積の期待値が考えられ，これを共分散という．2 つの偏差の組を $\mathbb{R}^2$ 上の点とみなすとき，共分散が正（負）であることは，この点は第 1，第 3 象限（第 2，第 4 象限）に（ある意味）集まっていると解釈できる．また，共分散の正規化を相関係数という．

脚注 2.11 単調性の条件は "$\mathrm{P}(g_1(X,Y) \leq g_2(X,Y)) = 1$" と緩められることが知られている．一般に，事象 A に対して $\mathrm{P}(A) = 1$ のとき，A がほとんど確実に (almost surely) 起こるといい，A (P-a.s.) と書く．したがって，$\mathrm{P}(g_1(X,Y) \leq g_2(X,Y)) = 1$ は $g_1(X,Y) \leq g_2(X,Y)$ (P-a.s.) となる．

定義 2.12

(i) $\mathrm{Var}(X) := \mathrm{E}[\{X - \mathrm{E}(X)\}^2]$ を X の**分散**という.

(ii) $\mathrm{Cov}(X, Y) := \mathrm{E}[(X - \mathrm{E}(X))(Y - \mathrm{E}(Y))]$ を X と Y の**共分散**という.

(iii) $\rho(X, Y) := \dfrac{\mathrm{Cov}(X, Y)}{\sqrt{\mathrm{Var}(X)}\sqrt{\mathrm{Var}(Y)}}$ を X と Y の**相関係数**という.

(iv) 特に, $\rho(X, Y) = 0$ のとき, X と Y は**無相関**であるという.

(v) $\Sigma(X, Y) = \begin{pmatrix} \mathrm{Var}(X) & \mathrm{Cov}(X, Y) \\ \mathrm{Cov}(X, Y) & \mathrm{Var}(Y) \end{pmatrix}$ を (X, Y) の**分散共分散行列**という.

命題 2.10　分散について, 次が成り立つ.

(i) $\mathrm{Var}(X) = \mathrm{E}(X^2) - \{\mathrm{E}(X)\}^2$.

(ii) a, b を定数とするとき, $\mathrm{Var}(aX + b) = a^2\mathrm{Var}(X)$.

証明

(i) $\mathrm{Var}(X) = \mathrm{E}[\{X - \mathrm{E}(X)\}^2] = \mathrm{E}[X^2 - 2X\mathrm{E}(X) + \{\mathrm{E}(X)\}^2] = \mathrm{E}(X^2) - 2\mathrm{E}(X) \cdot \mathrm{E}(X) + \{\mathrm{E}(X)\}^2 = \mathrm{E}(X^2) - \{\mathrm{E}(X)\}^2$.

(ii) $\mathrm{Var}(aX + b) = \mathrm{E}[\{(aX + b) - \mathrm{E}(aX + b)\}^2] = \mathrm{E}[\{a(X - \mathrm{E}(X))\}^2] = a^2\mathrm{Var}(X)$. $\qquad\square$

命題 2.11　共分散, 相関係数について, 次が成り立つ.

(i) $\mathrm{Cov}(X, Y) = \mathrm{E}(XY) - \mathrm{E}(X)\mathrm{E}(Y)$.

(ii) $|\rho(X, Y)| \leq 1$.

(iii) $|\rho(X, Y)| = 1 \Leftrightarrow \mathrm{P}\left(\dfrac{X - \mathrm{E}(X)}{\sqrt{\mathrm{Var}(X)}} \pm \dfrac{Y - \mathrm{E}(Y)}{\sqrt{\mathrm{Var}(Y)}} = 0\right) = 1$.

証明

(i) $\mathrm{Cov}(X, Y) = \mathrm{E}[(X - \mathrm{E}(X))(Y - \mathrm{E}(Y))] = \mathrm{E}[XY - X\mathrm{E}(Y) - \mathrm{E}(X)Y + \mathrm{E}(X) \cdot \mathrm{E}(Y)] = \mathrm{E}(XY) - \mathrm{E}(X)\mathrm{E}(Y) - \mathrm{E}(X)\mathrm{E}(Y) + \mathrm{E}(X)\mathrm{E}(Y) = \mathrm{E}(XY) - \mathrm{E}(X) \cdot \mathrm{E}(Y).$

(ii)

$$Z = \frac{X - \mathrm{E}(X)}{\sqrt{\mathrm{Var}(X)}} \pm \frac{Y - \mathrm{E}(Y)}{\sqrt{\mathrm{Var}(Y)}}$$

とおくと,

$$(2.9) \qquad 0 \leq \mathrm{E}(Z^2) = \frac{\mathrm{E}[(X - \mathrm{E}(X))^2]}{\mathrm{Var}(X)} + \frac{\mathrm{E}[(Y - \mathrm{E}(Y))^2]}{\mathrm{Var}(Y)}$$
$$\pm 2\frac{\mathrm{E}[(X - \mathrm{E}(X))(Y - \mathrm{E}(Y))]}{\sqrt{\mathrm{Var}(X)\mathrm{Var}(Y)}}$$
$$= 2(1 \pm \rho(X, Y))$$

であるので, $|\rho(X, Y)| \leq 1$ を得る.

(iii) $\mathrm{E}(Z) = 0$ であるので, (2.9) より $|\rho(X, Y)| = 1 \Leftrightarrow \mathrm{E}(Z^2) = \mathrm{Var}(Z) = 0$ となる. これに後述の系 3.1 を適用すればよい. □

命題 2.12　g と h を統計量とし, X と Y は独立とする. このとき, 次が成り立つ.

(i) $\mathrm{E}[g(X)h(Y)] = \mathrm{E}[g(X)]\mathrm{E}[h(Y)].$

(ii) $\mathrm{Cov}(X, Y) = 0.$

(iii) $\rho(X, Y) = 0.$

(iv) $\mathrm{Var}(X + Y) = \mathrm{Var}(X) + \mathrm{Var}(Y).$

証明　離散型の場合も同様であるので, 連続型の場合について示す.

(i) $\mathrm{E}[g(X)h(Y)] = \int_{-\infty}^{\infty} \int_{-\infty}^{\infty} g(x)h(y) f_{X,Y}(x, y) dy dx$

$$= \int_{-\infty}^{\infty} \int_{-\infty}^{\infty} g(x)h(y)f_X(x)\,f_Y(y)dydx$$
$$= \int_{-\infty}^{\infty} g(x)f_X(x)dx \int_{-\infty}^{\infty} h(y)f_Y(y)dy = \mathrm{E}[g(X)]\mathrm{E}[h(Y)].$$

(ii) (i) より $\mathrm{Cov}(X,Y) = \mathrm{E}(XY) - \mathrm{E}(X)\mathrm{E}(Y) = \mathrm{E}(X)\mathrm{E}(Y) - \mathrm{E}(X)\mathrm{E}(Y) = 0$ を得る.

(iii) 定義 2.12 (iii) と (ii) より明らか.

(iv) (ii) より $\mathrm{Var}(X+Y) = \mathrm{Var}(X) + \mathrm{Var}(Y) + 2\mathrm{Cov}(X,Y) = \mathrm{Var}(X) + \mathrm{Var}(Y)$ を得る. □

2つの確率変数 X と Y に対して, "X と Y は独立 $\Rightarrow \mathrm{Cov}(X,Y) = 0$" は真であるが, "$\mathrm{Cov}(X,Y) = 0 \Rightarrow X$ と Y は独立" は偽である.

例 2.13　X の確率密度関数を

$$f_X(x) = \begin{cases} \frac{1}{2} & (-1 < x < 1), \\ 0 & （その他） \end{cases}$$

とし, $Y = X^2$ とする. このとき,

(2.10)　　$\mathrm{E}(X) = 0, \quad \mathrm{E}(XY) = 0, \quad \mathrm{Var}(X) > 0, \quad 0 < \mathrm{Var}(Y) < \infty$

が容易に示される. したがって, $\mathrm{Cov}(X,Y) = 0$ となることがわかる. 一方, 例えば, $0 < x < 1, 0 < y < x^2$ のとき,

(2.11)　　$F_{X,Y}(x,y) = \sqrt{y}, \quad F_X(x) = \dfrac{x+1}{2}, \quad F_Y(y) = \sqrt{y}$

が示される. したがって,

$$F_{X,Y}(x,y) = F_X(x)F_Y(y) \quad (\forall(x,y) \in \mathbb{R}^2)$$

を満たさないので, X と Y は独立でないことがわかる.

問 2.6　(2.10), (2.11) を確認せよ.

確率関数, 確率密度関数を条件付確率関数, 条件付確率密度関数に替えることにより対応する期待値が定義される.

定義 2.13

> (i) $g : \mathcal{X}(\subset \mathbb{R}^2) \to \mathbb{R}$ を統計量とする. このとき, $p_Y(y) > 0$, または $f_Y(y) > 0$ となる y に対して
>
> $$\mathrm{E}\,[g(X,Y)|y] := \begin{cases} \displaystyle\sum_{m=1}^{\infty} g(x_m, y) p_{X|Y}(x_m|y) & ((X,Y) \text{ は離散型}), \\ \displaystyle\int_{-\infty}^{\infty} g(x, y) f_{X|Y}(x|y) dx & ((X,Y) \text{ は連続型}) \end{cases}$$
>
> を $Y = y$ が与えられたときの $g(X,Y)$ の **条件付期待値** という. ただし, $x_m \in \mathcal{X}$ $(m \in \mathbb{N})$, $\mathrm{E}[|g(X,Y)||y] < \infty$ とする[脚注 2.12]. $\mathrm{E}[|g(X,Y)||y] = \infty$ のときは条件付期待値は存在しないという.
>
> (ii) 特に, $p_Y(y) > 0$, または $f_Y(y) > 0$ となる y に対して
>
> $$\mathrm{Var}(X|y) := \mathrm{E}[\{X - \mathrm{E}(X|y)\}^2|y]$$
>
> を $Y = y$ が与えられたときの X の **条件付分散** という.

注意 2.8　(i) $\mathrm{E}[g(X,Y)|y]$, $\mathrm{Var}(X|y)$ は y の関数である. また, $\mathrm{E}[g(X,Y)|Y]$, $\mathrm{Var}(X|Y)$ を Y の関数とみなし, これらを Y が与えられたときの $g(X,Y)$ の条件付期待値, X の条件付分散という.

(ii) 命題 2.9 において期待値を条件付期待値に置き換えた命題が同様に成り立つ.

命題 2.13　条件付期待値, 条件付分散について, 次が成り立つ.

(i) $\mathrm{E}[g(X,Y)] = \mathrm{E}[\mathrm{E}[g(X,Y)|Y]]$.

(ii) $\mathrm{Var}(X|Y) = \mathrm{E}(X^2|Y) - \{\mathrm{E}(X|Y)\}^2$.

証明　(X,Y) が離散型の場合も同様であるため, 連続型の場合のみ示す.

[脚注 2.12] $\mathcal{X}$ については (2.2) 参照.

(i) $\mathrm{E}[\mathrm{E}[g(X,Y)|Y]] = \int_{-\infty}^{\infty} \left\{ \int_{-\infty}^{\infty} g(x,y) f_{X|Y}(x|y) dx \right\} f_Y(y) dy$

$= \int_{-\infty}^{\infty} \int_{-\infty}^{\infty} g(x,y) \frac{f_{X,Y}(x,y)}{f_Y(y)} f_Y(y) dx dy$

$= \int_{-\infty}^{\infty} \int_{-\infty}^{\infty} g(x,y) f_{X,Y}(x,y) dx dy = \mathrm{E}[g(X,Y)].$

(ii) $\mathrm{Var}(X|Y) = \mathrm{E}[\{X - \mathrm{E}(X|Y)\}^2 | Y]$

$= \mathrm{E}\left[X^2 - 2X\mathrm{E}(X|Y) + \{\mathrm{E}(X|Y)\}^2 | Y \right]$

$= \mathrm{E}(X^2|Y) - 2\mathrm{E}(X|Y)\mathrm{E}(X|Y) + \{\mathrm{E}(X|Y)\}^2$

$= \mathrm{E}(X^2|Y) - \{\mathrm{E}(X|Y)\}^2.$ □

命題 2.14 分散について，次が成り立つ.

$$\mathrm{Var}(X) = \mathrm{Var}[\mathrm{E}(X|Y)] + \mathrm{E}[\mathrm{Var}(X|Y)].$$

証明

$\mathrm{E}[\mathrm{Var}(X|Y)] = \mathrm{E}[\mathrm{E}(X^2|Y) - \{\mathrm{E}(X|Y)\}^2] = \mathrm{E}(X^2) - \mathrm{E}[\{\mathrm{E}(X|Y)\}^2],$

$\mathrm{Var}[\mathrm{E}(X|Y)] = \mathrm{E}[\{\mathrm{E}(X|Y)\}^2] - \{\mathrm{E}[\mathrm{E}(X|Y)]\}^2 = \mathrm{E}[\{\mathrm{E}(X|Y)\}^2] - \{\mathrm{E}(X)\}^2$

であるので，

$$\mathrm{E}[\mathrm{Var}(X|Y)] + \mathrm{Var}(\mathrm{E}(X|Y)) = \mathrm{E}(X^2) - \{\mathrm{E}(X)\}^2 = \mathrm{Var}(X)$$

を得る. □

第 4 章以降に多用する 3 つの基本的な統計量について紹介する.

定義 2.14

$\boldsymbol{X} = (X_1, \ldots, X_n)$ とする．このとき，

$$\bar{X} := \frac{1}{n} \sum_{i=1}^{n} X_i, \quad S^2 := \frac{1}{n} \sum_{i=1}^{n} (X_i - \bar{X})^2, \quad U^2 := \frac{1}{n-1} \sum_{i=1}^{n} (X_i - \bar{X})^2$$

をそれぞれ $\boldsymbol{X}$ の**標本平均**，**標本分散**，**不偏分散**という[脚注 2.13].

定理 2.8　$X_1, \ldots, X_n$ は互いに独立な確率変数であり, $\mathrm{E}(X_i) = \mu$, $\mathrm{Var}(X_i) = \sigma^2$ $(i = 1, \ldots, n)$ とする. このとき, 次が成り立つ.

(i) $\mathrm{E}(\bar{X}) = \mu$.

(ii) $\mathrm{Var}(\bar{X}) = \frac{\sigma^2}{n}$.

(iii) $\mathrm{E}(S^2) = \frac{n-1}{n}\sigma^2$.

(iv) $\mathrm{E}(U^2) = \sigma^2$.

証明

(i) $\mathrm{E}(\bar{X}) = \mathrm{E}(\sum_{i=1}^{n} X_i/n) = \sum_{i=1}^{n} \mathrm{E}(X_i)/n = \sum_{i=1}^{n} \mu/n = \mu$ を得る.

(ii) 命題 2.10 (ii) より $\mathrm{Var}(\bar{X}) = \mathrm{Var}(\sum_{i=1}^{n} X_i/n) = \sum_{i=1}^{n} \mathrm{Var}(X_i)/n^2 = \sigma^2/n$ を得る.

(iii) $S^2 = \sum_{i=1}^{n}(X_i - \mu)^2/n - (\bar{X} - \mu)^2$ であるので, $\mathrm{E}(S^2) = \sum_{i=1}^{n} \mathrm{E}[(X_i - \mu)^2]/n - \mathrm{E}[(\bar{X} - \mu)^2] = \sum_{i=1}^{n} \mathrm{Var}(X_i)/n - \mathrm{Var}(\bar{X}) = \sigma^2 - \sigma^2/n = \{(n-1)/n\}\sigma^2$ を得る.

(iv) $U^2 = \{n/(n-1)\}S^2$ であるので, $\mathrm{E}(U^2) = \mathrm{E}[\{n/(n-1)\}S^2] = \sigma^2$ を得る.　□

章末問題 2

2.1 $\mathrm{P}(X = c) = 1$ (c は定数) とする. このとき, $\mathrm{E}(X)$, $\mathrm{Var}(X)$ を求めよ.

2.2 X の確率密度関数が次のように与えられているとする.

$$f_X(x) = e^{-c|x|} \quad (x \in \mathbb{R}).$$

ただし, c は定数である.

(1) c を求めよ.

脚注 2.13 以降, $S = \sqrt{S^2}$, $U = \sqrt{U^2}$ とする.

   (2) X の累積分布関数 F_X を求めよ.

   (3) $\mathrm{E}(X)$, $\mathrm{Var}(X)$ を求めよ.

2.3 (X, Y) の同時確率密度関数が次のように与えられているとする.

$$
f_{X,Y}(x,y) = \begin{cases} \frac{\Gamma(p+q+r)}{\Gamma(p)\Gamma(q)\Gamma(r)} x^{p-1} y^{q-1} (1-x-y)^{r-1} \\ \qquad\qquad (x > 0, y > 0, x+y < 1), \\ 0 \qquad\qquad （その他）. \end{cases}
$$

ただし，p, q, r は正の実数である.

   (1) Y の周辺確率密度関数を求めよ.

   (2) $Y = y \ (0 < y < 1)$ が与えられたときの X の条件付確率密度関数を求めよ.

   (3) $\mathrm{E}(X^l)$, $\mathrm{E}(Y^l)$, $\mathrm{E}(XY)$ $(l = 1, 2)$ を求めよ.

   (4) X と Y の相関係数を求めよ.

2.4 (X, Y) の同時確率密度関数が次のように与えられているとする.

$$
f_{X,Y}(x,y) = \begin{cases} \frac{1}{\pi} & (x^2 + y^2 \leq 1), \\ 0 & （その他）. \end{cases}
$$

   (1) X の周辺確率密度関数を求めよ.

   (2) X と Y の相関係数を求めよ.

   (3) X と Y が独立であるかどうか判定せよ.

2.5 大小 2 つのサイコロを同時に投げるとき，それぞれの出る目の数を X, Y とし，

$$
Z := \min\{X, Y\}, \quad W := \max\{X, Y\}
$$

とする.

   (1) (Z, W) の同時確率関数を求めよ.

(2) $P(Z = 2 | W < 5)$, $P(Z = W)$ を求めよ.

(3) Z の周辺確率関数を求めよ.

(4) W の周辺確率関数を求めよ.

(5) Z と W は独立であるかどうか判定せよ.

第 **3** 章

確率分布

　確率関数や確率密度関数から決まる累積分布関数を，確率変数の確率分布という．本章では，離散型確率分布として 2 項分布及びポアソン分布を，連続型確率分布として一様分布，指数分布，及び正規分布をそれぞれ定義し，それらの性質を体系的に講じる．重要な性質のひとつである確率分布族の再生性は，確率変数の積率母関数により特徴付けられる．中心的な確率分布である正規分布からいくつかの確率分布が派生する．本章では，カイ 2 乗分布，t 分布，F 分布を定義し，それらの性質を体系的に講じる．さらに，確率分布は多変量確率分布へ拡張され，本章では，多項分布，2 変量正規分布を定義する．確率分布の応用として，シミュレーションにも触れる．

　統計的推測における漸近論の基礎として，確率収束及び法則収束から，確率論における基本的な極限定理として知られている大数の（弱）法則と中心極限定理を講じる．

■ 3.1　確率分布

　第 2 章において，確率変数は，それが区間 $(-\infty, x]$ $(x \in \mathbb{R})$ に値をとることにより定義されたが，この区間は，$\mathbb{R}$ のボレル集合へ拡張される．これに従い，ボレル集合に値をとる確率変数の累積分布関数も定義される．確率分布を定義する前に次の定理からはじめる．

定理 3.1　X を可測空間 $(\Omega, \mathcal{F})$ 上の確率変数，P を $\mathcal{F}$ 上の確率測度とする．このとき，$B \in \mathcal{B}_1$ に対して

$$(3.1) \qquad \mathrm{P}_X(B) := \mathrm{P}(\{\omega \in \Omega : X(\omega) \in B\})$$

は $\mathcal{B}_1$ 上の確率測度となる ^{脚注 3.1}.

証明　P_X が定義 1.3 の (P1)–(P3) を満たすことを確かめればよい. (P1) については自明である. (P2) $B_n \in \mathcal{B}_1$, $B_m \cap B_n = \emptyset$ $(m \neq n)$ とする. このとき,

$$(3.2) \qquad \left\{\omega \in \Omega : X(\omega) \in \bigcup_{n=1}^{\infty} B_n\right\} = \bigcup_{n=1}^{\infty} \left\{\omega \in \Omega : X(\omega) \in B_n\right\}$$

が示される. したがって,

$$\begin{aligned}
\mathrm{P}_X\left(\bigcup_{n=1}^{\infty} B_n\right) &= \mathrm{P}\left(\left\{\omega \in \Omega : X(\omega) \in \bigcup_{n=1}^{\infty} B_n\right\}\right) \\
&= \mathrm{P}\left(\bigcup_{n=1}^{\infty} \{\omega \in \Omega : X(\omega) \in B_n\}\right) \\
&= \sum_{n=1}^{\infty} \mathrm{P}(\{\omega \in \Omega : X(\omega) \in B_n\}) = \sum_{n=1}^{\infty} \mathrm{P}_X(B_n)
\end{aligned}$$

が成り立つ. (P3) $\mathrm{P}_X(\mathbb{R}) = \mathrm{P}(\{\omega \in \Omega : X(\omega) \in \mathbb{R}\}) = \mathrm{P}(\Omega) = 1.$ □

問 3.1　(3.2) を示せ.

定理 3.1 より, $(\Omega, \mathcal{F})$ 上の確率変数 X, $\mathcal{F}$ 上の確率測度 P から確率空間 $(\mathbb{R}, \mathcal{B}_1, \mathrm{P}_X)$ が導かれる.

定義 3.1

> (3.1) により定義された P_X を X の**確率分布**, $(\mathbb{R}, \mathcal{B}_1, \mathrm{P}_X)$ を X により**誘導された確率空間**という. このとき, X は確率分布 P_X に従うという.

確率変数の離散型, 連続型に対応して, それらの確率分布をそれぞれ**離散型確率分布**, **連続型確率分布**という. これらは, 確率関数 p_X, 確率密度関数 f_X

---

^{脚注 3.1} $X^{-1}(B) := \{\omega \in \Omega : X(\omega) \in B\}$ を B の X による**逆像**という.

を用いることにより，任意の $B \in \mathcal{B}_1$ に対して

$$(3.3) \qquad \mathrm{P}_X(B) = \begin{cases} \sum_{x \in B} p_X(x) & (\text{離散型}), \\ \int_B f_X(x)dx & (\text{連続型}) \end{cases}$$

により与えられる．第 3.3 節で述べる 2 項分布，ポアソン分布は離散型確率分布であり，一様分布，指数分布，正規分布は連続型確率分布である．なお，これらの確率分布のように代表的な確率分布に関しては確率分布として (3.3) を用いることはせず，一般にはその名称，または第 3.3 節以降で述べる確率分布の記号を用いる．定義 2.11 では期待値を統計量に対して定義したが，確率分布の平均，分散はその確率分布に従う確率変数の平均，分散として定義される．

注意 3.1 X の累積分布関数 F_X は，(3.1) において，$B = (-\infty, x](\in \mathcal{B}_1)$ とすることにより

$$F_X(x) = \mathrm{P}_X((-\infty, x])(= \mathrm{P}(\{\omega \in \Omega : X(\omega) \le x\})) \quad (x \in \mathbb{R})$$

と表される．

次に確率分布の集合，すなわち，確率分布族を考える．例えば $\theta(\in (0,1))$ を与えたとき，x の関数

$$(3.4) \qquad f(x,\theta) = \begin{cases} \theta^x (1-\theta)^{1-x} & (x = 0, 1), \\ 0 & (\text{その他}) \end{cases}$$

を考える．定理 2.3 (i) より，(3.4) はある離散型確率変数の確率関数になっていることがわかる．確率論や数理統計学では $\theta \in (0,1)$ としたときの $f(x,\theta)$ の全体を統一的に考えることがある．すなわち，$\{f(x,\theta) : \theta \in (0,1)\}$ であり，このような確率分布の集合を確率分布族という．

定義 3.2

Θ を集合とし，各 $\theta \in \Theta$ に対して $f(x, \theta)$ をある確率変数の確率関数，または確率密度関数とする．

(i) 確率分布の集合，すなわち，

$$\mathcal{F} = \{f(x, \theta) : \theta \in \Theta\}$$

を **（確率）分布族** という．

(ii) （確率）分布族 $\mathcal{F}$ は θ に関して **再生性** をもつ $\overset{\text{def}}{\Longleftrightarrow}$ $X_1 \sim f(x, \theta_1)$ $(\theta_1 \in \Theta)$, $X_2 \sim f(x, \theta_2)$ $(\theta_2 \in \Theta)$, $X_1 \amalg X_2 \Rightarrow X_1 + X_2 \sim f(x, \theta_3)$ $(\theta_3 \in \Theta)$. ここで，$X \sim f(x, \theta)$ は X が確率関数，または確率密度関数 $f(x, \theta)$ をもつ確率分布に従うことの意味とする．

注意 3.2　　代表的な確率分布に対して，それらの確率分布族を $\{B(1, p) : p \in (0, 1)\}$, $\{N(\mu, \sigma^2) : (\mu, \sigma^2) \in \mathbb{R} \times \mathbb{R}_+\}$ のように確率関数，確率密度関数の代わりに第 3.3 節以降で述べる確率分布の記号を用いる [脚注 3.2]．また，確率分布族の代わりに確率分布を考えることがある．

■ 3.2　積率母関数

本節では，統計量の平均と分散を一般化した概念である積率，及び積率に関連して積率母関数について述べる．積率は確率分布の特徴を見出す際，よく用いられる．また，積率母関数は後に示す中心極限定理の導出に不可欠である．

[脚注 3.2] $\mathbb{R}_+$ は正の実数全体を意味する．すなわち，$\mathbb{R}_+ := (0, \infty)$ である．

定義 3.3

> (i) $\mathrm{E}(X^l)$ $(l = 0, 1, \ldots)$ が存在すれば，これを X の l 次の**積率**，または**モーメント**という．
>
> (ii) $\mathrm{M}_X(t) := \mathrm{E}(e^{tX})$ が原点の近傍 $U(0)$ で存在すれば，これを X の**積率母関数**という．
>
> (iii) より一般に，$\boldsymbol{X} = (X_1, \ldots, X_k)$, $\boldsymbol{t} = (t_1, \ldots, t_k)$ とするとき，
>
> $$\mathrm{M}_{\boldsymbol{X}}(\boldsymbol{t}) := \mathrm{E}(e^{\boldsymbol{t}\boldsymbol{X}'})$$
>
> が原点の近傍 $U(\boldsymbol{0})$ で存在すれば，これを $\boldsymbol{X}$ の**積率母関数**という．

積率母関数は原点では常に存在し，$\mathrm{M}_{\boldsymbol{X}}(\boldsymbol{0}) = 1$ であるが，原点の近傍で常に存在するわけではない．

例 3.1　例 2.12 の確率密度関数 (2.8) を考える．このとき，$t \neq 0$ に対して

$$(3.5) \qquad \int_{-\infty}^{\infty} e^{tx} f_X(x) dx = \infty$$

となり，積率母関数は原点の近傍 $U(0)$ で存在しないことがわかる．

問 3.2　(3.5) を示せ．

以降，特に断りがなければ $\boldsymbol{X}$ の積率母関数を $\mathrm{M}_{\boldsymbol{X}}(\boldsymbol{t})$ と表し，$\mathrm{M}_{\boldsymbol{X}}(\boldsymbol{t})$ は原点の近傍 $U(\boldsymbol{0})$ で存在し，任意次数の微分が期待値の記号下で可能であるとする．また，例えば $\frac{d^l}{dt^l}\mathrm{M}_X(0)$ は $\left[\frac{d^l}{dt^l}\mathrm{M}_X(t)\right]_{t=0}$ の意味とする．

定理 3.2　確率変数の積率母関数について，次が成り立つ．

(i) $\mathrm{E}(X^l) = \frac{d^l}{dt^l}\mathrm{M}_X(0)$ $(l = 0, 1, \ldots)$.

(ii) $\mathrm{Var}(X) = \mathrm{M}_X''(0) - \{\mathrm{M}_X'(0)\}^2$.

証明　X が連続型の場合のみ示す．

(i) $\frac{d^l}{dt^l}\mathrm{M}_X(t) = \int_{-\infty}^{\infty} x^l e^{tx} f_X(x) dx$ となり，$\frac{d^l}{dt^l}\mathrm{M}_X(0) = \int_{-\infty}^{\infty} x^l f_X(x) dx$ $= \mathrm{E}(X^l)$ を得る.

(ii) (i) において $l = 1, 2$ とすることにより

$$\mathrm{M}'_X(0) = \mathrm{E}(X), \quad \mathrm{M}''_X(0) = \mathrm{E}(X^2)$$

となり，$\mathrm{Var}(X) = \mathrm{E}(X^2) - \{\mathrm{E}(X)\}^2 = \mathrm{M}''_X(0) - \{\mathrm{M}'_X(0)\}^2$ を得る. □

定理 3.3　確率ベクトルの積率母関数について，次が成り立つ.

(i) $\mathrm{E}(X_i^l X_j^m) = \frac{\partial^{l+m}}{\partial t_i^l \partial t_j^m}\mathrm{M}_{\boldsymbol{X}}(\boldsymbol{0})$ $(l, m = 0, 1, \ldots)$.

(ii) $\mathrm{Cov}(X_i, X_j) = \frac{\partial^2}{\partial t_i \partial t_j}\mathrm{M}_{\boldsymbol{X}}(\boldsymbol{0}) - \frac{\partial}{\partial t_i}\mathrm{M}_{\boldsymbol{X}}(\boldsymbol{0})\frac{\partial}{\partial t_j}\mathrm{M}_{\boldsymbol{X}}(\boldsymbol{0})$.

(iii) $\mathrm{M}_{X_i}(t_i) = [\mathrm{M}_{\boldsymbol{X}}(\boldsymbol{t})]_{t_j=0\ (j \neq i)}$.

証明　$\boldsymbol{X}$ が連続型の場合のみ示す.

(i) $\frac{\partial^{l+m}}{\partial t_i^l \partial t_j^m}\mathrm{M}_{\boldsymbol{X}}(\boldsymbol{t}) = \int_{\mathbb{R}^k} x_i^l x_j^m e^{\boldsymbol{t}\boldsymbol{x}'} f_{\boldsymbol{X}}(\boldsymbol{x}) d\boldsymbol{x}$ となり，$\frac{\partial^{l+m}}{\partial t_i^l \partial t_j^m}\mathrm{M}_{\boldsymbol{X}}(\boldsymbol{0}) = \int_{\mathbb{R}^k} x_i^l x_j^m \cdot f_{\boldsymbol{X}}(\boldsymbol{x}) d\boldsymbol{x} = \mathrm{E}(X_i^l X_j^m)$ を得る.

(ii) (i) において，$l = m = 1$ とすることにより得られる.

(iii) $[\mathrm{M}_{\boldsymbol{X}}(\boldsymbol{t})]_{t_j=0\ (j \neq i)} = \int_{\mathbb{R}^k} e^{t_i x_i} f_{\boldsymbol{X}}(\boldsymbol{x}) d\boldsymbol{x} = \int_{\mathbb{R}} e^{t_i x_i} \left\{ \int_{\mathbb{R}^{k-1}} f_{\boldsymbol{X}}(\boldsymbol{x}) d\boldsymbol{x}_{(i)} \right\} dx_i = \int_{\mathbb{R}} e^{t_i x_i} f_{X_i}(x_i) dx_i = \mathrm{M}_{X_i}(t_i)$ を得る. ただし，$d\boldsymbol{x}_{(i)} = dx_1 \cdots dx_{i-1} dx_{i+1} \cdots dx_k$ とする. □

命題 3.1　X と Y は独立とする. このとき，

$$\mathrm{M}_{X+Y}(t) = \mathrm{M}_X(t)\mathrm{M}_Y(t)$$

が成り立つ.

証明　命題 2.12 (i) より $\mathrm{M}_{X+Y}(t) = \mathrm{E}(e^{t(X+Y)}) = \mathrm{E}(e^{tX})\mathrm{E}(e^{tY}) = \mathrm{M}_X(t)\mathrm{M}_Y(t)$ を得る. □

定理 3.4　2 つの確率変数 X, Y の積率母関数が原点の近傍で一致している，すなわち，

$$\mathrm{M}_X(t) = \mathrm{M}_Y(t) \quad (\forall t \in U(0))$$

であれば，X が従う確率分布と Y が従う確率分布は一致する．

　証明は例えば [22] 参照．

注意 3.3　"確率分布が一致 ⇒ 積率母関数は一致"は自明である．また，定理 3.4 より，"積率母関数が一致 ⇒ 確率分布は一致"は保障される．一方，"確率分布が一致 ⇒ すべての次数の積率は一致"も自明である．しかしながら，"すべての次数の積率が一致 ⇒ 確率分布は一致"は成り立たない．

例 3.2　X, Y の確率密度関数をそれぞれ，

$$(3.6) \qquad f_X(x) = \begin{cases} \dfrac{1}{\sqrt{2\pi}x} \exp\left\{ \dfrac{-(\log x)^2}{2} \right\} & (x > 0), \\ 0 & (x < 0), \end{cases}$$

$$f_Y(y) = \begin{cases} f_X(y)\{1 + r\sin(2\pi \log y)\} & (y > 0), \\ 0 & (y < 0) \end{cases}$$

とする [脚注 3.3]．ただし，$0 < |r| < 1$ とする．このとき，

$$\begin{aligned} \mathrm{E}(Y^n) &= \int_0^\infty y^n f_Y(y)dy \\ (3.7) \qquad &= \int_0^\infty y^n f_X(y)dy + r\int_0^\infty y^n f_X(y)\sin(2\pi \log y)dy \end{aligned}$$

となる．ここで，(3.7) の最後の積分において $s = \log y - n$ と変数変換し，被積分関数が可積分な奇関数であることに注意すると

$$\int_0^\infty y^n f_X(y)\sin(2\pi \log y)dy = \frac{e^{n^2/2}}{\sqrt{2\pi}}\int_{-\infty}^\infty e^{-s^2/2}\sin(2\pi s)ds = 0$$

[脚注 3.3] 関数 (3.6) を確率密度関数としてもつ確率分布を対数正規分布という．より一般には $f(x) = (1/\sqrt{2\pi}\sigma x) \cdot \exp\{-(\log x - \mu)^2/2\sigma^2\} (x > 0; \mu \in \mathbb{R}, \sigma \in \mathbb{R}_+)$ を確率密度関数にもつ確率分布を母数 (μ, σ) の**対数正規分布**といい，$\mathrm{LN}(\mu, \sigma)$ と表す．

を得る．したがって，(3.7) より，すべての $n \in \mathbb{N}$ に対して，$\mathrm{E}(X^n) = \mathrm{E}(Y^n)$ が成り立つことがわかる^{脚注 3.4}．

■ 3.3　基本的な確率分布

本節では基本的な 5 種類の確率分布，及びそれらの性質を体系的に講じる．

3.3.1　2 項分布

1 枚のコインを繰り返し投げる試行を考える．各コイン投げは独立であり，結果は表と裏の 2 通りに限る．また，表が出る確率は一定である．このような試行をベルヌーイ試行という．一般には次の (i)–(iii) を満たす試行を**ベルヌーイ試行**とよぶ．

(i) **（独立性）** 各試行は独立である．

(ii) **（2 値性）** 各試行の結果は 2 通りに限る．

(iii) **（定常性）** 各試行によって生じる事象の確率は一定である．

いま，表が出る確率が p，裏が出る確率が $(1-p)$ のコインを n 回繰り返し投げる．このとき，表が x 回出る確率を考える．これは，n 回の試行において，表が x 回，裏が $(n-x)$ 回となる組み合わせの総数 $\binom{n}{x}$ と，それぞれの組の確率 $p^x(1-p)^{n-x}$ を掛け合わせることにより得られる．

定義 3.4

$n \in \mathbb{N}$, $0 < p < 1$, $p + q = 1$ のとき，

$$(3.8) \qquad p_X(x) = \begin{cases} \dbinom{n}{x} p^x q^{n-x} & (x = 0, 1, \ldots, n), \\ 0 & (その他) \end{cases}$$

を確率関数としてもつ確率分布を母数 p の **2 項分布**といい，$\mathrm{B}(n, p)$ と表

脚注 3.4 この例は Heyde による．C. Heyde (1963), On a property of the lognormal distribution, *J. Roy. Statist. Soc. Ser.*, B25, 392–393.

す[脚注 3.5]. 特に, B$(1, p)$ を比率 p の**ベルヌーイ分布**といい, B(p) と表す.

問 3.3　2 項分布は離散型であることを確認せよ.

例 3.3　I 選手の打率 (ヒットを打つ確率) は 1/3 とし, 5 回打席に立ったときにヒットを打つ回数を X とする. ただし, 打席に立ったときの結果はヒットを打つか打たないかの 2 通りしかないものとする. このとき, 繰り返し打席に立つ試行をベルヌーイ試行とみなすことにすると, X は 2 項分布 B$(5, 1/3)$ に従う. すなわち, X の確率関数は

$$
p_X(x) = \begin{cases} \dbinom{5}{x} \left(\dfrac{1}{3}\right)^x \left(\dfrac{2}{3}\right)^{5-x} & (x = 0, 1, \ldots, 5), \\ 0 & (その他) \end{cases}
$$

となる (2 項分布 B$(5, 1/3)$ の確率関数の値 $p_X(x)$ は表 3.1, 概形は図 3.1 参照). また, 例えば 3 安打以上する確率は

$$
\mathrm{P}(3 \leq X \leq 5) = \sum_{x=3}^{5} \binom{5}{x} \left(\frac{1}{3}\right)^x \left(\frac{2}{3}\right)^{5-x} = \frac{17}{81} \fallingdotseq 0.21
$$

となる.

表 3.1　2 項分布 B$(5, 1/3)$ の確率関数の値 $p_X(x)$

x	0	1	2	3	4	5	計
$p_X(x)$	0.132	0.329	0.329	0.165	0.041	0.004	1

命題 3.2　X は 2 項分布 B(n, p) に従う確率変数とする. このとき, 次が成り立つ.

(i) E$(X) = np$.

(ii) Var$(X) = npq$.

[脚注 3.5] $\binom{n}{x} = n!/x!(n-x)!$ であり, $_nC_x$ とも書く. 2 項分布は Jacob Bernoulli (1654–1705) による.

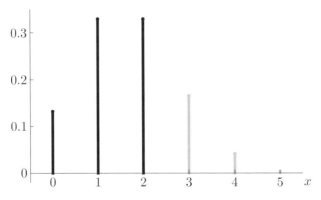

図 3.1　2項分布 $\mathrm{B}(5, \frac{1}{3})$ の確率関数の概形

(iii) $\mathrm{M}_X(t) = (pe^t + q)^n \ (t \in \mathbb{R})$.

証明

(i) $\mathrm{E}(X) = \sum_{x=0}^{n} x \binom{n}{x} p^x q^{n-x} = \sum_{x=1}^{n} \frac{n!}{(x-1)!(n-x)!} p^x q^{n-x} = np$
$\cdot \sum_{x=1}^{n} \frac{(n-1)!}{(x-1)!(n-x)!} p^{x-1} q^{n-x} = np \sum_{y=0}^{n-1} \frac{(n-1)!}{y!(n-y-1)!} p^y q^{n-y-1} = np$.

(ii) $n \geq 2$ のとき. $\mathrm{E}[X(X-1)] = \sum_{x=0}^{n} x(x-1) \binom{n}{x} p^x q^{n-x} = \sum_{x=2}^{n} \frac{n!}{(x-2)!(n-x)!} p^x q^{n-x} = n(n-1)p^2 \sum_{x=2}^{n} \frac{(n-2)!}{(x-2)!(n-x)!} p^{x-2} q^{n-x} = n(n-1)p^2 \sum_{y=0}^{n-2} \frac{(n-2)!}{y!(n-y-2)!} p^y q^{n-y-2} = n(n-1)p^2$ であるので, $\mathrm{Var}(X) = \mathrm{E}[X(X-1)] + \mathrm{E}(X) - \{\mathrm{E}(X)\}^2 = npq$ を得る. $n = 1$ のときは $\mathrm{E}(X^2) = p$ であるので, $\mathrm{Var}(X) = p - p^2 = pq$ を得る.

(iii) $\mathrm{M}_X(t) = \sum_{x=0}^{n} e^{tx} \binom{n}{x} p^x q^{n-x} = \sum_{x=0}^{n} \binom{n}{x} (e^t p)^x q^{n-x} = (e^t p + q)^n \sum_{x=0}^{n} \binom{n}{x} \{e^t p/(e^t p + q)\}^x \{q/(e^t p + q)\}^{n-x} = (e^t p + q)^n$. $\quad \square$

命題 3.3　X, Y は独立にそれぞれ2項分布 $\mathrm{B}(n_1, p)$, $\mathrm{B}(n_2, p)$ に従う確率変数とする. このとき, $X + Y$ は2項分布 $\mathrm{B}(n_1 + n_2, p)$ に従う. すなわち, 2項分布 $\mathrm{B}(n, p)$ は n に関して再生性をもつ[脚注 3.6].

証明　命題 3.1, 3.2 (iii) より

[脚注 3.6] 2項分布 $\mathrm{B}(n, p)$ は p に関して再生性をもたないことに注意.

$$\mathrm{M}_{X+Y}(t) = (pe^t + q)^{n_1}(pe^t + q)^{n_2} = (pe^t + q)^{n_1+n_2}$$

であるので，定理 3.4 より $X+Y$ は 2 項分布 $\mathrm{B}(n_1+n_2, p)$ に従うことがわかる． □

3.3.2 ポアソン分布

後述する小数の法則（命題 3.6）により，2 項分布からポアソン分布が導かれる．

定義 3.5

$\lambda \in \mathbb{R}_+$ のとき，

$$p_X(x) = \begin{cases} \dfrac{1}{x!}\lambda^x e^{-\lambda} & (x = 0, 1, \ldots), \\ 0 & (\text{その他}) \end{cases}$$

を確率関数としてもつ確率分布を平均 λ の**ポアソン分布**といい，$\mathrm{Po}(\lambda)$ と表す[脚注 3.7]．

問 3.4　ポアソン分布は離散型であることを確認せよ．

例えば，ポアソン分布 $\mathrm{Po}(2)$ の確率関数の概形は図 3.2 参照．

例 3.4　表 3.2 は 19 世紀後半にプロイセン軍で馬に蹴られ死亡した兵士の人数を師団毎にまとめたものである．$\lambda = 0.61$ のポアソン分布 $\mathrm{Po}(0.61)$ によく適合していることが確かめられる（問 8.3 参照）．0.61 は λ の最尤推定値である（問 5.1 参照）．これはポアソン分布を実データへ適用し，解析した歴史上初の事例として知られている．

[脚注 3.7] 平均が λ となることは命題 3.4 にて示される．

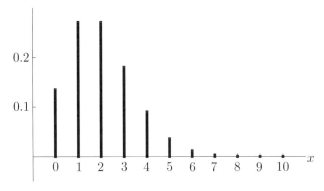

図 **3.2**　ポアソン分布 Po(2) の確率関数の概形

表 **3.2**　馬に蹴られ死亡したプロイセン軍兵士 ($\lambda = 0.61$)

人数 (x)	0	1	2	3	4	5 以上	計
観測値（師団数）	109	65	22	3	1	0	200
$p_X(x)$	0.543	0.331	0.101	0.021	0.003	0.000	1
$200 \times p_X(x)$	108.7	66.3	20.2	4.1	0.6	0.1	200

命題 3.4　X はポアソン分布 Po(λ) に従う確率変数とする．このとき，次が成り立つ．

(i) $\mathrm{E}(X) = \lambda$.

(ii) $\mathrm{Var}(X) = \lambda$.

(iii) $\mathrm{M}_X(t) = \exp\{\lambda(e^t - 1)\}$ $(t \in \mathbb{R})$.

証明

(i) $\mathrm{E}(X) = \sum_{x=0}^{\infty} x \lambda^x e^{-\lambda}/x! = \sum_{x=1}^{\infty} \lambda^x e^{-\lambda}/(x-1)!$ となる．ここで，$y = x - 1$ とおくと，$\mathrm{E}(X) = \lambda \sum_{y=0}^{\infty} \lambda^y e^{-\lambda}/y! = \lambda$ を得る．

(ii) $\mathrm{E}[X(X-1)] = \sum_{x=0}^{\infty} x(x-1)\lambda^x e^{-\lambda}/x! = \sum_{x=2}^{\infty} \lambda^x e^{-\lambda}/(x-2)!$ となる．ここで，$y = x - 2$ とおくと，$\mathrm{E}[X(X-1)] = \lambda^2 \sum_{y=0}^{\infty} \lambda^y e^{-\lambda}/y! = \lambda^2$

であるので，$\mathrm{Var}(X) = \mathrm{E}[X(X-1)] + \mathrm{E}(X) - \{\mathrm{E}(X)\}^2 = \lambda$ を得る．

(iii) $\mathrm{M}_X(t) = \sum_{x=0}^{\infty} e^{tx}\lambda^x e^{-\lambda}/x! = e^{\lambda(e^t-1)}\sum_{x=0}^{\infty}(\lambda e^t)^x e^{-\lambda e^t}/x! = e^{\lambda(e^t-1)}$. □

命題 3.5　X, Y は独立にそれぞれポアソン分布 $\mathrm{Po}(\lambda_1)$, $\mathrm{Po}(\lambda_2)$ に従う確率変数とする．このとき，$X + Y$ はポアソン分布 $\mathrm{Po}(\lambda_1 + \lambda_2)$ に従う．すなわち，ポアソン分布 $\mathrm{Po}(\lambda)$ は λ に関して再生性をもつ．

証明　命題 3.1, 3.4 (iii) より

$$\mathrm{M}_{X+Y}(t) = e^{\lambda_1(e^t-1)} \cdot e^{\lambda_2(e^t-1)} = e^{(\lambda_1+\lambda_2)(e^t-1)}$$

であるので，定理 3.4 より $X + Y$ はポアソン分布 $\mathrm{Po}(\lambda_1 + \lambda_2)$ に従うことがわかる．□

命題 3.6 （小数の法則）　$\lim_{n\to\infty} np_n = \lambda(> 0)$ とする．2 項分布 $\mathrm{B}(n, p_n)$ の確率関数は $n \to \infty$ のときポアソン分布 $\mathrm{Po}(\lambda)$ の確率関数に収束する．

証明　$\mathrm{B}(n, p_n)$ の確率関数を p_{X_n} とする．
(i) $x = 0, 1, \ldots, n$ に対して，

$$\begin{aligned} p_{X_n}(x) &= \binom{n}{x}p_n^x(1-p_n)^{n-x} \\ &= \frac{1}{x!}\cdot 1\cdot\left(1-\frac{1}{n}\right)\cdots\left(1-\frac{x-1}{n}\right)(np_n)^x\left\{1-\frac{1}{n}(np_n)\right\}^{n-x} \\ &\to \frac{1}{x!}\lambda^x e^{-\lambda} \quad (n\to\infty) \end{aligned}$$

となる．
(ii) その他の x に対しては $p_{X_n}(x) = 0$ である．□

問 3.5　1 度のポーカーゲームでロイヤルストレートフラッシュ (RSF) が現れる確率は $p = 1/649{,}470$ である．n 回のゲームで RSF が現れない確率を q_n とするとき，$q_n \leq e^{-1}$ を満たす最小の自然数 n を小数の法則（命題 3.6）を用いて求めよ．

3.3.3 一様分布

試行のひとつとして，ルーレットを考える．簡単のため，半径 1 の円周上に点 O を定め，円周上の点 P を任意に選ぶ．円周に沿った O から P までの距離を x とおくと，$x \in [0, 2\pi)$ であり，標本空間は $\Omega = [0, 2\pi)$ により与えられる．区間 $I = [0, x)$ $(\subset \Omega)$ は $\mathbb{R}$ 上のボレル集合，すなわち，事象であり I の確率測度 P(I) を考えることができる．ここで，P(I) が I の長さに比例するとしよう．すなわち，P(I) = $x/2\pi$ $(x \in \Omega)$ である．このような確率分布を一様分布という．一様分布は第 3.6 節にて，連続型確率分布に従う確率変数に対するシミュレーションへ応用される（第 3.6 節参照）．

定義 3.6

> $-\infty < a < b < \infty$ のとき，
> $$f_X(x) = \begin{cases} \dfrac{1}{b-a} & (a < x < b), \\ 0 & （その他） \end{cases}$$
> を確率密度関数としてもつ確率分布を区間 (a, b) 上の**一様分布**といい，U(a, b) と表す．

問 3.6   一様分布は連続型であることを確認せよ．

一様分布 U(a, b) の確率密度関数の概形は図 3.4 (i) 参照．

命題 3.7 X は一様分布 U(a, b) に従う確率変数とする．このとき，次が成り立つ．

(i) E(X) = $\dfrac{a+b}{2}$.

(ii) Var(X) = $\dfrac{(b-a)^2}{12}$.

(iii) M$_X(t)$ = $\begin{cases} \dfrac{1}{b-a} \dfrac{e^{bt} - e^{at}}{t} & (t \neq 0), \\ 1 & (t = 0). \end{cases}$

証明

(i) $\mathrm{E}(X) = \int_a^b x\,dx/(b-a) = [x^2]_a^b/\{2(b-a)\} = (a+b)/2.$

(ii) $\mathrm{E}(X^2) = \int_a^b x^2\,dx/(b-a) = [x^3]_a^b/\{3(b-a)\} = (a^2+ab+b^2)/3$ であるので，$\mathrm{Var}(X) = \mathrm{E}(X^2) - \{\mathrm{E}(X)\}^2 = (b-a)^2/12$ を得る．

(iii) $\mathrm{M}_X(t) = \int_a^b e^{tx}\,dx/(b-a)$ より従う． □

命題 3.8　X, Y は独立に一様分布 $\mathrm{U}(a,b)$ に従う確率変数とする．このとき，$Z := X + Y$ の確率密度関数は

$$(3.9) \qquad f_Z(z) = \begin{cases} \dfrac{z-2a}{(b-a)^2} & (2a < z < a+b), \\[2mm] \dfrac{2b-z}{(b-a)^2} & (a+b < z < 2b), \\[2mm] 0 & (その他) \end{cases}$$

となる．すなわち，一様分布 $\mathrm{U}(a,b)$ は (a,b) に関して再生性をもたない．

証明　$z = x + y$, $w = y$ と変数変換すると，$x = z - w$, $y = w$, $\det\{\partial(x,y)/\partial(z,w)\} = 1$ となり，$\{(x,y) : a < x < b, a < y < b\}$ は $D := \{(z,w) : a < z - w < b,\ a < w < b\}$ に写る（集合 D については図 3.3 参照）．定理 2.6 より，(Z, W) の同時確率密度関数は

$$f_{Z,W}(z,w) = \begin{cases} \dfrac{1}{(b-a)^2} & (a < z - w < b, a < w < b), \\[2mm] 0 & (その他) \end{cases}$$

となり，Z の確率密度関数は

$$(3.10) \qquad f_Z(z) = \int_{-\infty}^{\infty} f_{Z,W}(z,w)\,dw$$

となる．

(i) $z < 2a$ のとき，$(3.10) = 0$.

(ii) $2a < z < a + b$ のとき，$(3.10) = \frac{1}{(b-a)^2} \int_a^{z-a} dw = \frac{z-2a}{(b-a)^2}$.

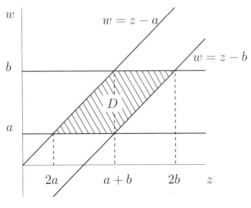

図 3.3　命題 3.8 での集合 D

(iii) $a + b < z < 2b$ のとき, $(3.10) = \frac{1}{(b-a)^2} \int_{z-b}^{b} dw = \frac{2b-z}{(b-a)^2}$.

(iv) $2b < z$ のとき, $(3.10) = 0$.

以上より, (3.9) を得る. □

注意 3.4　(3.9) を確率密度関数としてもつ確率分布を**三角分布**といい, 本書では $\mathrm{Tr}(a, b)$ と表す (三角分布 $\mathrm{Tr}(a, b)$ の確率密度関数の概形は図 3.4 (ii) 参照).

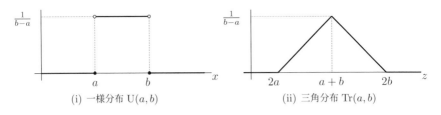

(i) 一様分布 $\mathrm{U}(a, b)$　　　　(ii) 三角分布 $\mathrm{Tr}(a, b)$

図 3.4　一様分布 $\mathrm{U}(a, b)$ と三角分布 $\mathrm{Tr}(a, b)$ の確率密度関数の概形

3.3.4 指数分布

任意の $t_1, t_2 \in \mathbb{R}_+$ に対して

$$(3.11) \qquad \mathrm{P}(X > t_1 + t_2 | X > t_1) = \mathrm{P}(X > t_2)$$

を満足するとき，X が従う確率分布は**無記憶性**をもつという．$\{X > t\}$ を時刻 t 以降に生起した事象とすると，無記憶性は，時刻 t_2 以降に生起する確率は時刻 t_1 以降に生起した確率に依存しないことを意味する．無記憶性を有する $\mathbb{R}_+$ 上で定義された連続型確率分布は次の指数分布に限ることが示される（問 3.8 参照）．

定義 3.7

> $\lambda \in \mathbb{R}_+$ のとき，
>
> $$(3.12) \qquad f_X(x) = \begin{cases} \dfrac{1}{\lambda} e^{-x/\lambda} & (x \in \mathbb{R}_+), \\ 0 & （その他） \end{cases}$$
>
> を確率密度関数としてもつ確率分布を平均 λ の**指数分布**といい，$\mathrm{Ex}(\lambda)$ と表す[脚注 3.8]．

問 3.7　指数分布は連続型であることを確認せよ．

指数分布 $\mathrm{Ex}(\lambda)$ の確率密度関数の概形は図 3.5 参照．

問 3.8　無記憶性を有する $\mathbb{R}_+$ 上で定義された連続型確率分布は，指数分布に限ることを示せ．

命題 3.9　X は指数分布 $\mathrm{Ex}(\lambda)$ に従う確率変数とする．このとき，次が成り立つ．

(i) $\mathrm{E}(X) = \lambda$.

[脚注 3.8] 平均が λ となることは命題 3.9 にて示される．また，(3.12) を確率密度関数としてもつ確率分布を $\mathrm{Ex}(1/\lambda)$ と表す文献もあるため注意．

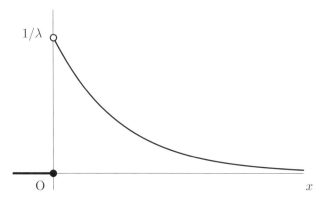

図 **3.5** 指数分布 Ex(λ) の確率密度関数の概形

(ii) $\text{Var}(X) = \lambda^2.$

(iii) $\text{M}_X(t) = \frac{1}{1-\lambda t} \ (t < \frac{1}{\lambda}).$

証明

(i) $\text{E}(X) = \int_{-\infty}^{\infty} x f_X(x) dx = \frac{1}{\lambda} \int_0^{\infty} x e^{-x/\lambda} dx = -\left[(x+\lambda)e^{-x/\lambda}\right]_0^{\infty} = \lambda.$

(ii) $\text{E}(X^2) = \frac{1}{\lambda} \int_0^{\infty} x^2 e^{-x/\lambda} dx = -\left[(x^2 + 2\lambda x + 2\lambda^2)e^{-x/\lambda}\right]_0^{\infty} = 2\lambda^2$ で あるから, $\text{Var}(X) = \text{E}(X^2) - \{\text{E}(X)\}^2 = \lambda^2$ を得る.

(iii) $\text{M}_X(t) = \frac{1}{\lambda} \int_0^{\infty} e^{tx} e^{-x/\lambda} dx = -\frac{1}{1-\lambda t}\left[e^{-(1/\lambda - t)x}\right]_0^{\infty} = \frac{1}{1-\lambda t}.$ □

命題 3.10 X, Y は独立に指数分布 Ex(λ) に従う確率変数とする. このとき, $Z := X + Y$ の確率密度関数は

$$f_Z(z) = \begin{cases} \dfrac{1}{\lambda^2} z e^{-z/\lambda} & (z \in \mathbb{R}_+), \\ 0 & (その他) \end{cases}$$

となる. すなわち, 指数分布 Ex(λ) は λ に関して再生性をもたない.

証明 $z = x + y, \ w = y$ と変数変換すると, $x = z - w, \ y = w,$ $\det\{\partial(x,y)/\partial(z,w)\} = 1$ となり, $\{(x,y) : 0 < x, y\}$ は $D = \{(z,w) : 0 < w < z\}$

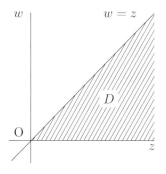

図 3.6 命題 3.10 での集合 D

に写る（集合 D については図 3.6 参照）．定理 2.6 より，(Z, W) の同時確率密度関数は

$$f_{Z,W}(z,w) = \begin{cases} \frac{1}{\lambda^2} e^{-z/\lambda} & (0 < w < z), \\ 0 & （その他） \end{cases}$$

となる．さらに，Z の確率密度関数は $z > 0$ のとき，

$$f_Z(z) = \int_0^z \frac{1}{\lambda^2} e^{-z/\lambda} dw = \frac{1}{\lambda^2} z e^{-z/\lambda}$$

となり，$z < 0$ のとき $f_Z(z) = 0$ となる． □

3.3.5 正規分布

正規分布の起源は 1733 年 11 月 12 日に発表されたド・モアブルの学術論文に遡る[脚注 3.9]．ド・モアブルの結果はラプラス (1749–1827) により精密に議論され，ド・モアブル-ラプラスの定理として発表された（系 3.4 参照）．

定義 3.8

$(\mu, \sigma^2) \in \mathbb{R} \times \mathbb{R}_+$ のとき，

$$f_X(x) = \frac{1}{\sqrt{2\pi}\sigma} e^{-(x-\mu)^2/2\sigma^2} \quad (x \in \mathbb{R})$$

[脚注 3.9] この論文を発見した人物はピアソンである (K. Pearson (1924), Historical note on the origin of the normal curve of errors, *Biometrika*, vol.16, 402–404).

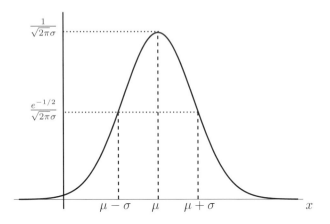

図 3.7　正規分布 $N(\mu, \sigma^2)$ の確率密度関数の概形

> を確率密度関数としてもつ確率分布を平均 μ，分散 σ^2 の**正規分布**といい，$N(\mu, \sigma^2)$ と表す[脚注 3.10]．特に，$N(0, 1)$ を**標準正規分布**という．

問 3.9　正規分布は連続型であることを確認せよ．

正規分布 $N(\mu, \sigma^2)$ の確率密度関数の概形は図 3.7 参照．

問 3.10　正規分布 $N(\mu, \sigma^2)$ の確率密度関数 f_X の最大値は $\frac{1}{\sqrt{2\pi}\sigma}$，変曲点は $(\mu \pm \sigma, \frac{e^{-1/2}}{\sqrt{2\pi}\sigma})$ であることを確認せよ．

定義 3.9

> 標準正規分布 $N(0, 1)$ の確率密度関数を ϕ，累積分布関数を Φ と表す．すなわち，
> $$\phi(x) := \frac{1}{\sqrt{2\pi}}e^{-x^2/2}, \quad \Phi(x) := \int_{-\infty}^{x} \phi(t)dt$$
> とする．

[脚注 3.10] 平均が μ，分散が σ^2 となることは命題 3.11 にて示される．また，$\sigma = \sqrt{\sigma^2}$ を標準偏差という．

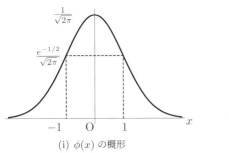

(i) $\phi(x)$ の概形

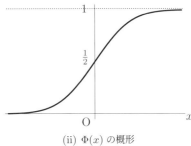

(ii) $\Phi(x)$ の概形

図 3.8 $\phi(x)$, $\Phi(x)$ の概形

$\phi(x)$, $\Phi(x)$ の概形は図 3.8 参照.

命題 3.11 X は正規分布 $\mathrm{N}(\mu, \sigma^2)$ に従う確率変数とする. このとき, 次が成り立つ.

(i) $\mathrm{E}(X) = \mu$.

(ii) $\mathrm{Var}(X) = \sigma^2$.

(iii) $\mathrm{M}_X(t) = \exp\left(\mu t + \frac{\sigma^2}{2} t^2\right)$ $(t \in \mathbb{R})$.

証明 $\mathrm{N}(\mu, \sigma^2)$ の確率密度関数は $f_X(x) = \phi((x - \mu)/\sigma)/\sigma$ となることに注意する.

(i), (ii) $z := (x - \mu)/\sigma$ と変数変換することにより

$$\mathrm{E}(X) = \frac{1}{\sigma} \int_{-\infty}^{\infty} x\phi((x-\mu)/\sigma)dx = \int_{-\infty}^{\infty} (\sigma z + \mu)\phi(z)dz = \mu,$$
$$\mathrm{Var}(X) = \frac{1}{\sigma} \int_{-\infty}^{\infty} (x-\mu)^2\phi((x-\mu)/\sigma)dx = \sigma^2 \int_{-\infty}^{\infty} z^2\phi(z)dz = \sigma^2$$

を得る.

(iii) $z := \{x - (\mu + \sigma^2 t)\}/\sigma$ と変数変換することにより

$$\mathrm{M}_X(t) = \frac{1}{\sqrt{2\pi}\sigma} \int_{-\infty}^{\infty} e^{tx} e^{-(x-\mu)^2/2\sigma^2} dx$$

$$= \int_{-\infty}^{\infty} \phi(z)dz \exp\left(\mu t + \frac{\sigma^2}{2}t^2\right) = \exp\left(\mu t + \frac{\sigma^2}{2}t^2\right)$$

を得る. □

命題 3.12　X は正規分布 $N(\mu, \sigma^2)$ に従う確率変数とする. このとき, 次が成り立つ.

(i) $Y = a + bX$ $(a \in \mathbb{R}, b \neq 0)$ は正規分布 $N(a + b\mu, b^2\sigma^2)$ に従う.

(ii) 特に, $Z = (X - \mu)/\sigma$ は標準正規分布 $N(0, 1)$ に従う.

証明

(i) $b > 0$ のとき, Y の累積分布関数は

$$F_Y(y) = P(a + bX \leq y) = P(X \leq (y - a)/b)$$
$$= \frac{1}{\sigma} \int_{-\infty}^{(y-a)/b} \phi\left(\frac{x - \mu}{\sigma}\right) dx$$

となるので, Y の確率密度関数は

$$f_Y(y) = \frac{1}{b\sigma} \phi\left(\frac{y - (a + b\mu)}{b\sigma}\right)$$

となる. $b < 0$ のときも同様にして示される.

(ii) (i) において, $a = -\mu/\sigma$, $b = 1/\sigma$ とすればよい. □

命題 3.12 (ii) の Z を X の**基準化**という.

命題 3.13　X, Y は独立にそれぞれ正規分布 $N(\mu_1, \sigma_1^2)$, $N(\mu_2, \sigma_2^2)$ に従う確率変数とする. このとき, $X + Y$ は正規分布 $N(\mu_1 + \mu_2, \sigma_1^2 + \sigma_2^2)$ に従う. すなわち, 正規分布 $N(\mu, \sigma^2)$ は (μ, σ^2) に関して再生性をもつ.

証明　命題 3.1, 命題 3.11 (iii) より

$$M_{X+Y}(t) = \exp\left(\mu_1 t + \frac{\sigma_1^2 t^2}{2}\right) \exp\left(\mu_2 t + \frac{\sigma_2^2 t^2}{2}\right)$$

$$= \exp\left\{(\mu_1 + \mu_2)t + \frac{1}{2}(\sigma_1^2 + \sigma_2^2)t^2\right\}$$

であるので，定理 3.4 より $X + Y$ は正規分布 $\mathrm{N}(\mu_1 + \mu_2, \sigma_1^2 + \sigma_2^2)$ に従うことがわかる． □

定義 3.10

> Z は標準正規分布 $\mathrm{N}(0, 1)$ に従う確率変数とする．
>
> (i) $a \in \mathbb{R}$ に対して，$Q(a) = \mathrm{P}(Z \geq a)$ を**標準正規分布の上側確率**という．
>
> (ii) $0 < \alpha < 1$ に対して，$\mathrm{P}(Z \geq z) = \int_z^\infty \phi(x)dx = \alpha$ を満たす z を**標準正規分布の上側 α 点**といい，$z(\alpha)$ と表す．

$Q(a)$ は，図 3.9 (i) での斜線部分の面積を表している．一方，$z(\alpha)$ は，図 3.9 (ii) での斜線部分の面積が α となる x 軸上の点を表している．

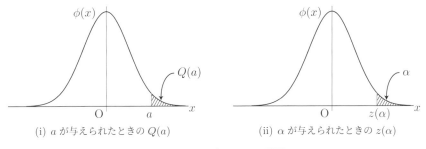

(i) a が与えられたときの $Q(a)$ 　　　　(ii) α が与えられたときの $z(\alpha)$

図 3.9 $Q(a)$ と $z(\alpha)$ の説明

注意 3.5 主な a, α の値に対して，$Q(a), z(\alpha)$ の近似値は巻末の数表 1，数表 2 にまとめてある．具体的には，数表 1 には a の小数第 1 位までの値と小数第 2 位の値が交差した欄に $Q(a)$ の値が書かれている．また，数表 2 には α の小数第 2 位までの値と小数第 3 位の値が交差した欄に $z(\alpha)$ の値が書かれている．

命題 3.14　標準正規分布 $N(0,1)$ の確率密度関数 ϕ, 累積分布関数 Φ, 上側確率 Q, 上側 α 点 $z(\alpha)$ について, 次が成り立つ.

(i) $\phi(-x) = \phi(x)$.

(ii) $\Phi(x) = 1 - Q(x)$.

(iii) $Q(x) + Q(-x) = 1$.

(iv) $z(1-\alpha) = -z(\alpha)$.

証明

(i) $\phi(-x) = \frac{1}{\sqrt{2\pi}}e^{-(-x)^2/2} = \frac{1}{\sqrt{2\pi}}e^{-x^2/2} = \phi(x)$.

(ii) $\Phi(x) + Q(x) = \int_{-\infty}^{x} \phi(s)ds + \int_{x}^{\infty} \phi(s)ds = \int_{-\infty}^{\infty} \phi(s)ds = 1$.

(iii) $Q(x) + Q(-x) = \int_{x}^{\infty} \phi(s)ds + \int_{-x}^{\infty} \phi(s)ds = \int_{x}^{\infty} \phi(s)ds - \int_{x}^{-\infty} \phi(-t)dt$
$= \int_{x}^{\infty} \phi(s)ds + \int_{-\infty}^{x} \phi(t)dt = 1$.

(iv) $1 - \alpha = \int_{z(1-\alpha)}^{\infty} \phi(x)dx$ より, $\alpha = \int_{-\infty}^{z(1-\alpha)} \phi(x)dx = -\int_{\infty}^{-z(1-\alpha)} \phi(-t)dt = \int_{-z(1-\alpha)}^{\infty} \phi(t)dt$ となる. よって, $z(\alpha) = -z(1-\alpha)$ を得る.　□

注意 3.6　f を滑らかな関数とし, $x_1 < x < x_2$ を満たす x, x_1, x_2 に対して, $y = f(x)$, $y_1 = f(x_1)$, $y_2 = f(x_2)$ とする. y は, x_1 と x_2 が十分近いとき,

$$(3.13) \qquad\qquad y \fallingdotseq py_1 + (1-p)y_2$$

と近似できる. ただし,

$$p = \frac{x_2 - x}{x_2 - x_1}$$

である. このような近似を**線型補間**という. 線型補間 (3.13) は, x に対応する y が数表から得られないとき, 数表から得られる組 (x_1, y_1), (x_2, y_2) を用いて, y の近似値を与える.

　本節までの基本的な確率分布の主な性質をまとめると, 表3.3 のようになる.

■ 3.4 正規分布から派生する確率分布

本節では正規分布から派生する 3 つの確率分布について述べる．これら 3 つの確率分布は第 4 章以降，頻繁に用いられることになる．

3.4.1 カイ 2 乗分布

定義 3.11

$X_1, \ldots, X_n$ は互いに独立に標準正規分布 $\mathrm{N}(0, 1)$ に従う確率変数とする．このとき，$Y := \sum_{i=1}^{n} X_i^2$ が従う確率分布を自由度 n の**カイ 2 乗分布**といい，χ_n^2 と表す．

命題 3.15 Y はカイ 2 乗分布 χ_n^2 に従う確率変数とする．このとき，次が成

表 3.3 基本的な確率分布

名 称	2 項分布	ポアソン分布	一様分布	指数分布	正規分布
記 号	$\mathrm{B}(n, p)$	$\mathrm{Po}(\lambda)$	$\mathrm{U}(a, b)$	$\mathrm{Ex}(\lambda)$	$\mathrm{N}(\mu, \sigma^2)$
確率関数 確率密度関数	$\binom{n}{x} p^x q^{n-x}$脚注 3.11	$\dfrac{1}{x!} \lambda^x e^{-\lambda}$	$\dfrac{1}{b-a}$	$\dfrac{1}{\lambda} e^{-x/\lambda}$	$\dfrac{1}{\sqrt{2\pi}\sigma} e^{-\frac{(x-\mu)^2}{2\sigma^2}}$
台脚注 3.12	$\{0, 1, \ldots, n\}$	$\{0, 1, \ldots\}$	$[a, b]$	$[0, \infty)$	$(-\infty, \infty)$
母数の範囲	$n \in \mathbb{N}$ $0 < p < 1$	$\lambda \in \mathbb{R}_+$	$a < b$	$\lambda \in \mathbb{R}_+$	$\mu \in \mathbb{R}$ $\sigma \in \mathbb{R}_+$
平 均	np	λ	$\dfrac{a+b}{2}$	λ	μ
分 散	npq脚注 3.11	λ	$\dfrac{(b-a)^2}{12}$	λ^2	σ^2
積率母関数	$(pe^t + q)^n$脚注 3.11	$e^{\lambda(e^t - 1)}$	脚注 3.13	$\dfrac{1}{1 - \lambda t}$	$e^{\mu t + \sigma^2 t^2 / 2}$
再 生 性	n	λ	無	無	(μ, σ^2)

脚注 3.11 $p + q = 1$.
脚注 3.12 確率関数，または確率密度関数が正となる集合の閉包，すなわち，$D = \{x : p_X(x) > 0\}$，または $D = \{x : f_X(x) > 0\}$ とするとき，$\bar{D}$ を確率分布の台という．
脚注 3.13 命題 3.7 (iii) 参照．

り立つ.

(i) $\mathrm{E}(Y) = n$.

(ii) $\mathrm{Var}(Y) = 2n$.

(iii) $\mathrm{M}_Y(t) = (1 - 2t)^{-n/2}$ $(t < 1/2)$.

証明　$X_1, \ldots, X_n$ は互いに独立に標準正規分布 $\mathrm{N}(0,1)$ に従う確率変数とすると, Y は $\sum_{i=1}^n X_i^2$ と同一視できる[脚注 3.14].

(i) $\mathrm{E}(Y) = \sum_{i=1}^n \mathrm{E}(X_i^2) = \sum_{i=1}^n 1 = n$.

(ii) まず, 簡単な計算から $E(X_i^4) = 3$ を得るので, 命題 2.10 より $\mathrm{Var}(X_i^2) = \mathrm{E}(X_i^4) - \{\mathrm{E}(X_i^2)\}^2 = 3 - 1 = 2$ である. 命題 2.8 より $X_1^2, \ldots, X_n^2$ は互いに独立であるので, 命題 2.12 (iv) より $\mathrm{Var}(Y) = \sum_{i=1}^n \mathrm{Var}(X_i^2) = 2n$ を得る.

(iii) $\mathrm{M}_Y(t) = \mathrm{E}(e^{tY}) = \mathrm{E}[\exp\{t \sum_{i=1}^n X_i^2\}] = \int_{\mathbb{R}^n} \prod_{i=1}^n e^{tx_i^2} \phi(x_i) d\boldsymbol{x} = \prod_{i=1}^n \int_{\mathbb{R}} e^{tx_i^2} \phi(x_i) dx_i = \prod_{i=1}^n \{(1/\sqrt{2\pi}) \int_{\mathbb{R}} e^{-(1-2t)x_i^2/2} dx_i\} = (1 - 2t)^{-n/2}$ となる. $\qquad\square$

命題 3.16　X はカイ 2 乗分布 χ_n^2 に従う確率変数とする. このとき, X は連続型であり, その確率密度関数は

$$(3.14) \qquad f_X(x) = \begin{cases} \dfrac{1}{\Gamma(n/2)2^{n/2}} x^{n/2-1} e^{-x/2} & (x \in \mathbb{R}_+), \\ 0 & (その他) \end{cases}$$

となる (カイ 2 乗分布 χ_n^2 の確率密度関数の概形は図 3.10 参照).

証明　(3.14) の積率母関数は $s = (1/2 - t)x$ $(t < 1/2)$ と変数変換すると, $\mathrm{M}_X(t) = \frac{1}{\Gamma(n/2)2^{n/2}} \int_0^\infty e^{tx} x^{n/2-1} e^{-x/2} dx = \frac{1}{\Gamma(n/2)2^{n/2}} \int_0^\infty \frac{s^{n/2-1}}{(1/2-t)^{n/2}} e^{-s} ds = (1 - 2t)^{-n/2}$ となり, 命題 3.15 (iii) より, χ_n^2 の積率母関数と一致することがわかる. よって, 定理 3.4 より, χ_n^2 の確率密度関数は (3.14) となることがわかる. $\qquad\square$

[脚注 3.14] X と Y は同一視できるとは $\mathrm{P}(X \neq Y) = 0$ を意味する.

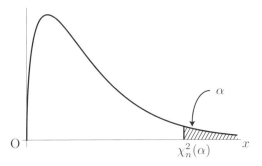

図 3.10 カイ 2 乗分布 χ_n^2 の確率密度関数の概形

命題 3.17　X, Y は独立にそれぞれカイ 2 乗分布 $\chi_{n_1}^2, \chi_{n_2}^2$ に従う確率変数とする. このとき, $X + Y$ はカイ 2 乗分布 $\chi_{n_1+n_2}^2$ に従う. すなわち, カイ 2 乗分布 χ_n^2 は n に関して再生性をもつ.

証明　命題 3.1, 命題 3.15 (iii) より

$$\mathrm{M}_{X+Y}(t) = (1 - 2t)^{-n_1/2}(1 - 2t)^{-n_2/2} = (1 - 2t)^{-(n_1+n_2)/2}$$

となるので, 定理 3.4 より $X + Y$ はカイ 2 乗分布 $\chi_{n_1+n_2}^2$ に従うことがわかる.　　□

命題 3.18　X はカイ 2 乗分布 χ_n^2 に従う確率変数とし, $n > k$ とする. このとき,

$$\mathrm{E}\Big[\Big(\frac{X}{n}\Big)^{-k/2}\Big] = \Big(\frac{n}{2}\Big)^{k/2} \frac{\Gamma((n-k)/2)}{\Gamma(n/2)}$$

が成り立つ.

証明　$\mathrm{E}[(X/n)^{-k/2}] = \dfrac{1}{\Gamma(n/2)2^{n/2}} \displaystyle\int_0^\infty x^{n/2-1}e^{-x/2}(x/n)^{-k/2}dx$

$= \dfrac{n^{k/2}}{\Gamma(n/2)2^{n/2}} \displaystyle\int_0^\infty x^{(n-k)/2-1}e^{-x/2}dx = \dfrac{n^{k/2}}{\Gamma(n/2)2^{k/2}} \displaystyle\int_0^\infty u^{(n-k)/2-1}e^{-u}du$

$= (n/2)^{k/2}\dfrac{\Gamma((n-k)/2)}{\Gamma(n/2)}$ となる.　　□

定義 3.12

> X は自由度 n のカイ 2 乗分布 χ_n^2 に従う確率変数とする．このとき，$0 < \alpha < 1$ を満たす α に対して，$\mathrm{P}(X > x) = \alpha$ となる x を自由度 n の**カイ 2 乗分布の上側 α 点**といい，$\chi_n^2(\alpha)$ と表す．

注意 3.7　$\chi_n^2(\alpha)$ については図 3.10 参照．また，主な α の値に対して $\chi_n^2(\alpha)$ の近似値は巻末の数表 4 にまとめてある．

3.4.2　t 分布

定義 3.13

> X, Y は独立にそれぞれ標準正規分布 $\mathrm{N}(0,1)$，カイ 2 乗分布 χ_n^2 に従う確率変数とする．このとき，$T := X/\sqrt{Y/n}$ が従う確率分布を自由度 n の**t 分布**といい，t_n と表す．

命題 3.19　T は t 分布 t_n に従う確率変数とする．このとき T は連続型であり，その確率密度関数は

$$f_T(x) = \frac{\Gamma((n+1)/2)}{\sqrt{n\pi}\,\Gamma(n/2)}\left(1 + \frac{x^2}{n}\right)^{-(n+1)/2} \quad (x \in \mathbb{R})$$

となる（t 分布 t_n の確率密度関数の概形は図 3.11 参照）．

証明　X, Y は独立にそれぞれ標準正規分布 $\mathrm{N}(0,1)$，カイ 2 乗分布 χ_n^2 に従う確率変数とする．このとき，(X,Y) の同時確率密度関数は

$$f_{X,Y}(x,y) = \begin{cases} \dfrac{1}{\sqrt{2\pi}} e^{-x^2/2} \dfrac{1}{\Gamma(n/2)2^{n/2}} y^{n/2-1} e^{-y/2} & ((x,y) \in \mathbb{R} \times \mathbb{R}_+), \\ 0 & (\text{その他}) \end{cases}$$

となる．ここで，$s = y$, $t = x/(y/n)^{1/2}$ と変数変換すると，$x = t(s/n)^{1/2}$, $y = s$, $|\det\{\partial(x,y)/\partial(s,t)\}| = (s/n)^{1/2}$ となり，$\mathbb{R} \times \mathbb{R}_+$ は $\mathbb{R}_+ \times \mathbb{R}$ に写る．

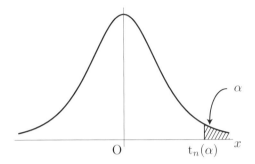

図 3.11　t 分布 t_n の確率密度関数の概形

定理 2.6 より，(S, T) の同時確率密度関数は

$$
\begin{aligned}
f_{S,T}(s, t) &= f_X\left(t(s/n)^{1/2}\right) f_Y(s)(s/n)^{1/2} \\
&= \frac{s^{(n-1)/2}}{\sqrt{2\pi}\,\Gamma(n/2)2^{n/2}n^{1/2}} \exp\left\{-\frac{s}{2}\left(1 + \frac{t^2}{n}\right)\right\}
\end{aligned}
$$

であり，

$$
\int_0^\infty s^{(n-1)/2}\exp\left\{-\frac{s}{2}\left(1 + \frac{t^2}{n}\right)\right\}ds = \left(\frac{2}{1 + t^2/n}\right)^{(n+1)/2}\Gamma\left(\frac{n+1}{2}\right)
$$

であるから，T の確率密度関数は

$$
\begin{aligned}
f_T(t) &= \frac{1}{\sqrt{2\pi}\,\Gamma(n/2)2^{n/2}n^{1/2}}\left(\frac{2}{1 + t^2/n}\right)^{(n+1)/2}\Gamma\left(\frac{n+1}{2}\right) \\
&= \frac{\Gamma((n+1)/2)}{\sqrt{n\pi}\,\Gamma(n/2)}\left(1 + \frac{t^2}{n}\right)^{-(n+1)/2}
\end{aligned}
$$

となる．　　　　　　　　　　　　　　　　　　　　　　　　　　　　□

命題 3.20　　T は t 分布 t_n に従う確率変数とする．このとき，次が成り立つ．

(i) $\mathrm{E}(T) = 0$　$(n > 1)$.

(ii) $\mathrm{Var}(T) = \frac{n}{n-2}$　$(n > 2)$.

証明　　X, Y は独立にそれぞれ標準正規分布 $\mathrm{N}(0, 1)$，カイ 2 乗分布 χ_n^2 に従う

確率変数とすると，T は $X(Y/n)^{-1/2}$ と同一視できる．このとき，命題 3.11，
命題 3.18 より，

$$\mathrm{E}(X) = 0, \quad \mathrm{E}(X^2) = 1,$$

$$\mathrm{E}\left[\left(\frac{Y}{n}\right)^{-1/2}\right] = \left(\frac{n}{2}\right)^{1/2} \frac{\Gamma((n-1)/2)}{\Gamma(n/2)} \quad (n > 1),$$

$$\mathrm{E}\left[\left(\frac{Y}{n}\right)^{-1}\right] = \frac{n}{n-2} \quad (n > 2)$$

となる．これらのことから次を得る．

(i) $\mathrm{E}(T) = \mathrm{E}[X(Y/n)^{-1/2}] = \mathrm{E}(X)\mathrm{E}[(Y/n)^{-1/2}] = 0.$

(ii) $\mathrm{Var}(T) = \mathrm{E}(T^2) = \mathrm{E}[X^2(Y/n)^{-1}] = \mathrm{E}(X^2)\mathrm{E}[(Y/n)^{-1}] = \dfrac{n}{n-2}.$ □

命題 3.21　　t 分布 t_n の確率密度関数 f_{T_n} は $n \to \infty$ のとき標準正規分布
$\mathrm{N}(0,1)$ の確率密度関数 ϕ に収束する．

証明　スターリングの公式（命題 9.5）により

$$\Gamma(s) = \sqrt{2\pi}s^{s-1/2}e^{-s}e^{\mu(s)}, \quad \mu(s) = \frac{\theta}{12s} \quad (0 < \theta < 1)$$

が成り立つので，

$$\frac{\Gamma((n+1)/2)}{\sqrt{n\pi}\Gamma(n/2)} = \frac{1}{\sqrt{2\pi}}\left(1 + \frac{1}{n}\right)^{n/2}e^{-1/2}\exp\left\{\mu\left(\frac{n+1}{2}\right) - \mu\left(\frac{n}{2}\right)\right\}$$
$$\to \frac{1}{\sqrt{2\pi}} \quad (n \to \infty)$$

となる．また
$$\left(1 + \frac{x^2}{n}\right)^{-(n+1)/2} \to e^{-x^2/2} \quad (n \to \infty)$$

であるので，

$$f_{T_n}(x) \to \phi(x) \quad (n \to \infty)$$

となることがわかる． □

定義 3.14

> T は自由度 n の t 分布 t_n に従う確率変数とする. このとき, $0 < \alpha < 1$ を満たす α に対して, $\mathrm{P}(T > t) = \alpha$ となる t を自由度 n の **t 分布の上側 α 点**といい, $\mathrm{t}_n(\alpha)$ と表す.

注意 3.8　　$\mathrm{t}_n(\alpha)$ については図 3.11 参照. また, 主な α の値に対して, $\mathrm{t}_n(\alpha)$ の近似値は巻末の数表 3 にまとめてある.

3.4.3　F 分布

定義 3.15

> X, Y は独立にそれぞれカイ 2 乗分布 χ_m^2, χ_n^2 に従う確率変数とする. このとき, $F := (X/m)/(Y/n)$ が従う確率分布を自由度 (m, n) の **F 分布**といい, F_n^m と表す.

命題 3.22　　F は F 分布 F_n^m に従う確率変数とする. このとき F は連続型であり, その確率密度関数は

$$f_F(x) = \begin{cases} \dfrac{1}{B(m/2, n/2)} \left(\dfrac{m}{n}\right)^{m/2} x^{m/2-1} \left(1 + \dfrac{m}{n}x\right)^{-(m+n)/2} & (x \in \mathbb{R}+), \\ 0 & (その他) \end{cases}$$

となる (F 分布 F_n^m の確率密度関数の概形は図 3.12 参照). ただし, B はベータ関数である (定義 9.5 参照).

証明　　X, Y は独立にそれぞれカイ 2 乗分布 χ_m^2, χ_n^2 に従う確率変数とする. このとき, (X, Y) の同時確率密度関数は

$$f_{X,Y}(x, y) = \begin{cases} \dfrac{2^{-(m+n)/2}}{\Gamma(m/2)\Gamma(n/2)} x^{m/2-1} y^{n/2-1} e^{-(x+y)/2} & ((x, y) \in \mathbb{R}_+^2), \\ 0 & (その他) \end{cases}$$

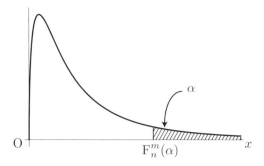

図 3.12　F 分布 F_n^m の確率密度関数の概形

となる．$s = (x/m)/(y/n)$, $t = y$ と変数変換すると，$x = (m/n)st$, $y = t$, $\det\{\partial(x,y)/\partial(s,t)\} = (m/n)t$ となり，$\mathbb{R}_+^2$ は $\mathbb{R}_+^2$ に写る．定理 2.6 より，(S, T) の同時確率密度関数は

$$
f_{S,T}(s,t) = \begin{cases}
\dfrac{2^{-(m+n)/2}}{\Gamma(m/2)\Gamma(n/2)} \left(\dfrac{m}{n}\right)^{m/2} s^{m/2-1} t^{(m+n)/2-1} \\
\qquad\qquad \cdot \exp[-\{(m/n)s + 1\}t/2] & ((s,t) \in \mathbb{R}_+^2), \\
0 & (\text{その他})
\end{cases}
$$

となる．S の確率密度関数は $\{(m/n)s + 1\}t/2 = u$ と変数変換することにより，$s \in \mathbb{R}_+$ に対して

$$
\begin{aligned}
f_S(s) &= \int_0^\infty f_{S,T}(s,t)dt \\
&= \frac{2^{-(m+n)/2}}{\Gamma(m/2)\Gamma(n/2)} \left(\frac{m}{n}\right)^{m/2} s^{m/2-1} \\
&\qquad \cdot \int_0^\infty t^{(m+n)/2-1} \exp[-\{(m/n)s + 1\}t/2]dt \\
&= \frac{2^{-(m+n)/2}}{\Gamma(m/2)\Gamma(n/2)} \left(\frac{m}{n}\right)^{m/2} s^{m/2-1} \left(\frac{2}{(m/n)s + 1}\right)^{(m+n)/2} \\
&\qquad \cdot \int_0^\infty u^{(m+n)/2-1} e^{-u} du \\
&= \frac{1}{B(m/2, n/2)} \left(\frac{m}{n}\right)^{m/2} s^{m/2-1} \left(1 + \frac{m}{n}s\right)^{-(m+n)/2}
\end{aligned}
$$

となる. □

命題 3.23　F は F 分布 F_n^m に従う確率変数とする. このとき, 次が成り立つ.

(i) $\mathrm{E}(F) = \dfrac{n}{n-2}$ $(n > 2)$.

(ii) $\mathrm{Var}(F) = \dfrac{2n^2(m+n-2)}{m(n-2)^2(n-4)}$ $(n > 4)$.

(iii) $1/F$ は F 分布 F_m^n に従う.

証明　X, Y は独立にそれぞれカイ 2 乗分布 χ_m^2, χ_n^2 に従う確率変数とすると, F は $(X/m)/(Y/n)$ と同一視できる. このとき, 命題 3.18 より,

$$\mathrm{E}\left(\frac{X}{m}\right) = 1, \qquad\qquad \mathrm{E}\left[\left(\frac{X}{m}\right)^2\right] = \frac{m+2}{m},$$

$$\mathrm{E}\left[\left(\frac{Y}{n}\right)^{-1}\right] = \frac{n}{n-2} \ (n > 2), \quad \mathrm{E}\left[\left(\frac{Y}{n}\right)^{-2}\right] = \frac{n^2}{(n-2)(n-4)} \ (n > 4)$$

となる.

(i) $\mathrm{E}(F) = \mathrm{E}(X/m)\mathrm{E}[(Y/n)^{-1}] = \frac{n}{n-2}$ $(n > 2)$.

(ii) $\mathrm{E}(F^2) = \mathrm{E}[\{(X/m)/(Y/n)\}^2] = \mathrm{E}[(X/m)^2]\mathrm{E}[(Y/n)^{-2}] = \frac{m+2}{m}$ $\cdot\frac{n^2}{(n-2)(n-4)}$ となり, $\mathrm{Var}(F) = \frac{m+2}{m}\frac{n^2}{(n-2)(n-4)} - \left(\frac{n}{n-2}\right)^2 = \frac{2n^2(m+n-2)}{m(n-2)^2(n-4)}$ $(n > 4)$ を得る.

(iii) $1/F$ は $(Y/n)/(X/m)$ と同一視できるので, 定義 3.15 より明らか. □

定義 3.16

> 　F は自由度 (m,n) の F 分布 F_n^m に従う確率変数とする. このとき, $0 < \alpha < 1$ を満たす α に対して, $\mathrm{P}(F > f) = \alpha$ となる f を自由度 (m,n) の **F 分布の上側 α 点**といい, $\mathrm{F}_n^m(\alpha)$ と表す.

注意 3.9　$\mathrm{F}_n^m(\alpha)$ については図 3.12 参照. また, 主な α の値に対して, $\mathrm{F}_n^m(\alpha)$ の近似値は巻末の数表 5 にまとめてある.

命題 3.24

$$F_m^n(\alpha) = \frac{1}{F_n^m(1-\alpha)}$$

が成り立つ.

証明 F は F 分布 F_n^m に従う確率変数とする. このとき, 命題 3.23 より, $1/F$ は F 分布 F_m^n に従うので

$$1-\alpha = P\left(F_n^m(1-\alpha) \leq F\right) = P\left(\frac{1}{F_n^m(1-\alpha)} \geq \frac{1}{F}\right) = 1-P\left(\frac{1}{F_n^m(1-\alpha)} < \frac{1}{F}\right)$$

となり

$$P\left(\frac{1}{F_n^m(1-\alpha)} < \frac{1}{F}\right) = \alpha$$

となる. このことから

$$F_m^n(\alpha) = \frac{1}{F_n^m(1-\alpha)}$$

を得る. □

正規分布から派生する 3 つの確率分布の主な性質をまとめると, 表 3.4 のようになる.

表 3.4 正規分布から派生する 3 つの確率分布の主な性質

名 称	カイ 2 乗分布	t 分布	F 分布
記 号	χ_n^2	t_n	F_n^m
自由度	n	n	(m, n)
統計量[脚注 3.15]	$\sum_{i=1}^{n} X_i^2$	$\dfrac{Y_1}{\sqrt{\sum_{i=1}^{n} X_i^2/n}}$	$\dfrac{\sum_{j=1}^{m} Y_j^2/m}{\sum_{i=1}^{n} X_i^2/n}$
台	$[0, \infty)$	$(-\infty, \infty)$	$[0, \infty)$
平 均	n	$0 \ (n > 1)$	$\dfrac{n}{n-2} \ (n > 2)$
分 散	$2n$	$\dfrac{n}{n-2} \ (n > 2)$	$\dfrac{2n^2(m+n-2)}{m(n-2)^2(n-4)} \ (n > 4)$

■ 3.5 多変量確率分布

本節では，多変量確率分布として，多項分布及び多変量正規分布を講じる．

3.5.1 多項分布

ベルヌーイ試行は各試行の結果を2通りに限っていた．本節では，ベルヌーイ試行を結果が $k (\geq 2)$ 通りの試行へ拡張する．まず，試行の結果を $E_1, \ldots, E_k$ とし，それぞれの確率を $p_1 = \mathrm{P}(E_1), \ldots, p_k = \mathrm{P}(E_k)$ $(p_1 + \cdots + p_k = 1)$ とする．この試行を n 回独立に繰り返し，E_i が起こる回数を X_i $(i = 1, \ldots, k)$ とするとき，$X_1 = x_1, \ldots, X_k = x_k$ $(x_1 + \cdots + x_k = n, x_1, \ldots, x_n \geq 0)$ となる確率を考える．これは，n 回の試行において，E_1 が x_1 回，$\cdots$，E_k が x_k 回起こる組み合わせの総数 $n!/x_1! \cdots x_k!$ と，それぞれの組の確率 $p_1^{x_1} \cdots p_k^{x_k}$ を掛け合わせることにより得られる．

定義 3.17

$0 < p_i < 1 \ (i = 1, \ldots, k)$, $\sum_{i=1}^{k} p_i = 1$ のとき，

$$
p_{\boldsymbol{X}}(\boldsymbol{x}) = \begin{cases} \dfrac{n!}{x_1! x_2! \cdots x_k!} p_1^{x_1} p_2^{x_2} \cdots p_k^{x_k} & (\boldsymbol{x} \in \mathcal{X}), \\ 0 & (その他) \end{cases}
$$

を確率関数としてもつ確率分布を**多項分布**といい，$\mathrm{M}_k(n; p_1, \ldots, p_k)$ と表す．ただし，

$$
\boldsymbol{x} = (x_1, \ldots, x_k), \quad \mathcal{X} = \left\{ \boldsymbol{x} \in \{0, 1, \ldots, n\}^k : \sum_{i=1}^{k} x_i = n \right\}
$$

である．

問 3.11 多項分布 $\mathrm{M}_k(n; p_i, \ldots, p_k)$ は離散型であることを確認せよ．

脚注 3.15 $X_1, \ldots, X_n, Y_1, \ldots, Y_m$ が互いに独立に標準正規分布 $\mathrm{N}(0, 1)$ に従うときに，与えられた統計量が該当の確率分布に従うという意味である．

問 3.12   多項分布 $\mathrm{M}_k(n; p_i, \ldots, p_k)$ は 2 項分布の拡張であることを確認せよ.

命題 3.25 $\boldsymbol{X}$ は多項分布 $\mathrm{M}_k(n; p_1, \ldots, p_k)$ に従う確率ベクトルとする. このとき, 次が成り立つ.

(i) $\mathrm{E}(X_i) = np_i$ $(i = 1, \ldots, k)$.

(ii) $\mathrm{Var}(X_i) = np_i(1 - p_i)$ $(i = 1, \ldots, k)$.

(iii) $\mathrm{Cov}(X_i, X_j) = -np_ip_j$ $(i, j = 1, \ldots, k; i \neq j)$.

(iv) $\rho(X_i, X_j) = -\sqrt{\frac{p_ip_j}{(1-p_i)(1-p_j)}}$.

(v) $\mathrm{M}_{\boldsymbol{X}}(\boldsymbol{t}) = (p_1e^{t_1} + \cdots + p_ke^{t_k})^n$.

(vi) X_i は $\mathrm{B}(n, p_i)$ に従う.

証明   (v) $A = p_1e^{t_1} + \cdots + p_ke^{t_k}$ とおくと

$$\mathrm{M}_{\boldsymbol{X}}(\boldsymbol{t}) = \sum_{\boldsymbol{x} \in \mathcal{X}} \frac{n!}{x_1! x_2! \cdots x_k!} p_1^{x_1} p_2^{x_2} \cdots p_k^{x_k} \cdot e^{t_1 x_1} e^{t_2 x_2} \cdots e^{t_k x_k}$$

$$= \sum_{\boldsymbol{x} \in \mathcal{X}} \frac{n!}{x_1! x_2! \cdots x_k!} (p_1e^{t_1})^{x_1} (p_2e^{t_2})^{x_2} \cdots (p_ke^{t_k})^{x_k}$$

$$= A^n \sum_{\boldsymbol{x} \in \mathcal{X}} \frac{n!}{x_1! x_2! \cdots x_k!} \left(\frac{p_1e^{t_1}}{A}\right)^{x_1} \cdots \left(\frac{p_ke^{t_k}}{A}\right)^{x_k} = A^n$$

を得る.

(i), (ii), (iii)

$$\frac{\partial}{\partial t_i} \mathrm{M}_{\boldsymbol{X}}(\boldsymbol{t}) = n(p_1e^{t_1} + \cdots + p_ke^{t_k})^{n-1} p_ie^{t_i},$$

$$\frac{\partial^2}{\partial t_i \partial t_j} \mathrm{M}_{\boldsymbol{X}}(\boldsymbol{t}) = \begin{cases} n(n-1)(p_1e^{t_1} + \cdots + p_ke^{t_k})^{n-2} p_ip_je^{t_i+t_j} & (i \neq j), \\ n(n-1)(p_1e^{t_1} + \cdots + p_ke^{t_k})^{n-2} p_i^2 e^{2t_i} \\ \quad + n(p_1e^{t_1} + \cdots + p_ke^{t_k})^{n-1} p_ie^{t_i} & (i = j) \end{cases}$$

であるので,

$$\mathrm{E}(X_i) = \frac{\partial}{\partial t_i} \mathrm{M}_{\boldsymbol{X}}(\boldsymbol{0}) = np_i,$$

$$\mathrm{E}(X_i X_j) = \frac{\partial^2}{\partial t_i \partial t_j} \mathrm{M}_{\boldsymbol{X}}(\boldsymbol{0}) = \begin{cases} n(n-1)p_i p_j & (i \neq j), \\ n(n-1)p_i^2 + np_i & (i = j) \end{cases}$$

となり,

$$\mathrm{Var}(X_i) = n(n-1)p_i^2 + np_i - n^2 p_i^2 = np_i(1 - p_i),$$

$$\mathrm{Cov}(X_i, X_j) = n(n-1)p_i p_j - np_i np_j = -np_i p_j \ (i \neq j)$$

を得る. (iv) は定義 2.12 (iii) より明らか.

(vi) 定理 3.3 (iii) より, $\mathrm{M}_{X_i}(t_i) = (p_i e^{t_i} + \sum_{j \neq i} p_j)^n = \{p_i e^{t_i} + (1 - p_i)\}^n$ となり, これは命題 3.2 (iii) より, $\mathrm{B}(n, p_i)$ の積率母関数であることがわかる.　□

3.5.2　多変量正規分布

3.3.5 項において講じた正規分布を多変量化する. はじめに, 2 変量正規分布を考える.

定義 3.18

$(\mu_1, \mu_2, \sigma_1^2, \sigma_2^2, \rho) \in \mathbb{R}^2 \times \mathbb{R}_+^2 \times (-1, 1)$ のとき,

(3.15)
$$f_{\boldsymbol{X}}(\boldsymbol{x}) = \frac{1}{2\pi \sigma_1 \sigma_2 \sqrt{1 - \rho^2}} \exp \left[-\frac{1}{2(1 - \rho^2)} \right.$$
$$\left. \cdot \left\{ \frac{(x_1 - \mu_1)^2}{\sigma_1^2} - 2\rho \frac{(x_1 - \mu_1)(x_2 - \mu_2)}{\sigma_1 \sigma_2} + \frac{(x_2 - \mu_2)^2}{\sigma_2^2} \right\} \right] \ (\boldsymbol{x} \in \mathbb{R}^2)$$

を同時確率密度関数としてもつ確率分布を **2 変量正規分布** といい, $\mathrm{N}_2(\mu_1, \mu_2, \sigma_1^2, \sigma_2^2, \rho)$ と表す. ただし, $\boldsymbol{X} = (X_1, X_2)$, $\boldsymbol{x} = (x_1, x_2)$ である.

命題 3.26　$\boldsymbol{X} = (X_1, X_2)$ は 2 変量正規分布 $\mathrm{N}_2(\mu_1, \mu_2, \sigma_1^2, \sigma_2^2, \rho)$ に従う確

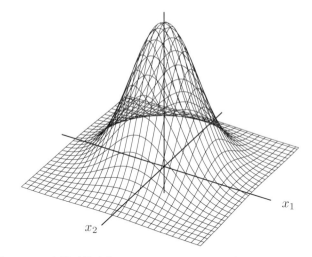

x_1

x_2

図 3.13　2 変量正規分布 $N_2(0, 0, 1, 1, 0)$ の同時確率密度関数の概形

率ベクトルとする．このとき，$i = 1, 2$ に対して次が成り立つ．

(i) $E(X_i) = \mu_i$.

(ii) $Var(X_i) = \sigma_i^2$.

(iii) $Cov(X_1, X_2) = \rho \sigma_1 \sigma_2$.

(iv) $\rho(X_1, X_2) = \rho$.

(v) $M_{\boldsymbol{X}}(\boldsymbol{t}) = \exp\{\mu_1 t_1 + \mu_2 t_2 + (\sigma_1^2 t_1^2 + 2\sigma_1 \sigma_2 \rho t_1 t_2 + \sigma_2^2 t_2^2)/2\}$.

(vi) $X_1 \amalg X_2 \Leftrightarrow \rho = 0$.

(vii) X_i は $N(\mu_i, \sigma_i^2)$ に従う．

証明　(i)–(vi) は (vii) より直ちに導出されるため (vii) から証明する．以下，$i \neq j$ とする．

(vii) $y := \{(x_j - \mu_j)/\sigma_j - \rho(x_i - \mu_i)/\sigma_i\}/\sqrt{1 - \rho^2}$ と変数変換することにより

$$(3.16) \qquad f_{X_i}(x_i) = \int_{-\infty}^{\infty} f_{\boldsymbol{X}}(\boldsymbol{x})dx_j$$

$$= \frac{1}{2\pi\sigma_i} \int_{-\infty}^{\infty} e^{-y^2/2}dy \exp\Big\{-\frac{(x_i-\mu_i)^2}{2\sigma_i^2}\Big\}$$

$$= \frac{1}{\sqrt{2\pi}\sigma_i} \exp\Big\{-\frac{(x_i-\mu_i)^2}{2\sigma_i^2}\Big\}$$

を得る.

(i) (3.16) より, $\mathrm{E}(X_i) = \int_{-\infty}^{\infty} x_i \big\{\int_{-\infty}^{\infty} f_{\boldsymbol{X}}(\boldsymbol{x})dx_j\big\}dx_i = \int_{-\infty}^{\infty} x_i f_{X_i}(x_i)dx_i$
$= \mu_i$.

(ii) (i) と同様に, $\mathrm{Var}(X_i)=\mathrm{E}[(X_i-\mu_i)^2]=\int_{-\infty}^{\infty}(x_i-\mu_i)^2 f_{X_i}(x_i)dx_i=\sigma_i^2$.

(iii) $y := \{(x_2-\mu_2)/\sigma_2 - \rho(x_1-\mu_1)/\sigma_1\}/\sqrt{1-\rho^2}$, $z := (x_1-\mu_1)/\sigma_1$ と
変数変換することにより

$$\mathrm{Cov}(X_1, X_2) = \mathrm{E}[(X_1-\mu_1)(X_2-\mu_2)]$$

$$= \int_{-\infty}^{\infty}\int_{-\infty}^{\infty}(x_1-\mu_1)(x_2-\mu_2)f_{\boldsymbol{X}}(\boldsymbol{x})d\boldsymbol{x}$$

$$= \frac{\sigma_1\sigma_2}{2\pi}\int_{-\infty}^{\infty}\int_{-\infty}^{\infty} z\Big(y\sqrt{1-\rho^2}+\rho z\Big)e^{-y^2/2}e^{-z^2/2}dydz$$

$$= \frac{\sigma_1\sigma_2}{\sqrt{2\pi}}\int_{-\infty}^{\infty}\rho z^2 e^{-z^2/2}dz = \rho\sigma_1\sigma_2$$

を得る.

(iv) 定義 2.12 (iii) と (ii), (iii) より明らか.

(v) $y_1 = (x_1-\mu_1)/\sigma_1$, $y_2 = (x_2-\mu_2)/\sigma_2$ と変数変換することにより

$$\mathrm{M}_{\boldsymbol{X}}(\boldsymbol{t}) = \mathrm{E}[\exp\{t_1 X_1 + t_2 X_2\}]$$

$$= \frac{1}{2\sigma_1\sigma_2\pi\sqrt{1-\rho^2}}\int_{-\infty}^{\infty}\int_{-\infty}^{\infty}\exp\Big[-\frac{1}{2(1-\rho^2)}\Big\{\frac{(x_1-\mu_1)^2}{\sigma_1^2}$$

$$-2\rho\frac{(x_1-\mu_1)(x_2-\mu_2)}{\sigma_1\sigma_2} + \frac{(x_2-\mu_2)^2}{\sigma_2^2}\Big\} + t_1 x_1 + t_2 x_2\Big]d\boldsymbol{x}$$

$$
\begin{aligned}
&= \frac{1}{2\pi\sqrt{1-\rho^2}} \int_{-\infty}^{\infty} \int_{-\infty}^{\infty} \exp\Big[-\frac{1}{2(1-\rho^2)}\Big\{ y_1 - \rho y_2 \\
&\qquad - (1-\rho^2)t_1\sigma_1 \Big\}^2 - \frac{1}{2}\{ y_2 - t_2\sigma_2 - \rho t_1\sigma_2 \}^2 \Big] d\boldsymbol{y} \\
&\qquad \cdot \exp\{ \mu_1 t_1 + \mu_2 t_2 + (\sigma_1^2 t_1^2 + 2\sigma_1\sigma_2\rho t_1 t_2 + \sigma_2^2 t_2^2)/2 \}
\end{aligned}
$$

を得る.

(vi) ($\Rightarrow$) 命題 2.12 (iii) と本命題 (iv) より明らか. ($\Leftarrow$) $\rho = 0$ であれば (3.15) と (3.16) より $f_{\boldsymbol{X}}(\boldsymbol{x}) = f_{X_1}(x_1)f_{X_2}(x_2)$ と書け, 命題 2.6 (ii) より $X \amalg Y$ となることがわかる. □

注意 3.10　$\boldsymbol{\mu} := (\mu_1, \mu_2)$, $\Sigma := \begin{pmatrix} \sigma_1^2 & \rho\sigma_1\sigma_2 \\ \rho\sigma_1\sigma_2 & \sigma_2^2 \end{pmatrix}$ とおけば, (3.15) は

$$
f_{\boldsymbol{X}}(\boldsymbol{x}) = \frac{1}{2\pi \det\{\Sigma\}^{1/2}} \exp\left\{ -\frac{1}{2}(\boldsymbol{x}-\boldsymbol{\mu})\Sigma^{-1}(\boldsymbol{x}-\boldsymbol{\mu})' \right\}
$$

と表される. この表記により, 容易に 3 変量以上の正規分布の一般化される.

定義 3.19

　$p \in \mathbb{N}$, $\boldsymbol{\mu} \in \mathbb{R}^p$, Σ が正値対称行列のとき,

(3.17)
$$
f_{\boldsymbol{X}}(\boldsymbol{x}) = \frac{1}{(2\pi)^{p/2} \det\{\Sigma\}^{1/2}} \exp\left\{ -\frac{1}{2}(\boldsymbol{x}-\boldsymbol{\mu})\Sigma^{-1}(\boldsymbol{x}-\boldsymbol{\mu})' \right\} \quad (\boldsymbol{x} \in \mathbb{R}^p)
$$

を同時確率密度関数としてもつ確率分布を平均ベクトル $\boldsymbol{\mu}$, 分散共分散行列 Σ の **p 変量正規分布** といい, $\mathrm{N}_p(\boldsymbol{\mu}, \Sigma)$ と表す. ただし, $\boldsymbol{X} = (X_1, \ldots, X_p)$, $\boldsymbol{x} = (x_1, \ldots, x_p)$ である.

問 3.13　p 変量正規分布は連続型であることを確認せよ.

　多くのデータは, 正規分布に従っていると仮定される. これに対する次の定理は, 以降随処にあらわれる極めて重要な定理である.

定理 3.5　$X_1, \ldots, X_n$ $(n \geq 2)$ は互いに独立に正規分布 $\mathrm{N}(\mu, \sigma^2)$ に従う確率

変数とする. このとき, $\boldsymbol{X} = (X_1, \ldots, X_n)$ の標本平均 $\bar{X}$, 不偏分散 U^2 について次が成り立つ.

(i) $\bar{X}$ は正規分布 $\mathrm{N}(\mu, \sigma^2/n)$ に従う.

(ii) $(n-1)U^2/\sigma^2$ はカイ 2 乗分布 χ^2_{n-1} に従う.

(iii) $\bar{X}$ と $(n-1)U^2/\sigma^2$ は独立である.

(iv) $T = \sqrt{n}(\bar{X} - \mu)/U$ は t 分布 t_{n-1} に従う.

証明

(i) 命題 3.12, 命題 3.13 より従う.

(ii), (iii) $\mu = 0$ を仮定して一般性を失わない. すなわち, $\boldsymbol{X}$ の同時確率密度関数は $\boldsymbol{x} = (x_1, \ldots, x_n)$ とおくと,

$$f_{\boldsymbol{X}}(\boldsymbol{x}) = \prod_{i=1}^{n} \frac{1}{\sqrt{2\pi}\sigma} \exp\left\{ -\frac{x_i^2}{2\sigma^2} \right\} \quad (\boldsymbol{x} \in \mathbb{R}^n)$$

である. ここで,

$$(3.18) \qquad P = \begin{pmatrix} 1/\sqrt{n} \\ \vdots & * \\ 1/\sqrt{n} \end{pmatrix}$$

を n 次直交行列とする. すなわち, $PP' = E$ である. このとき, $\boldsymbol{y} = \boldsymbol{x}P$ と変数変換すれば $\boldsymbol{y}\boldsymbol{y}' = \boldsymbol{x}\boldsymbol{x}'$, $y_1 = \sqrt{n}\bar{x}$, $\det\{\partial \boldsymbol{y}/\partial \boldsymbol{x}\} = 1$ となる. したがって, $\boldsymbol{Y} = \boldsymbol{X}P$ の同時確率密度関数は

$$f_{\boldsymbol{Y}}(\boldsymbol{y}) = \frac{1}{(\sqrt{2\pi}\sigma)^n} \exp\left\{ -\frac{\boldsymbol{y}\boldsymbol{y}'}{2\sigma^2} \right\}$$

となる. すなわち, $Y_1, \ldots, Y_n$ は互いに独立に正規分布 $\mathrm{N}(0, \sigma^2)$ に従う. また,

$$\bar{X} = Y_1/\sqrt{n}, \quad (n-1)U^2 = \sum_{i=2}^{n} Y_i^2$$

であるので，$\bar{X}$ と $(n-1)U^2/\sigma^2$ は独立であり，また $(n-1)U^2/\sigma^2$ は，定義 3.11 よりカイ 2 乗分布 χ^2_{n-1} に従うことがわかる．

(iv) 定義 3.13 と上記の (i)–(iii) より明らか． □

問 3.14　$n = 3$ のとき，(3.18) での P の例を構成せよ．

■ 3.6　一様分布と他の連続型確率分布との関係

確率変数の実現値を実験的に作成し，確率変数の振る舞いを擬似的に観測することがある．このような手法をシミュレーションという．本節ではシミュレーションに応用される一様分布と他の連続型確率分布との関係について説明する．

定理 3.6　X は累積分布関数が F_X である連続型確率変数であり，F_X は区間 (a,b) $(a < b)$ で狭義単調増加とする．ただし，$a = -\infty, b = \infty$ を許すこととする．さらに，

$$\lim_{x \searrow a} F_X(x) = 0, \quad \lim_{x \nearrow b} F_X(x) = 1$$

を満たすとする．このとき，$Y := F_X(X)$ は一様分布 $\mathrm{U}(0,1)$ に従う．

証明　$F_X : (a,b) \to (0,1)$ は狭義単調増加であるので，F_X の逆関数．$F_X^{-1} : (0,1) \to (a,b)$ が存在し，Y の累積分布関数は $F_Y(y) = \mathrm{P}(Y \le y) = \mathrm{P}(F_X(X) \le y)$ となる．

(i) $0 < y < 1$ のとき，

$$F_Y(y) = \mathrm{P}(X \le F_X^{-1}(y)) = F_X(F_X^{-1}(y)) = y$$

となる．

(ii) $y \le 0$ のとき，$F_Y(y) \le \mathrm{P}(F_X(X) \le 0) = \lim_{x \searrow a} F_X(x) = 0$ となる．

(iii) $y \ge 1$ のとき，$F_Y(y) \ge \mathrm{P}(F_X(X) \le 1) = \mathrm{P}(X \le b) = \lim_{x \nearrow b} F_X(x) = 1$ となる．すなわち，Y の確率密度関数は注意 2.2 より

$$f_Y(y) = \begin{cases} 1 & (0 < y < 1), \\ 0 & (その他) \end{cases}$$

となる. □

定理 3.7 U は一様分布 $\mathrm{U}(0,1)$ に従い, F は区間 (a,b) で狭義単調増加な連続関数であり,

$$\lim_{x \searrow a} F(x) = 0, \quad \lim_{x \nearrow b} F(x) = 1$$

を満たすとする. このとき, $X := F^{-1}(U)$ の累積分布関数は F となる. ただし, F^{-1} は F の逆関数である.

証明 X の累積分布関数は, 任意の $x \in (a,b)$ に対して,

$$F_X(x) = \mathrm{P}(X \le x) = \mathrm{P}(F^{-1}(U) \le x) = \mathrm{P}(U \le F(x)) = F(x)$$

となる. □

　規則性に従わない実数列を**乱数列**, それらの値を**乱数**とよぶ. 一方, 確率分布のようなある規則に従い生成される実数列を**擬似乱数列**, それらの値を**擬似乱数**とよぶ. 特に一様分布 $\mathrm{U}(0,1)$ から生成される擬似乱数を $(0,1)$ 上の一様乱数といい, 比較的容易に生成される. 定理 3.7 を用いることにより連続型確率分布に従う擬似乱数を生成することができる. このような生成方法を**逆関数法**といい, 確率変数によるシミュレーションに活用される.

例 3.5 U を一様分布 $\mathrm{U}(0,1)$ に従う確率変数とし,

$$F(x) = \begin{cases} 1 - e^{-x/\lambda} & (x \ge 0), \\ 0 & (x < 0) \end{cases}$$

とする. このとき, 定理 3.7 より $X := F^{-1}(U) = -\lambda \log(1-U)$ は指数分布 $\mathrm{Ex}(\lambda)$ に従うことがわかる. 例えば, 表 3.5 の u の欄は $(0,1)$ 上の一様乱数 (列) である. この擬似乱数 (列) に $-\log(1-u)$ を作用させた数列が $-\log(1-u)$ の欄であり, これは指数分布 $\mathrm{Ex}(1)$ に従う擬似乱数 (列) となっている. ただし, 便宜上いずれも小数第 3 位を四捨五入している.

表 3.5 例 3.5 における擬似乱数列

u	0.39	0.07	0.36	0.45	0.06	0.89	0.14	0.60	0.18	0.56
$-\log(1-u)$	0.49	0.07	0.45	0.60	0.06	2.21	0.15	0.92	0.20	0.82

■ 3.7 漸近法則

第 II 部では標本数を大きくしたときの統計的手法についても議論する．その ため，本節では確率変数の個数が十分大きいときの理論について述べる．

定義 3.20

(i) $X_1, X_2, \ldots$ を確率変数とするとき，$\{X_n\}_{n \in \mathbb{N}}$ を**確率変数列**という．

(ii) 確率変数列 $\{X_n\}_{n \in \mathbb{N}}$ が $n \to \infty$ のとき確率変数 X に**確率収束**する $\overset{\text{def}}{\Longleftrightarrow}$ 任意の $\varepsilon > 0$ に対して

(3.19) $$\lim_{n \to \infty} \mathrm{P}(|X_n - X| < \varepsilon) = 1$$

となる．このとき，$X_n \overset{p}{\longrightarrow} X \ (n \to \infty)$ と表す．

(iii) より一般に，$\boldsymbol{X}_1, \boldsymbol{X}_2, \ldots$ を確率ベクトルとするとき，$\{\boldsymbol{X}_n\}_{n \in \mathbb{N}}$ を **確率ベクトル列**という．また，$\{\boldsymbol{X}_n\}_{n \in \mathbb{N}}$ が確率ベクトル $\boldsymbol{X}$ に確率 収束する $\overset{\text{def}}{\Longleftrightarrow}$ 任意の $\varepsilon > 0$ に対して

$$\lim_{n \to \infty} \mathrm{P}(\|\boldsymbol{X}_n - \boldsymbol{X}\| < \varepsilon) = 1$$

となる．このとき，$\boldsymbol{X}_n \overset{p}{\longrightarrow} \boldsymbol{X} \ (n \to \infty)$ と表す．

注意 3.11   (i) (3.19) は $\displaystyle\lim_{n \to \infty} \mathrm{P}(|X_n - X| \geq \varepsilon) = 0$ と同値である．

(ii) 定義 3.20 において，X, $\boldsymbol{X}$ はそれぞれ定数，定数ベクトルであっても構 わない．

(iii) 混乱の恐れがなければ，"$n \to \infty$" を省略することがある．また，確率変 数列 $\{X_n\}_{n \in \mathbb{N}}$，確率ベクトル列 $\{\boldsymbol{X}_n\}_{n \in \mathbb{N}}$ をそれぞれ X_n, $\boldsymbol{X}_n$ と表す．

(iv) 数列 a_n は $a_n \to \infty$ を満たすとする. このとき, 確率収束のオーダーを考慮するため, $a_n(\boldsymbol{X}_n - \boldsymbol{X}) \xrightarrow{p} 0$ を $\boldsymbol{X}_n = \boldsymbol{X} + \mathrm{o}_p(1/a_n)$ と表すことがある.

次に示すチェビシェフの不等式は, 確率収束を示すための基本的な定理である.

定理 3.8 (チェビシェフの不等式). c を定数とする[脚注 3.16]. このとき, 任意の $a > 0$ に対して

$$\mathrm{P}(|X - c| \geq a) \leq \frac{1}{a^2}\mathrm{E}[(X - c)^2]$$

が成り立つ.

証明

$$\begin{aligned}
\mathrm{E}[(X-c)^2] &= \mathrm{E}[(X-c)^2 \chi_{\{|X-c| \geq a\}}(X)] + \mathrm{E}[(X-c)^2 \chi_{\{|X-c| < a\}}(X)] \\
&\geq a^2 \mathrm{E}[\chi_{\{|X-c| \geq a\}}(X)] = a^2 \mathrm{P}(|X-c| \geq a)^{\text{脚注 3.17}}
\end{aligned}$$

を得る. □

問 3.15 X が離散型確率変数の場合, $\mathrm{E}[\chi_{\{|X-\mu| \geq a\}}(X)] = \mathrm{P}(|X - \mu| \geq a)$ が成り立つことを確認せよ.

定理 3.8 より次の系を得る.

系 3.1 $\mathrm{Var}(X) = 0$ となるための必要十分条件は, 定数 c が存在して $\mathrm{P}(X = c) = 1$ となることである. このとき, $c = \mathrm{E}(X)$ となる.

問 3.16 系 3.1 を示せ.

定理 3.9 (大数の (弱) 法則). $X_1, X_2, \ldots$ は互いに独立に $\mathrm{E}(X_i) = \mu$, $\mathrm{Var}(X_i) = \sigma^2$ $(i \in \mathbb{N})$ である同一の確率分布に従う確率変数とする. ただし, $0 < \sigma^2 < \infty$ とする. このとき, $\bar{X} \xrightarrow{p} \mu$ が成り立つ.

[脚注 3.16] 特に $c = \mathrm{E}(X)$ とすることが多い.
[脚注 3.17] X が連続型確率変数の場合, 最後の等号は命題 2.2 による. 離散型確率変数の場合は問 3.15 を参照せよ.

証明　定理 2.8 より

$$\mathrm{E}(\bar{X}) = \mu, \quad \mathrm{Var}(\bar{X}) = \frac{\sigma^2}{n}$$

であるので，定理 3.8 より，任意の $\varepsilon > 0$ に対して

$$\mathrm{P}(|\bar{X} - \mu| \geq \varepsilon) \leq \frac{\sigma^2}{n\varepsilon^2}$$

が成り立つ．よって，$\displaystyle\lim_{n\to\infty} \mathrm{P}(|\bar{X} - \mu| \geq \varepsilon) = 0$ となることがわかる．　□

定理 3.10　a, c を定数，$X_n \xrightarrow{p} a$ とする．このとき，次が成り立つ．

(i) $X_n + c \xrightarrow{p} a + c$.

(ii) $c \neq 0$ のとき，$cX_n \xrightarrow{p} ca$.

証明　任意の $\varepsilon > 0$ に対して，次が成り立つ．

(i) $\mathrm{P}(|(X_n + c) - (a + c)| \geq \varepsilon) = \mathrm{P}(|X_n - a| \geq \varepsilon) \to 0$.

(ii) $\mathrm{P}(|cX_n - ca| \geq \varepsilon) = \mathrm{P}(|X_n - a| \geq \varepsilon/|c|) \to 0$.　□

命題 3.27　$g : \mathcal{X}(\subset \mathbb{R}^k) \to \mathbb{R}$ は点 $\boldsymbol{a}(\in \mathcal{X})$ において連続とする．このとき，$\boldsymbol{X}_n \xrightarrow{p} \boldsymbol{a}$ であれば $g(\boldsymbol{X}_n) \xrightarrow{p} g(\boldsymbol{a})$ が成り立つ．

証明　任意の $\varepsilon > 0$ に対して，$\delta > 0$ が存在して $|\boldsymbol{x} - \boldsymbol{a}| < \delta \Rightarrow |g(\boldsymbol{x}) - g(\boldsymbol{a})| < \varepsilon$ とできるので，

$$\mathrm{P}(|g(\boldsymbol{X}_n) - g(\boldsymbol{a})| < \varepsilon) \geq \mathrm{P}(|\boldsymbol{X}_n - \boldsymbol{a}| < \delta) \to 1 \quad (n \to \infty)$$

となり，$g(\boldsymbol{X}_n) \xrightarrow{p} g(\boldsymbol{a})$ が成り立つことがわかる．　□

系 3.2　$X_n \xrightarrow{p} a$, $Y_n \xrightarrow{p} b$ とする．このとき，次が成り立つ．

(i) $X_n + Y_n \xrightarrow{p} a + b$.

(ii) $X_n Y_n \xrightarrow{p} ab$.

(iii) $b \neq 0$ のとき，$X_n/Y_n \xrightarrow{p} a/b$.

(iv) $|X_n| \xrightarrow{p} |a|$.

証明　命題 3.27 において，$\boldsymbol{X}_n = (X_n, Y_n)$ とし，g を以下のようにおけばよい.

(i) $g(\boldsymbol{x}) = x_1 + x_2$, (ii) $g(\boldsymbol{x}) = x_1 x_2$, (iii) $g(\boldsymbol{x}) = x_1/x_2$, (iv) $g(\boldsymbol{x}) = |x_1|$.　□

定義 3.21

> $\{X_n\}_{n \in \mathbb{N}}$ は $n \to \infty$ のとき X に **法則収束** する $\overset{\text{def}}{\Longleftrightarrow}$ 任意の $x \in C_{F_X}$ に対して
> $$\lim_{n \to \infty} F_{X_n}(x) = F_X(x)$$
> となる. このとき，$X_n \xrightarrow{\mathcal{L}} X \ (n \to \infty)$ と表す[脚注 3.18].

注意 3.12　(i) 例えば，確率変数列 $\{X_n\}_{n \in \mathbb{N}}$ が標準正規分布 $\mathrm{N}(0,1)$ に従う確率変数 X に法則収束するとき，$X_n \xrightarrow{\mathcal{L}} \mathrm{N}(0,1)$ のように表すことがある.

(ii) 混乱の恐れがなければ，"$n \to \infty$" を省略することがある.

定理 3.11　c を定数，$X_n \xrightarrow{\mathcal{L}} X$ とする. このとき，次が成り立つ.

(i) $X_n + c \xrightarrow{\mathcal{L}} X + c$.

(ii) $cX_n \xrightarrow{\mathcal{L}} cX \ (c \neq 0)$.

証明

(i) 任意の $x \in C_{F_{X+c}}$ に対して，$x - c \in C_{F_X}$ であるので，$F_{X_n+c}(x) = \mathrm{P}(X_n + c \leq x) = \mathrm{P}(X_n \leq x - c) \to \mathrm{P}(X \leq x - c) = \mathrm{P}(X + c \leq x) = F_{X+c}(x)$ を得る.

(ii) 任意の $x \in C_{F_{cX}}$ に対して，$x/c \in C_{F_X}$ であるので，$F_{cX_n}(x) = \mathrm{P}(cX_n \leq x) = \mathrm{P}(X_n \leq x/c) \to \mathrm{P}(X \leq x/c) = \mathrm{P}(cX \leq x) = F_{cX}(x)$ を得

[脚注 3.18] 一般に関数 f に対して C_f を f の連続点全体とする.

る.   □

定理 3.12（スラツキーの定理）．$X_n \xrightarrow{p} a,\, Y_n \xrightarrow{\mathcal{L}} Y$ とする．このとき，次
が成り立つ．

(i) $X_n + Y_n \xrightarrow{\mathcal{L}} a + Y$．

(ii) $X_n Y_n \xrightarrow{\mathcal{L}} aY$．

証明

(i) $X_n + Y_n,\, a + Y,\, Y$ の累積分布関数をそれぞれ $F_{X_n + Y_n},\, F_{a+Y},\, F_Y$ とし，
$x \in C_{F_{a+Y}}$ とする．このとき，$x - a \pm \varepsilon \in C_{F_Y}$ となる任意の $\varepsilon > 0$ に対
して $\mathrm{P}(X_n + Y_n \leq x) = \mathrm{P}(X_n + Y_n \leq x, |X_n - a| \leq \varepsilon) + \mathrm{P}(X_n + Y_n \leq x, |X_n - a| > \varepsilon) \leq \mathrm{P}(a + Y_n \leq x + \varepsilon) + \mathrm{P}(|X_n - a| > \varepsilon)$ となる．す
なわち，

(3.20) $F_{X_n + Y_n}(x) \leq \mathrm{P}(Y_n \leq x - a + \varepsilon) + \mathrm{P}(|X_n - a| > \varepsilon)$

が成り立つ．同様にして

(3.21) $\mathrm{P}(Y_n \leq x - a - \varepsilon) - \mathrm{P}(|X_n - a| > \varepsilon) \leq F_{X_n + Y_n}(x)$

を得る．(3.20), (3.21) より

$$F_Y(x - a - \varepsilon) \leq \varliminf_{n \to \infty} F_{X_n + Y_n}(x) \leq \varlimsup_{n \to \infty} F_{X_n + Y_n}(x) \leq F_Y(x - a + \varepsilon)$$

を得る．さらに，$\varepsilon \searrow 0$ とすることにより

$$\lim_{n \to \infty} F_{X_n + Y_n}(x) = F_{a+Y}(x)$$

を得る．

(ii) $a > 0$ の場合を示す．$X_n Y_n,\, aY,\, Y$ の累積分布関数をそれぞれ $F_{X_n Y_n}$,
$F_{aY},\, F_Y$ とし，$x \in C_{F_{XY}}$ とする．このとき，$x/(a \pm \varepsilon) \in C_{F_Y},\, 0 < \varepsilon < a$
となる任意の ε に対して $\mathrm{P}(X_n Y_n \leq x) = \mathrm{P}(X_n Y_n \leq x, |X_n - a| \leq$

$\varepsilon) + \mathrm{P}(X_n Y_n \leq x, |X_n - a| > \varepsilon) \leq \mathrm{P}((a - \varepsilon) Y_n \leq x) + \mathrm{P}(|X_n - a| > \varepsilon)$

となる. すなわち,

$$(3.22) \qquad F_{X_n Y_n}(x) \leq \mathrm{P}((a - \varepsilon) Y_n \leq x) + \mathrm{P}(|X_n - a| > \varepsilon)$$

が成り立つ. (3.22) において, a を $X_n + \varepsilon$, X_n を $a + \varepsilon$ とすると,

$$(3.23) \qquad \mathrm{P}((a + \varepsilon) Y_n \leq x) - \mathrm{P}(|X_n - a| > \varepsilon) \leq F_{X_n Y_n}(x)$$

を得る. (3.22), (3.23) において $n \to \infty$ とすることにより

$$F_Y(x/(a + \varepsilon)) \leq \varliminf_{n \to \infty} F_{X_n Y_n}(x) \leq \varlimsup_{n \to \infty} F_{X_n Y_n}(x) \leq F_Y(x/(a - \varepsilon))$$

を得る. さらに, $\varepsilon \to 0$ とすることにより

$$\lim_{n \to \infty} F_{X_n Y_n}(x) = F_{aY}(x)$$

を得る. □

命題 3.28　(i) $X_n \xrightarrow{p} X \Rightarrow X_n \xrightarrow{\mathcal{L}} X$.

(ii) 特に c を定数とするとき, $X_n \xrightarrow{p} c \Leftrightarrow X_n \xrightarrow{\mathcal{L}} c$.

証明

(i) $x \in C_{F_X}, \varepsilon > 0$ とする. このとき, $X \leq x - \varepsilon, X_n > x \Rightarrow |X_n - X| > \varepsilon$ が成り立つので,

$$\begin{aligned} F_X(x - \varepsilon) &= \mathrm{P}(X \leq x - \varepsilon) \\ &= \mathrm{P}(X \leq x - \varepsilon, X_n \leq x) + \mathrm{P}(X \leq x - \varepsilon, X_n > x) \\ &\leq \mathrm{P}(X_n \leq x) + \mathrm{P}(|X_n - X| > \varepsilon) \end{aligned}$$

を得る. すなわち,

$$F_X(x - \varepsilon) - \mathrm{P}(|X_n - X| > \varepsilon) \leq F_{X_n}(x)$$

となり,

$$(3.24) \qquad F_X(x - \varepsilon) \le \varliminf_{n \to \infty} F_{X_n}(x)$$

を得る．同様にして

$$F_{X_n}(x) \le F_X(x + \varepsilon) + \mathrm{P}(|X_n - X| > \varepsilon)$$

となり，

$$(3.25) \qquad \varlimsup_{n \to \infty} F_{X_n}(x) \le F_X(x + \varepsilon)$$

を得る．(3.24)，(3.25) において，$\varepsilon \searrow 0$ とすることにより $\lim_{n \to \infty} F_{X_n}(x) = F_X(x)$ を得る．

(ii) $\varepsilon > 0$ に対して，$\mathrm{P}(|X_n - c| \ge \varepsilon) = 1 - F_{X_n}(c + \varepsilon) + F_{X_n}(c - \varepsilon) \to 0$. □

定理 3.13（デルタ法）. $g : \mathcal{X}(\subset \mathbb{R}) \to \mathbb{R}$ は点 c の近傍 $U(c)$ で連続微分可能であり，$g'(c) \ne 0$, $a_n(X_n - c) \xrightarrow{\mathcal{L}} Y$, $a_n \nearrow \infty$ とする．このとき，

$$a_n(g(X_n) - g(c)) \xrightarrow{\mathcal{L}} g'(c)Y$$

が成り立つ．

証明　平均値の定理より

$$a_n(g(X_n) - g(c)) = a_n(X_n - c)g'(X_n^*)$$

となる．ただし，$|X_n^* - c| < |X_n - c|$ である．定理 3.12 (ii) より $X_n \xrightarrow{\mathcal{L}} c$ となり，命題 3.28 (ii) より $X_n \xrightarrow{p} c$ となる．さらに，$X_n^* \xrightarrow{p} c$ となる．よって，定理 3.12 (ii) より，$a_n(g(X_n) - g(c)) \xrightarrow{\mathcal{L}} g'(c)Y$ が成り立つ．　　　□

系 3.3　$g : \mathcal{X}(\subset \mathbb{R}) \to \mathbb{R}$ は点 θ の近傍 $U(\theta)$ で連続微分可能であり，$g'(\theta) \ne 0$, $\sqrt{n}(X_n - \theta) \xrightarrow{\mathcal{L}} \mathrm{N}(0, 1)$ とする．このとき，

$$\sqrt{n}(g(X_n) - g(\theta)) \xrightarrow{\mathcal{L}} \mathrm{N}(0, \{g'(\theta)\}^2)$$

が成り立つ．

定理 3.14 X_n 及び X の積率母関数をそれぞれ $\mathrm{M}_{X_n}, \mathrm{M}_X$ とする. このとき,

$$\lim_{n \to \infty} \mathrm{M}_{X_n}(t) = \mathrm{M}_X(t) \quad (\forall t \in U(0))$$

であれば, $X_n \xrightarrow{\mathcal{L}} X$ が成り立つ.

証明は例えば [22] 参照.

定理 3.15 (中心極限定理). $X_1, X_2, \dots$ を互いに独立で, $\mathrm{E}(X_i) = \mu$, $\mathrm{Var}(X_i) = \sigma^2$ $(i \in \mathbb{N})$ である同一の確率分布に従う確率変数とする. ただし, $\sigma^2 \in \mathbb{R}_+$ とする. このとき,

$$\frac{\sqrt{n}(\bar{X} - \mu)}{\sigma} \xrightarrow{\mathcal{L}} \mathrm{N}(0, 1)$$

が成り立つ.

証明 $Z_n := \sqrt{n}(\bar{X} - \mu)/\sigma$, $Y_1 := (X_1 - \mu)/\sigma$ とおき, それぞれの積率母関数を $\mathrm{M}_{Z_n}, \mathrm{M}_{Y_1}$ とする. このとき, $Z_n = \sum_{i=1}^{n}(X_i - \mu)/(\sigma\sqrt{n})$ であるので, 命題 3.1 より

$$\begin{aligned}
\mathrm{M}_{Z_n}(t) &= \prod_{i=1}^{n} \mathrm{E}\Big[\exp\Big\{\frac{t}{\sigma\sqrt{n}}(X_i - \mu)\Big\}\Big] \\
&= \Big(\mathrm{E}\Big[\exp\Big\{\frac{t}{\sigma\sqrt{n}}(X_1 - \mu)\Big\}\Big]\Big)^n = \Big\{\mathrm{M}_{Y_1}\Big(\frac{t}{\sqrt{n}}\Big)\Big\}^n
\end{aligned}$$

となる. ここで,

$$\mathrm{M}_{Y_1}(0) = 1, \quad \mathrm{M}'_{Y_1}(0) = \mathrm{E}(Y_1) = 0, \quad \mathrm{M}''_{Y_1}(0) = \mathrm{E}(Y_1^2) = 1$$

を用いると, $\mathrm{M}_{Y_1}(t/\sqrt{n})$ のマクローリン展開は, $n \to \infty$ のとき,

$$\begin{aligned}
\mathrm{M}_{Y_1}\Big(\frac{t}{\sqrt{n}}\Big) &= \mathrm{M}_{Y_1}(0) + \frac{t}{\sqrt{n}}\mathrm{M}'_{Y_1}(0) + \frac{t^2}{2n}\mathrm{M}''_{Y_1}(0) + o\Big(\frac{1}{n}\Big) \\
&= 1 + \frac{t^2}{2n} + o\Big(\frac{1}{n}\Big)
\end{aligned}$$

となり,

$$\mathrm{M}_{Z_n}(t) = \left\{1 + \frac{t^2}{2n} + \mathrm{o}\left(\frac{1}{n}\right)\right\}^n \to e^{t^2/2}$$

を得る．命題 3.11 (iii) より，$e^{t^2/2}$ は標準正規分布 $\mathrm{N}(0,1)$ の積率母関数であるので，定理 3.14 より，$Z_n \overset{\mathcal{L}}{\longrightarrow} \mathrm{N}(0,1)$ となることがわかる．　　□

定理 3.15 から次の近似法を得る．

定理 3.16　（**正規近似**）．定理 3.15 の条件を仮定する．このとき，任意の $a, b \in \mathbb{R}$ $(a < b)$ に対して

$$\mathrm{P}(a \le \bar{X} \le b) \fallingdotseq \Phi\left(\sqrt{n}\frac{b-\mu}{\sigma}\right) - \Phi\left(\sqrt{n}\frac{a-\mu}{\sigma}\right)$$

が成り立つ．

証明　$\sqrt{n}(\bar{X} - \mu)/\sigma \overset{\mathcal{L}}{\longrightarrow} \mathrm{N}(0,1)$ より，

$$\mathrm{P}(a \le \bar{X} \le b) = \mathrm{P}(\bar{X} \le b) - \mathrm{P}(\bar{X} < a)$$

$$= \mathrm{P}\left(\sqrt{n}\frac{\bar{X}-\mu}{\sigma} \le \sqrt{n}\frac{b-\mu}{\sigma}\right) - \mathrm{P}\left(\sqrt{n}\frac{\bar{X}-\mu}{\sigma} < \sqrt{n}\frac{a-\mu}{\sigma}\right)$$

$$\fallingdotseq \Phi\left(\sqrt{n}\frac{b-\mu}{\sigma}\right) - \Phi\left(\sqrt{n}\frac{a-\mu}{\sigma}\right)$$

を得る．　　□

系 3.4　（**ド・モアブル-ラプラスの定理**）．S_n は 2 項分布 $\mathrm{B}(n,p)$ に従う確率変数とする．このとき，

$$\frac{S_n - np}{\sqrt{npq}} \overset{\mathcal{L}}{\longrightarrow} \mathrm{N}(0,1)$$

が成り立つ．すなわち，任意の $s, t \in \mathbb{N}$ $(s < t)$ に対して

$$\mathrm{P}(s \le S_n \le t) \fallingdotseq \Phi\left(\frac{t-np}{\sqrt{npq}}\right) - \Phi\left(\frac{s-np}{\sqrt{npq}}\right)$$

となる．ただし，$q = 1 - p$ である．

証明　$X_1, X_2, \dots$ を互いに独立にベルヌーイ分布 $\mathrm{B}(p)$ に従う確率変数とすると，S_n と $\sum_{i=1}^{n} X_i$ は同一視できるので，定理 3.16 を適用すればよい．　　□

注意 3.13　系 3.4 において, $\mathrm{P}(s \le S_n \le t) = \mathrm{P}(s - 1/2 \le S_n \le t + 1/2)$ としてから正規近似を適用した方が良い近似を与えることが知られている. すなわち,

$$\mathrm{P}(s \le S_n \le t) \fallingdotseq \Phi\left(\frac{t - np + 1/2}{\sqrt{npq}}\right) - \Phi\left(\frac{s - np - 1/2}{\sqrt{npq}}\right)$$

となる. このような修正を**連続修正**という. なお, 実用上このような近似が適用可能となるための目安として

(R1) $np \ge 5$ かつ $n(1-p) \ge 5$

が知られている.

章末問題 3

3.1 $X, Y, Z \overset{\text{i.i.d.}}{\sim} \mathrm{B}(1, p)$ とする. $\mathrm{E}(|X - Y|)$, $\mathrm{E}(|X - Y|^2)$, $\mathrm{E}(X|X - Y|)$, $\mathrm{E}(|X - Y||X - Z|)$ を求めよ.

3.2 $X \sim \chi_n^2$ とする. $Y = \sqrt{X}$ の確率密度関数を求めよ.

3.3 $X \sim \mathrm{U}(-\pi/2, \pi/2)$ とする. $Y = \tan X$ の確率密度関数を求めよ.

3.4 $X \sim \mathrm{F}_n^m$ とする. $Y = (\log X)/2$ の確率密度関数を求めよ.

3.5 $X \sim \chi_m^2$, $Y \sim \chi_n^2$, $X \amalg Y$ とする. $Z = X/(X + Y)$ の確率密度関数を求めよ.

3.6 $X, Y \overset{\text{i.i.d.}}{\sim} \mathrm{N}(\mu, \sigma^2)$ とする.

　　(1) $Z = X - Y$ の確率分布を求めよ.

　　(2) $\mathrm{E}(|Z|)$ を求めよ.

3.7 (X, Y) の同時確率密度関数が次のように与えられているとする.

$$f_{X,Y}(x, y) = \frac{1}{2\pi} e^{-(x^2 + y^2)/2} \quad (x, y \in \mathbb{R}).$$

以下で定義される確率変数 Z_i $(i = 1, 2, \ldots, 4)$ の確率密度関数を求めよ.

$$Z_1 = X + Y, \quad Z_2 = X - Y, \quad Z_3 = X/Y, \quad Z_4 = X^2$$

3.8 $X, Y \overset{\text{i.i.d.}}{\sim} \text{Ex}(\lambda)$ とする. $Z = X - Y$ の確率密度関数を求めよ.

3.9 X_α の確率密度関数が

(3.26)
$$f_{X_\alpha}(x) = 2\phi(x)\Phi(\alpha x) \quad (x \in \mathbb{R})$$

で与えられているとする [脚注 3.19]. ただし, α は定数とする.

   (1) $\int_{-\infty}^{\infty} f_{X_\alpha}(x)dx = 1$ を示せ.

   (2) $\text{E}\left[\Phi(hX_0 + k)\right] = \Phi\left(k/\sqrt{h^2 + 1}\right)$ を示せ. ただし, h, k は定数とする.

   (3) X_α の積率母関数を Φ を用いて表せ.

3.10 $X_1, \ldots, X_n \overset{\text{i.i.d.}}{\sim} \text{N}(\mu, \sigma^2)$ とする. 任意の $k > 1$ に対して,

$$\text{P}\left((\bar{X} - \mu)^2 \geq \frac{S^2}{n - 1} + \sigma^2\sqrt{2(k^2 - 1)/\{n(n - 1)\}}\right) \leq \frac{1}{k^2 - 1}$$

が成り立つことを示せ. ただし, S^2 は定義 2.14 で定義された標本分散である.

3.11 $X \sim \text{B}(n, p)$ とする. $X/n \overset{p}{\longrightarrow} p$ を示せ.

3.12 $X \sim \chi_n^2$ とする. $X/n \overset{p}{\longrightarrow} 1$ を示せ.

[脚注 3.19] 関数 (3.26) を確率密度関数としてもつ確率分布を**歪正規分布**という.

統　計

第 4 章

統計的推測

第 I 部では，数理統計学における最もよく体系化された統計的推測理論のための確率論への入門を講じた．例えば，全世界の人すべて等のように，対象となる集合が巨大である場合や，製品の不良率や故障率のように，すべてを調査することが不可能であるか，もしくは現実的ではない場合などにおいて，その一部のデータをとることにより全体を推し量ることを考えるのは妥当であろう．このような方法を与えるのが統計的推測である．統計的推測は，目標とする数値を予測する "推定" と，予測の妥当性について検証する "検定" からなり，統計的推測において対象とする問題を推測問題という．

■ 4.1　無作為標本と確率変数

本節では第 2 章，第 3 章で定義した確率変数，確率分布と母集団，標本との関係について述べ，統計的推測の主な考え方である点推定，区間推定，仮説検定について概説する．

定義 4.1

(i) 調査対象全体からなる集合を**母集団**という．

(ii) 確率変数 $X_1, \ldots, X_n$ が互いに独立に同一の確率分布に従っているとき，この同一の確率分布を**母集団分布**という．このとき，

$$\boldsymbol{X} := (X_1, \ldots, X_n)'$$

を母集団からの**無作為標本**，n を**標本の大きさ**という [脚注 4.1]．一方，
$X_1, \ldots, X_n$ が必ずしも互いに独立に同一の確率分布に従っていな
いときは $\boldsymbol{X}$ を単に標本という．

(iii) $\boldsymbol{X}$ が実際にとる値を $\boldsymbol{X}$ の**実現値**といい，$\boldsymbol{x} = (x_1, \ldots, x_n)'$ と表す．

統計的推測には大きく分けると 2 通りの考え方（モデル）がある．1 つ目はあ
る未知の値によって母集団分布が決定される場合であり，これを**パラメトリッ
クモデル**という．一方，母集団分布が未知の値によって決定されない場合を**ノ
ンパラメトリックモデル**という．パラメトリックモデルにおいて，未知の値の
ことを**未知母数**，未知母数が属すると考えられる集合を**母数空間**という．さら
に，未知母数のうち興味のない母数を**局外母数**という．平均，分散，比率，相
関係数を母数としてそれぞれ母平均，母分散，母比率，母相関係数とよぶ．

本書では，主にパラメトリックモデルを対象とする．前章までは確率関数を
p，確率密度関数を f として使い分けていたが，本章からはいずれも f を用いて
記述することとする．$\boldsymbol{X} = (X_1, \ldots, X_n)'$ を母集団分布の確率関数，または確
率密度関数が $f_X(x, \theta)$ $(x \in \mathcal{X}, \theta \in \Theta)$ である母集団からの無作為標本とする．
ただし，$\mathcal{X} := \{x \in \mathbb{R} : f_X(x, \theta) > 0\}$ であり，θ を未知母数，Θ を母数空間と
する．このとき，$\boldsymbol{X}$ の同時確率関数，または同時確率密度関数は命題 2.6 より，

$$(4.1) \qquad f_{\boldsymbol{X}}(\boldsymbol{x}, \theta) = \prod_{i=1}^{n} f_X(x_i, \theta) \quad (\boldsymbol{x} \in \mathcal{X}^n, \theta \in \Theta)$$

となる．

注意 4.1　(i) 母集団分布にもいくつかの種類があるが，特に母集団分布が 2
項分布の母集団を **2 項母集団**，正規分布の母集団を**正規母集団**という．

(ii) 以降，確率 P，期待値 E，分散 Var，共分散 Cov 等が未知母数 θ に依存
する場合はそれぞれ P_θ, E_θ, Var_θ, Cov_θ 等と表す．

(iii) $\boldsymbol{X} = (X_1, \ldots, X_n)'$ が例えば，母集団分布が正規分布 $N(\theta, 1)$ である母

[脚注 4.1] 第 II 部ではベクトルを列ベクトルにより表す．

集団からの無作為標本のとき，X は正規分布 $N(\theta, 1)$ からの無作為標本という．このとき，$X_1, \ldots, X_n \overset{\text{i.i.d.}}{\sim} N(\theta, 1)$ と表す[脚注4.2]．

(iv) 1つの母集団からの無作為標本に基づく推測問題を **1標本問題**という．これに対して，2つの母集団からの無作為標本に基づく推測問題を **2標本問題**という．

統計的推測の考え方のイメージ

$$
\begin{array}{ccccccc}
\text{実現値} & & \text{無作為標本} & & \text{母集団分布} & & \text{確率(密度)関数} \\
\begin{pmatrix} x_1 \\ x_2 \\ \vdots \\ x_n \end{pmatrix} & \leftarrow & \begin{pmatrix} X_1 \\ X_2 \\ \vdots \\ X_n \end{pmatrix} & \sim & \begin{pmatrix} P_\theta \\ P_\theta \\ \vdots \\ P_\theta \end{pmatrix} & \cdots & \begin{pmatrix} f_X(x_1, \theta) \\ f_X(x_2, \theta) \\ \vdots \\ f_X(x_n, \theta) \end{pmatrix} \quad (\theta \in \Theta：\text{未知母数}) \\
\| & & \| & & \| & & \| \\
\boldsymbol{x} & \leftarrow & \boldsymbol{X} & \sim & P_\theta^{(n)} & \cdots & f_{\boldsymbol{X}}(\boldsymbol{x}, \theta)
\end{array}
$$

統計的推測の主な目的として以下の3つが知られている．

点 推 定： X の実現値 $\boldsymbol{x}$ を用いて θ の値を推測する．

区間推定： X の実現値 $\boldsymbol{x}$ を用いて θ を含む区間を求める．

仮説検定： X の実現値 $\boldsymbol{x}$ を用いて θ に関する仮説の真偽を判断する．

次節以降，上記の3つについてさらに詳しく説明していく．

■ 4.2 点推定とは

本節では点推定について概説する．詳しくは第5章で述べる．

[脚注4.2] i.i.d. は independently and identically distributed の略．

定義 4.2

> $\boldsymbol{X} = (X_1, \ldots, X_n)'$ を母集団分布の確率関数，または確率密度関数が $f_X(x, \theta)$ $(x \in \mathcal{X}, \theta \in \Theta \subset \mathbb{R}^k)$ である母集団からの無作為標本とし，$T : \mathcal{X}^n \to \mathbb{R}^k$ を統計量とする[脚注 4.3]．
>
> (i) $T(\mathcal{X}^n) \subset \bar{\Theta}$ であれば，$T(\boldsymbol{X})$ を（$\boldsymbol{X}$ に基づく）θ の**推定量**という[脚注 4.4]．
>
> (ii) $T(\boldsymbol{X})$ を θ の推定量，$\boldsymbol{X}$ の実現値を $\boldsymbol{x}$ とするとき，$T(\boldsymbol{x})$ を θ の**推定値**という．

　推定量は無数に存在する．そこで，その中でもどういう意味で良い推定量かを考察することになる．

■ 4.3　区間推定とは

　本節では区間推定について概説する．詳しくは第 6 章で述べる．

定義 4.3

> 　与えられた値 α $(0 < \alpha < 1)$ に対して，関数 $\underline{\theta}, \bar{\theta}$ は
>
> $$(4.2) \qquad \mathrm{P}(\underline{\theta}(\boldsymbol{X}) < \theta < \bar{\theta}(\boldsymbol{X})) \geq 1 - \alpha \quad (\forall \theta \in \Theta)$$
>
> を満足するものとする．
>
> (i) 区間 $(\underline{\theta}(\boldsymbol{X}), \bar{\theta}(\boldsymbol{X}))$ を**信頼係数** $1 - \alpha$ の θ の**信頼区間**という．
>
> (ii) 特に (4.2) において等号が成り立つとき，すなわち，
>
> $$\mathrm{P}(\underline{\theta}(\boldsymbol{X}) < \theta < \bar{\theta}(\boldsymbol{X})) = 1 - \alpha \quad (\forall \theta \in \Theta)$$

[脚注 4.3] 脚注 2.9 参照．
[脚注 4.4] Θ の閉包を $\bar{\Theta}$ と表す．これは $T(\boldsymbol{X})$ が Θ の境界の値をとる可能性があるためである．

が成り立つとき，信頼区間 $(\underline{\theta}(\boldsymbol{X}), \bar{\theta}(\boldsymbol{X}))$ は**相似**であるという．

注意 4.2　(i) $(\underline{\theta}(\boldsymbol{X}), \bar{\theta}(\boldsymbol{X}))$ が信頼係数 $1 - \alpha$ の θ の信頼区間であれば，$(\underline{\theta}(\boldsymbol{X}), \bar{\theta}(\boldsymbol{X}))$ を含む任意の区間も信頼係数 $1 - \alpha$ の θ の信頼区間になる．このような意味から本質的な信頼区間は相似な信頼区間である．

(ii) 第 6 章で述べる信頼区間は "信頼係数 $1 - \alpha$ の下でその区間幅が最短である"，"計算（考え方）が容易である" 等の理由による典型的な信頼区間である．

次に，信頼区間を構成する主な方法について説明する．

定義 4.4

$Q(\boldsymbol{X}, \theta)$ は θ に関する**枢軸量**である $\overset{\text{def}}{\Longleftrightarrow}$ 次の (i), (ii) を満たす．

(i) $Q(\boldsymbol{X}, \theta)$ は $\boldsymbol{X}$, θ に依存する．

(ii) $Q(\boldsymbol{X}, \theta)$ の確率分布は θ に依存しない．

枢軸量が存在するときは次の定理により信頼区間を構成できることが多い．

定理 4.1　$Q(\boldsymbol{X}, \theta)$ は θ に関する枢軸量であり，$a, b, \underline{\theta}, \bar{\theta}$ が存在して

$$\text{(i) } \mathrm{P}(a < Q(\boldsymbol{X}, \theta) < b) = 1 - \alpha,$$
$$\text{(ii) } a < Q(\boldsymbol{x}, \theta) < b \Leftrightarrow \underline{\theta}(\boldsymbol{x}) < \theta < \bar{\theta}(\boldsymbol{x})$$

を満足しているとする．このとき，$(\underline{\theta}(\boldsymbol{X}), \bar{\theta}(\boldsymbol{X}))$ は信頼係数 $1 - \alpha$ の θ の信頼区間になる．

証明　$\mathrm{P}(\underline{\theta}(\boldsymbol{X}) < \theta < \bar{\theta}(\boldsymbol{X})) = \mathrm{P}(a < Q(\boldsymbol{X}, \theta) < b) = 1 - \alpha.$　　□

実際には，定理 4.1 (i)，(ii) を同時に満足する a, b は複数考えられる．そこで，通常は信頼区間 $(\underline{\theta}(\boldsymbol{x}), \bar{\theta}(\boldsymbol{x}))$ の幅 $\bar{\theta}(\boldsymbol{x}) - \underline{\theta}(\boldsymbol{x})$ が最小となるように a, b を

選ぶことになる．このとき，次の命題は有益である．

命題 4.1　f はある x_0 が存在して，$x < x_0$ において単調増加，$x_0 < x$ におい
て単調減少となる確率密度関数とし[脚注 4.5]，$\mathcal{A} := \{(a,b) : \int_a^b f(x)dx = 1 - \alpha\}$
とおく．さらに，$(a_0, b_0) \in \mathcal{A}$ は $f(a_0) = f(b_0)$ を満たすものとする．この
とき，

$$\min_{(a,b) \in \mathcal{A}} (b - a) = b_0 - a_0$$

が成り立つ．

証明　$b_0 - a_0 > b' - a'$ を仮定したとき，$\int_{a'}^{b'} f(x)dx < 1 - \alpha$ となることを
示す．(I) $a' \leq a_0$ のとき．

(i) $b' \leq a_0$ のとき，$a' \leq b' \leq a_0 \leq x_0$ であるので，$f(a') \leq f(b') \leq f(a_0) \leq$
$f(x_0)$ となり，

$$\int_{a'}^{b'} f(x)dx \leq f(b')(b' - a') < f(a_0)(b_0 - a_0) \leq \int_{a_0}^{b_0} f(x)dx = 1 - \alpha$$

を得る．

(ii) $b' > a_0$ のとき，$a' < a_0 < b' < b_0$ であるので，$\int_{a'}^{a_0} f(x)dx \leq$
$f(a_0)(a_0 - a')$ 及び $\int_{b'}^{b_0} f(x)dx \geq f(b_0)(b_0 - b') = f(a_0)(b_0 - b')$
が成り立つ．したがって，

$$\int_{a'}^{b'} f(x)dx = \int_{a_0}^{b_0} f(x)dx + \int_{a'}^{a_0} f(x)dx - \int_{b'}^{b_0} f(x)dx$$

$$\leq 1 - \alpha + f(a_0)\{(a_0 - a') - (b_0 - b')\}$$

$$= 1 - \alpha + f(a_0)\{(b' - a') - (b_0 - a_0)\}$$

$$< 1 - \alpha$$

を得る．(II) $a' > a_0$ のときも同様に示される．　□

[脚注 4.5] このような f を **単峰形** という．

■ 4.4 仮説検定とは

本節では仮説検定[脚注 4.6] について概説する．詳しくは第7章，第8章で述べる．

仮説検定の考え方

(i) 主張したい θ に関する仮説を**対立仮説**といい H_1 と表す．一方，否定したい θ に関する仮説を**帰無仮説**といい H_0 と表す．

(ii) 仮説検定を行う際，十分小さい確率の基準を**有意水準**といい α と表す．α は慣例として 0.05 や 0.01 等が用いられることが多い．

(iii) X の実現値 x に基づいて H_0 を棄却，すなわち，否定するかどうかの判断を下すために用いる統計量，及び集合をそれぞれ**検定統計量**，**棄却域**という．すなわち，検定統計量を T，棄却域を W とすると，次のように判断を下すことになる．

$$T(x) \in W \Leftrightarrow H_0 \text{ を棄却する．}$$
$$T(x) \notin W \Leftrightarrow H_0 \text{ を棄却しない．}$$

(iv) 仮説検定での判断には2種類の誤りがある．一方は H_0 が正しいにも拘わらず H_0 を棄却してしまう誤りであり，これを**第1種の過誤**という．他方は H_0 が正しくないにも拘わらず H_0 を棄却しない誤りであり，これを**第2種の過誤**という（表 4.1 参照）．H_0 が真のとき（H_0 の下）の確率を $P_0(\cdot)$，H_1 が真のとき（H_1 の下）の確率を $P_1(\cdot)$ と表すと，第1種の過誤の確率は $P_0(T \in W)$ となり，第2種の過誤の確率は $P_1(T \notin W)$ となる．いずれの確率も0に近い方が望ましいが，一方を小さくすれば他方は大きくなることが知られている（問 4.1 参照）．そこで，仮説検定では条件 $P_0(T \in W) \leq \alpha$ の下，$P_1(T \notin W)$ を小さくするような T, W を導出することを理想とする．なお，$P_1(T \notin W)$ を小さくすることは，

[脚注 4.6] 仮説検定を単に検定ともいう．

表 4.1　2 種類の誤りとそれらの確率

真実＼判断	H_0 を棄却する	H_0 を棄却しない
H_0 は真	第 1 種の過誤 ($P_0(T \in W)$)	正しい
H_1 は真	正しい	第 2 種の過誤 ($P_1(T \notin W)$)

$\gamma_W(\theta) := 1 - P_1(T \notin W)$ を大きくすることと同値である．γ_W を**検出力関数**という．

(v) 対立仮説 H_1 が $H_1 : \theta \neq \theta_0$, $H_1 : \theta < \theta_0$, $H_1 : \theta > \theta_0$ の形に対応してそれぞれ，**両側検定**，**左片側検定**，**右片側検定**といい，左片側検定，右片側検定をまとめて**片側検定**という．

問 4.1　$\boldsymbol{X} = (X_1, \ldots, X_n)'$ をベルヌーイ分布 $B(p)$ からの無作為標本とする．$T(\boldsymbol{X}) = \sum_{i=1}^n X_i$, $W_l := \{l, l+1, \ldots, n\}$ とし，p に関する検定

$$\text{帰無仮説 } H_0 : p = p_0, \qquad \text{対立仮説 } H_1 : p \neq p_0$$

を考える．このとき，以下の問いに答えよ．

(1) 検定統計量 T, 棄却域 W_l を用いた検定方式の第 1 種の過誤の確率 α_l を求めよ．

(2) 検定統計量 T, 棄却域 W_l を用いた検定方式の第 2 種の過誤の確率 β_l を求めよ．

(3) $\alpha_l < \alpha_m \Leftrightarrow \beta_l > \beta_m$ を確認せよ．

第 5 章

点推定

　前章において概説したように，母集団からの無作為標本に基づいて未知母数の真の値を知りたいとき，値として推測する点推定と，区間として推測する区間推定がある．本章では，点推定の方法と推定量の性質及び推定量の良し悪しを測る基準を講じる．本章では断りがない限り第 4.1 節での設定を仮定する．

▰ 5.1 最尤法

　母集団分布の確率関数，または確率密度関数が $f_X(x, \theta)$ である母集団からの無作為標本 $\boldsymbol{X}$ の実現値を $\boldsymbol{x}$ とする．このとき，未知母数 θ をどのように推定すべきであろうか．このような無作為標本を用いて点推定を行う方法にもいくつかの方法が知られている．本節では最も基本的である最尤法について述べる．最尤法の基本的な考え方は，起こりやすいことが起こったはずだ，すなわち，$\boldsymbol{X}$ の実現値が $\boldsymbol{x}$ であるということは $\boldsymbol{X} = \boldsymbol{x}$ となる確率は最大であるという信念に基づく．

定義 5.1

　(i) 無作為標本 $\boldsymbol{X}$ の実現値 $\boldsymbol{x}$ に対して，

$$L(\theta) := f_{\boldsymbol{X}}(\boldsymbol{x}, \theta)$$

　を θ の**尤度関数**といい，

$$l(\theta) := \log L(\theta)$$

　を θ の**対数尤度関数**という．

(ii) Θ の閉包 $\bar{\Theta}$ で尤度関数を最大にする θ，すなわち，

$$\max_{\theta \in \bar{\Theta}} L(\theta) = L(\hat{\theta})$$

を満たす $\hat{\theta} = \hat{\theta}(\boldsymbol{x})$ を θ の**最尤推定値**といい，$\hat{\theta}_{\mathrm{ML}}(\boldsymbol{x})$ と表す．さらに，$\hat{\theta}(\boldsymbol{X})$ を θ の**最尤推定量**といい，$\hat{\theta}_{\mathrm{ML}}(\boldsymbol{X})$ と表す．図 5.1 参照．

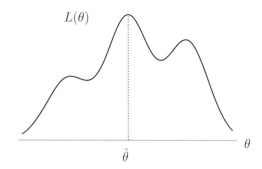

図 5.1　尤度関数 $L(\theta)$ と最尤推定量 $\hat{\theta}$ のイメージ

注意 5.1　(i) 最尤推定量を求める際，尤度関数が，ある関数の積の形 (式 (4.1) 参照) により与えられることが多く，また対数尤度関数 $l(\theta)$ を最大にする θ は，対数関数が単調増大であることから，尤度関数 $L(\theta)$ も最大にすることに注意する．これから，尤度関数 $L(\theta)$ を最大にする θ を考える代わりに対数尤度関数 $l(\theta)$ を最大にする θ を考えることが多い．

(ii) θ がベクトル，すなわち，$\boldsymbol{\theta} = (\theta_1, \ldots, \theta_k)'$ のこともある．このとき，$L(\theta)$ が C^1 級であれば

$$\frac{\partial}{\partial \theta_i} l(\boldsymbol{\theta}) = 0 \quad (i = 1, \ldots, k)$$

の解が最尤推定量の候補である．この方程式を**尤度方程式**という．

(iii) 誤解の恐れがなければ $\hat{\theta}_{\mathrm{ML}}(\boldsymbol{X})$ を $\hat{\theta}_{\mathrm{ML}}$ と表すことがある．また，$L(\theta)$

において $\boldsymbol{x}$ を考慮したいときは $L(\theta; \boldsymbol{x})$ と表すことがある.

例 5.1 $\boldsymbol{X} = (X_1, \ldots, X_n)'$ をベルヌーイ分布 $B(p)$ からの無作為標本とする. ただし, $0 < p < 1$ である. このとき, p の対数尤度関数は

$$l(p) = n\{\bar{x} \log p + (1 - \bar{x}) \log(1 - p)\}$$

であるから,

$$\frac{\partial}{\partial p} l(p) = -\frac{n}{p(1-p)}(p - \bar{x}), \quad \frac{\partial^2}{\partial p^2} l(p) = -n\left(\frac{\bar{x}}{p^2} + \frac{1 - \bar{x}}{(1 - p)^2}\right) < 0$$

を得る. よって, $l(p)$ は $p = \bar{x}$ で最大となり, $\hat{p}_{\mathrm{ML}} = \bar{X}$ が p の最尤推定量であることがわかる(表 5.1 参照).

表 5.1 例 5.1 における $l(p)$ の増減表

p	0	$\cdots$	$\bar{x}$	$\cdots$	1
$(\partial/\partial p)l(p)$	×	+	0	−	×
$l(p)$	×	↗	最大	↘	×

例 5.2 $\boldsymbol{X} = (X_1, \ldots, X_n)'$ をポアソン分布 $Po(\lambda)$ からの無作為標本とする. ただし, $\lambda \in \mathbb{R}_+$ である. このとき, λ の対数尤度関数は

$$l(\lambda) = n\left(\bar{x} \log \lambda - \lambda - \frac{1}{n} \sum_{i=1}^{n} \log x_i!\right)$$

であるから,

$$\frac{\partial}{\partial \lambda} l(\lambda) = \frac{n}{\lambda}(\bar{x} - \lambda), \quad \frac{\partial^2}{\partial \lambda^2} l(\lambda) = -\frac{n}{\lambda^2} \bar{x} < 0$$

を得る. よって, $l(\lambda)$ は $\lambda = \bar{x}$ で最大となり, $\hat{\lambda}_{\mathrm{ML}} = \bar{X}$ が λ の最尤推定量であることがわかる(表 5.2 参照).

問 5.1 例 3.4 のデータはポアソン分布 $Po(\lambda)$ に従っていると仮定する. このとき, λ の最尤推定値は $\hat{\lambda}_{\mathrm{ML}} = 0.61$ となることを確認せよ.

表 5.2　例 5.2 における $l(\lambda)$ の増減表

λ	0	$\cdots$	$\bar{x}$	$\cdots$
$(\partial/\partial\lambda)l(\lambda)$	$\times$	$+$	0	$-$
$l(\lambda)$	$\times$	$\nearrow$	最大	$\searrow$

例 5.3（**被推定関数がベクトルの例**）．$\boldsymbol{X} = (X_1, \ldots, X_n)'$ を正規分布 $\mathrm{N}(\mu, \sigma^2)$ からの無作為標本とする．ただし，$\boldsymbol{\theta} = (\mu, \sigma^2)' \in \mathbb{R} \times \mathbb{R}_+$ は未知とする．このとき，$\boldsymbol{\theta}$ の対数尤度関数は

$$l(\boldsymbol{\theta}) = -\frac{1}{2}\left\{ \frac{1}{\sigma^2}\sum_{i=1}^{n}(x_i - \mu)^2 + n\log\sigma^2 + n\log 2\pi \right\}$$

となる．連立方程式

$$\begin{cases} \dfrac{\partial}{\partial\mu}l(\boldsymbol{\theta}) = \dfrac{1}{\sigma^2}\sum_{i=1}^{n}(x_i - \mu) = 0, \\[2mm] \dfrac{\partial}{\partial\sigma^2}l(\boldsymbol{\theta}) = \dfrac{1}{2\sigma^4}\sum_{i=1}^{n}(x_i - \mu)^2 - \dfrac{n}{2\sigma^2} = 0 \end{cases}$$

を $\boldsymbol{\theta}$ について解くと

$$\mu = \bar{x}, \quad \sigma^2 = \frac{1}{n}\sum_{i=1}^{n}(x_i - \bar{x})^2 =: s^2$$

を得る．ここで

$$\sum_{i=1}^{n}(x_i - \mu)^2 = \sum_{i=1}^{n}(x_i - \bar{x})^2 + n(\bar{x} - \mu)^2 = n\{s^2 + (\bar{x} - \mu)^2\}$$

であるから，

$$l(\bar{x}, s^2) - l(\mu, \sigma^2) = \frac{n}{2}\left\{ \left(\frac{s^2}{\sigma^2} - 1 - \log\frac{s^2}{\sigma^2} \right) + \frac{(\bar{x} - \mu)^2}{\sigma^2} \right\}$$

となる．いま，$h(t) := t - 1 - \log t \ (t > 0)$ とおくと，$h(t) \geq 0$ が示されるので，

$$h\left(\frac{s^2}{\sigma^2} \right) = \frac{s^2}{\sigma^2} - 1 - \log\frac{s^2}{\sigma^2} \geq 0$$

となり

$$l(\bar{x}, s^2) - l(\mu, \sigma^2) \geq 0$$

を得る．すなわち，$\hat{\boldsymbol{\theta}}_{\mathrm{ML}} = (\bar{X}, S^2)'$ が $\boldsymbol{\theta}$ の最尤推定量であることがわかる．ただし，$S^2 = \sum_{i=1}^{n}(X_i - \bar{X})^2/n$ である．

注意 5.2　例 5.3 では σ^2 で微分していることに注意する．

問 5.2　$t - 1 - \log t \geq 0$ $(t > 0)$ を示せ．

例 5.4　$\boldsymbol{X}_1, \boldsymbol{X}_2, \ldots, \boldsymbol{X}_n$ を多項分布 $\mathrm{M}_k(1; \boldsymbol{p})$ からの無作為標本とする．ただし，$\boldsymbol{p} = (p_1, \ldots, p_k)'(\in \mathcal{P} := \{(p_1, \ldots, p_k) \in \mathbb{R}_+^k : \sum_{i=1}^{k} p_i = 1\})$ は未知とする．このとき，$\boldsymbol{p}$ の尤度関数は，$\boldsymbol{x} \in \{\boldsymbol{x} : x_{i1}, x_{i2} \ldots, x_{ik} \in \{0, 1\}, x_{i1} + x_{i2} + \cdots + x_{ik} = 1 \ (i = 1, 2, \ldots, n)\}$ に対して，

$$L(\boldsymbol{p}) = \prod_{i=1}^{n} \left\{ \frac{1}{x_{i1}! x_{i2}! \cdots x_{ik}!} p_1^{x_{i1}} p_2^{x_{i2}} \cdots p_k^{x_{ik}} \right\}$$

となる．ただし，$\boldsymbol{x} = (\boldsymbol{x}_1, \boldsymbol{x}_2, \ldots, \boldsymbol{x}_n)'$, $\boldsymbol{x}_i = (x_{i1}, x_{i2}, \ldots, x_{ik})'$ とする．したがって，$\boldsymbol{p}$ の対数尤度関数は

$$l(\boldsymbol{p}) = \sum_{j=1}^{k} S_j \log p_j - C(\boldsymbol{x})$$

となる．ただし，

$$S_j := \sum_{i=1}^{n} x_{ij}, \quad C(\boldsymbol{x}) := \sum_{i=1}^{n} \log(x_{i1}! x_{i2}! \cdots x_{ik}!)$$

である．ここで，

$$g(\boldsymbol{p}) := \sum_{i=1}^{k} p_i - 1 = 0$$

となることに注意する．このとき，

$$\frac{\partial}{\partial p_j} l(\boldsymbol{p}) = \frac{S_j}{p_j}, \quad \frac{\partial}{\partial p_j} g(\boldsymbol{p}) = 1 \quad (j = 1, \ldots, k)$$

であるので，ラグランジュの未定乗数法より，$\boldsymbol{S}/n$ が最尤推定値の候補となる．

ただし，$\boldsymbol{S} = (S_1, S_2, \ldots, S_k)'$ である．ここで，問 5.2 より

$$l(\boldsymbol{S}/n) - l(\boldsymbol{p}) = \sum_{j=1}^{k} S_j \log \frac{S_j}{np_j} \geq \sum_{j=1}^{k} S_j \left(1 - \frac{np_j}{S_j}\right) = 0$$

となり，$l(\boldsymbol{S}/n) \geq l(\boldsymbol{p})$ が成り立つことがわかる．すなわち，$\hat{\boldsymbol{p}}_{\mathrm{ML}} = \boldsymbol{S}/n$ が $\boldsymbol{p}$ の最尤推定量である．

例 5.5（尤度関数が不連続な例）．$\boldsymbol{X} = (X_1, \ldots, X_n)'$ を一様分布 $\mathrm{U}(0, \theta)$ からの無作為標本とする．ただし，$\theta \in \mathbb{R}_+$ は未知である．このとき，X_i $(i = 1, \ldots, n)$ の確率密度関数は

$$f_X(x, \theta) = \begin{cases} 1/\theta & (0 \leq x \leq \theta), \\ 0 & （その他） \end{cases}$$

である．よって，$\boldsymbol{X}$ の同時確率密度関数は

$$f_{\boldsymbol{X}}(\boldsymbol{x}, \theta) = \begin{cases} 1/\theta^n & (0 \leq x_1, \ldots, x_n \leq \theta), \\ 0 & （その他） \end{cases}$$

となり，θ の尤度関数は

$$L(\theta) = \begin{cases} 1/\theta^n & (x_{(n)} \leq \theta), \\ 0 & （その他） \end{cases}$$

となる．すなわち，$\hat{\theta}_{\mathrm{ML}} = X_{(n)}$ が θ の最尤推定量であることがわかる（図 5.2 参照）．

例 5.6（最尤推定量が一意的ではない例）．$\boldsymbol{X} = (X_1, \ldots, X_n)'$ を一様分布 $\mathrm{U}(\theta - 1/2, \theta + 1/2)$ からの無作為標本とする．ただし，$\theta \in \mathbb{R}$ は未知である．このとき，X_i $(i = 1, \ldots, n)$ の確率密度関数は

$$f_X(x, \theta) = \begin{cases} 1 & (\theta - 1/2 \leq x \leq \theta + 1/2), \\ 0 & （その他） \end{cases}$$

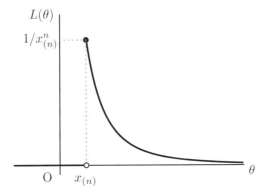

図 5.2 例 5.5 の尤度関数の概形

である. したがって, $\boldsymbol{X}$ の同時確率密度関数は

$$
f_{\boldsymbol{X}}(\boldsymbol{x}, \theta) = \begin{cases} 1 & (\theta - 1/2 \leq x_1, \ldots, x_n \leq \theta + 1/2), \\ 0 & (その他) \end{cases}
$$

となり, θ の尤度関数は

$$
L(\theta) = \begin{cases} 1 & (x_{(n)} - 1/2 \leq \theta \leq x_{(1)} + 1/2), \\ 0 & (その他) \end{cases}
$$

となる. すなわち, $[X_{(n)} - 1/2, X_{(1)} + 1/2]$ の任意の値が θ の最尤推定量となることがわかる (図 5.3 参照).

次に, 関数 $\boldsymbol{g} : \Theta(\subset \mathbb{R}^p) \to \boldsymbol{g}(\Theta)(\subset \mathbb{R}^q)$ に対して, $\boldsymbol{g}(\boldsymbol{\theta})$ $(\boldsymbol{\theta} \in \Theta)$ の最尤推

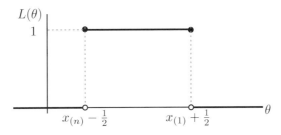

図 5.3 例 5.6 の尤度関数の概形

定量を考える．ただし，$1 \leq q \leq p$ とする．

定義 5.2

> (i) $\boldsymbol{\gamma} \in \boldsymbol{g}(\Theta)$ に対して，
>
> $$L^*(\boldsymbol{\gamma}) := \sup_{\boldsymbol{\theta} \in \Theta_{\boldsymbol{\gamma}}} L(\boldsymbol{\theta})$$
>
> を $\boldsymbol{\gamma} = \boldsymbol{g}(\boldsymbol{\theta})$ の**誘導尤度関数**という．ただし，$\Theta_{\boldsymbol{\gamma}} := \{\boldsymbol{\theta} \in \Theta : \boldsymbol{g}(\boldsymbol{\theta}) = \boldsymbol{\gamma}\}$ である．
>
> (ii) $\displaystyle\max_{\boldsymbol{\gamma} \in \boldsymbol{g}(\Theta)} L^*(\boldsymbol{\gamma}) = L^*(\hat{\boldsymbol{\gamma}})$ を満たす $\hat{\boldsymbol{\gamma}} = \hat{\boldsymbol{\gamma}}(\boldsymbol{x})$ を $\boldsymbol{\gamma}$ の最尤推定値といい，$\hat{\boldsymbol{\gamma}}_{\mathrm{ML}}(\boldsymbol{x})$ と表す．さらに，$\hat{\boldsymbol{\gamma}}(\boldsymbol{X})$ を $\boldsymbol{\gamma}$ の最尤推定量といい，$\hat{\boldsymbol{\gamma}}_{\mathrm{ML}}(\boldsymbol{X})$ と表す．

このとき，次の定理が成り立つ．

定理 5.1 $\hat{\boldsymbol{\theta}}_{\mathrm{ML}}$ が θ の最尤推定量ならば，$\boldsymbol{g}(\hat{\boldsymbol{\theta}}_{\mathrm{ML}})$ は $\boldsymbol{g}(\boldsymbol{\theta})$ の最尤推定量となる．

証明 $\displaystyle\max_{\boldsymbol{\gamma} \in \boldsymbol{g}(\Theta)} L^*(\boldsymbol{\gamma}) = L^*(\boldsymbol{g}(\hat{\boldsymbol{\theta}}_{\mathrm{ML}}))$ を示す．各 $\boldsymbol{\gamma} \in \overline{\boldsymbol{g}(\Theta)}$ に対して $\Theta_{\boldsymbol{\gamma}} \subset \overline{\Theta}$ であるので，$\displaystyle\sup_{\boldsymbol{\theta} \in \Theta_{\boldsymbol{\gamma}}} L(\boldsymbol{\theta}) \leq \max_{\boldsymbol{\theta} \in \overline{\Theta}} L(\boldsymbol{\theta})$ が成り立ち，特に $\boldsymbol{\gamma} = \boldsymbol{g}(\boldsymbol{\theta})$ のとき等号が成り立つので

$$\max_{\boldsymbol{\gamma} \in \boldsymbol{g}(\Theta)} L^*(\boldsymbol{\gamma}) = \max_{\boldsymbol{\gamma} \in \boldsymbol{g}(\Theta)} \left\{ \sup_{\boldsymbol{\theta} \in \Theta_{\boldsymbol{\gamma}}} L(\boldsymbol{\theta}) \right\} = \max_{\boldsymbol{\theta} \in \overline{\Theta}} L(\boldsymbol{\theta}) = L(\hat{\boldsymbol{\theta}}_{\mathrm{ML}})$$

を得る．一方，$\Theta_{\boldsymbol{g}(\hat{\boldsymbol{\theta}}_{\mathrm{ML}})} \subset \Theta$ であるので，$\boldsymbol{\theta} \in \Theta_{\boldsymbol{g}(\hat{\boldsymbol{\theta}}_{\mathrm{ML}})}$ に対して $L(\boldsymbol{\theta}) \leq L(\hat{\boldsymbol{\theta}}_{\mathrm{ML}})$ となり，特に $\hat{\boldsymbol{\theta}}_{\mathrm{ML}} \in \Theta_{\boldsymbol{g}(\hat{\boldsymbol{\theta}}_{\mathrm{ML}})}$ に注意することにより

$$L^*(\boldsymbol{g}(\hat{\boldsymbol{\theta}}_{\mathrm{ML}})) = \sup_{\boldsymbol{\theta} \in \Theta_{\boldsymbol{g}(\hat{\boldsymbol{\theta}}_{\mathrm{ML}})}} L(\boldsymbol{\theta}) = L(\hat{\boldsymbol{\theta}}_{\mathrm{ML}})$$

が成り立つ． □

例 5.7 $\boldsymbol{X} = (X_1, \ldots, X_n)'$ $(n \geq 2)$ を正規分布 $\mathrm{N}(\mu, \sigma^2)$ からの無作為標本と

する．ただし，$\boldsymbol{\theta} = (\mu, \sigma^2)' \in \mathbb{R} \times \mathbb{R}_+$ は未知とする．このとき，$\hat{\theta}_{\mathrm{ML}} = (\bar{X}, S^2)'$ であったので，定理 5.1 より $(\hat{\mu}_{\mathrm{ML}}, \hat{\sigma}_{\mathrm{ML}})' = (\bar{X}, S)'$ となる．

(i) 与えられた $t \in \mathbb{R}$ に対して，$\mathrm{N}(\mu, \sigma^2)$ の上側確率 $R(t) = \mathrm{P}_\theta(X_1 \geq t) = \Phi((\mu - t)/\sigma)$ の最尤推定量は $\hat{R}_{\mathrm{ML}}(t) = \Phi((\hat{\mu}_{\mathrm{ML}} - t)/\hat{\sigma}_{\mathrm{ML}})$ となる．

(ii) 与えられた $p \in (0,1)$ に対して，$\mathrm{N}(\mu, \sigma^2)$ の p 分位数 $\xi(p) = \mu + \sigma \Phi^{-1}(p)$ の最尤推定量は $\hat{\xi}_{\mathrm{ML}}(p) = \hat{\mu}_{\mathrm{ML}} + \hat{\sigma}_{\mathrm{ML}} \Phi^{-1}(p)$ となる．

問 5.3 例 5.7 において，定義 5.1 に従って得られる σ の最尤推定量は S となることを確認せよ．

定理 5.2 $\boldsymbol{Z} = (\boldsymbol{Z}_1', \ldots, \boldsymbol{Z}_n')'$ を 2 変量正規分布 $\mathrm{N}_2(\mu_X, \mu_Y, \sigma_X^2, \sigma_Y^2, \rho)$ からの無作為標本とする．ただし，$\boldsymbol{Z}_i := (X_i, Y_i)'$，$n \geq 3$ とし，$\boldsymbol{\theta} := (\mu_X, \mu_Y, \sigma_X^2, \sigma_Y^2, \rho)' \in \Theta := \mathbb{R}^2 \times \mathbb{R}_+^2 \times (-1, 1)$ は未知とする．このとき，$\boldsymbol{\theta} \in \Theta$ の最尤推定量は

$$(5.1) \qquad \hat{\boldsymbol{\theta}}_{\mathrm{ML}} = \left(\bar{X}, \bar{Y}, S_X^2, S_Y^2, \frac{C_{X,Y}}{S_X S_Y} \right)'$$

となる．ただし，

$$S_X^2 := \frac{1}{n} \sum_{i=1}^n (X_i - \bar{X})^2, \quad S_Y^2 := \frac{1}{n} \sum_{i=1}^n (Y_i - \bar{Y})^2,$$

$$C_{X,Y} := \frac{1}{n} \sum_{i=1}^n (X_i - \bar{X})(Y_i - \bar{Y})$$

である．

証明の概略． $\sigma_{11} = \sigma_X^2$，$\sigma_{22} = \sigma_Y^2$，$\sigma_{12} = \rho \sigma_X \sigma_Y$ と変数変換し，$\boldsymbol{\vartheta} := (\mu_X, \mu_Y, \sigma_{11}, \sigma_{22}, \sigma_{12})'$ とおく．すなわち，$\boldsymbol{Z}$ は 2 変量正規分布 $\mathrm{N}_2(\mu_X, \mu_Y, \sigma_{11}, \sigma_{22}, \sigma_{12}/\sqrt{\sigma_{11}\sigma_{22}})$ からの無作為標本である．さらに，$\boldsymbol{\vartheta}$ の対数尤度関数を $l(\boldsymbol{\vartheta})$ とする．このとき，$\boldsymbol{\vartheta}$ の最尤推定量 $\hat{\boldsymbol{\vartheta}} = (\hat{\mu}_X, \hat{\mu}_Y, \hat{\sigma}_{11}, \hat{\sigma}_{22}, \hat{\sigma}_{12})'$ は尤度方程式を解くことにより得られる．まず，

$$\frac{\partial}{\partial \mu_X} l(\boldsymbol{\vartheta}) = \frac{n}{(1 - \rho^2)\sqrt{\sigma_{11}}} \left\{ \frac{1}{\sqrt{\sigma_{11}}} (\bar{X} - \mu_X) - \frac{\rho}{\sqrt{\sigma_{22}}} (\bar{Y} - \mu_Y) \right\} = 0,$$

$$\frac{\partial}{\partial \mu_Y} l(\vartheta) = \frac{n}{(1-\rho^2)\sqrt{\sigma_{22}}} \left\{ \frac{1}{\sqrt{\sigma_{22}}}(\bar{Y} - \mu_Y) - \frac{\rho}{\sqrt{\sigma_{11}}}(\bar{X} - \mu_X) \right\} = 0$$

より $\hat{\mu}_X = \bar{X}$, $\hat{\mu}_Y = \bar{Y}$ を得る. 次に, $\hat{\mu}_X = \bar{X}$, $\hat{\mu}_Y = \bar{Y}$ としたとき,

$$\frac{\partial}{\partial \sigma_{11}} l(\vartheta) = \frac{n}{2D^2} \left\{ \sigma_{22}^2 S_X^2 + \sigma_{12}^2 S_Y^2 - 2\sigma_{22}\sigma_{12} C_{X,Y} - \sigma_{22} D \right\} = 0,$$

$$\frac{\partial}{\partial \sigma_{22}} l(\vartheta) = \frac{n}{2D^2} \left\{ \sigma_{11}^2 S_Y^2 + \sigma_{12}^2 S_X^2 - 2\sigma_{11}\sigma_{12} C_{X,Y} - \sigma_{11} D \right\} = 0,$$

$$\frac{\partial}{\partial \sigma_{12}} l(\vartheta) = -\frac{n}{D^2} \left\{ \sigma_{22}\sigma_{12} S_X^2 + \sigma_{11}\sigma_{12} S_Y^2 - (\sigma_{11}\sigma_{22} + \sigma_{12}^2) C_{X,Y} - \sigma_{12} D \right\} = 0$$

より $\hat{\sigma}_{11} = S_X^2$, $\hat{\sigma}_{22} = S_Y^2$, $\hat{\sigma}_{12} = C_{X,Y}$ を得る. ただし, $D = \sigma_{11}\sigma_{22} - \sigma_{12}^2$ とする (詳細は例えば Anderson [21] 参照).　　　　　　　□

■ 5.2　モーメント法

最尤法とは別の推定法としてモーメント法が古くから知られている. この方法で得られるモーメント推定量は次節で述べる望ましい性質を有しないことが多いが, 他の推定法では推定値が明示的に解けない場合に推定値の近似値を求める際の初期値として用いられることがある (最尤推定値が明示的に解けない例としては章末問題 9.3 参照).

定義 5.3

> $\boldsymbol{\theta} = (\theta_1, \ldots, \theta_k)'$ を未知母数とする. このとき, k 連立方程式
>
> $$E_{\boldsymbol{\theta}}\left(\frac{1}{n} \sum_{i=1}^{n} X_i^l \right) = \frac{1}{n} \sum_{i=1}^{n} X_i^l \quad (l = 1, \ldots, k)$$
>
> の解 $\boldsymbol{\theta} = \hat{\boldsymbol{\theta}}(\boldsymbol{X}) = (\hat{\theta}_1(\boldsymbol{X}), \ldots, \hat{\theta}_k(\boldsymbol{X}))'$ を $\boldsymbol{\theta}$ の**モーメント推定量**といい, $\hat{\boldsymbol{\theta}}_{\mathrm{Mo}}$ と表す.

例 5.1 (続) $\boldsymbol{X} = (X_1, \ldots, X_n)'$ をベルヌーイ分布 $\mathrm{B}(p)$ からの無作為標本とする. ただし, $0 < p < 1$ である. このとき, p のモーメント推定量は

$$\mathrm{E}_p\Big(\frac{1}{n}\sum_{i=1}^{n} X_i\Big) = \frac{1}{n}\sum_{i=1}^{n} X_i$$

を p について解けばよい. いま, $\mathrm{E}_p(\sum_{i=1}^{n} X_i/n) = p$ であるので, p のモーメント推定量は $\hat{p}_{\mathrm{Mo}} = \bar{X}$ となり, 最尤推定量と一致することがわかる.

例 5.3 （続） $\boldsymbol{X} = (X_1, \dots, X_n)'$ を正規分布 $\mathrm{N}(\mu, \sigma^2)$ からの無作為標本とする. ただし, $\boldsymbol{\theta} = (\mu, \sigma^2) \in \mathbb{R} \times \mathbb{R}_+$ は未知とする. このとき, $\boldsymbol{\theta}$ のモーメント推定量は, 連立方程式

$$\begin{cases} \mathrm{E}_{\boldsymbol{\theta}}\Big(\dfrac{1}{n}\displaystyle\sum_{i=1}^{n} X_i\Big) = \dfrac{1}{n}\displaystyle\sum_{i=1}^{n} X_i, \\ \mathrm{E}_{\boldsymbol{\theta}}\Big(\dfrac{1}{n}\displaystyle\sum_{i=1}^{n} X_i^2\Big) = \dfrac{1}{n}\displaystyle\sum_{i=1}^{n} X_i^2 \end{cases}$$

を $\boldsymbol{\theta}$ について解けばよい. いま, $\mathrm{E}_{\boldsymbol{\theta}}(\sum_{i=1}^{n} X_i/n) = \mu$, $\mathrm{E}_{\boldsymbol{\theta}}(\sum_{i=1}^{n} X_i^2/n) = \mu^2 + \sigma^2$ であるので,

$$\hat{\mu}_{\mathrm{Mo}} = \frac{1}{n}\sum_{i=1}^{n} X_i = \bar{X}, \quad \hat{\sigma}^2_{\mathrm{Mo}} = \frac{1}{n}\sum_{i=1}^{n} X_i^2 - \bar{X}^2 = \frac{1}{n}\sum_{i=1}^{n}(X_i - \bar{X})^2$$

となる. すなわち, $\boldsymbol{\theta}$ のモーメント推定量は $\hat{\boldsymbol{\theta}}_{\mathrm{Mo}} = (\bar{X}, S^2)'$ となり, 最尤推定量と一致することがわかる.

例 5.5 （続） $\boldsymbol{X} = (X_1, \dots, X_n)'$ を一様分布 $\mathrm{U}(0, \theta)$ からの無作為標本とする. ただし, $\theta \in \mathbb{R}_+$ は未知である. このとき, θ のモーメント推定量は

$$\mathrm{E}_\theta\Big(\frac{1}{n}\sum_{i=1}^{n} X_i\Big) = \frac{1}{n}\sum_{i=1}^{n} X_i$$

を θ について解けばよい. いま, $\mathrm{E}_\theta\left(\sum_{i=1}^{n} X_i/n\right) = \theta/2$ であるので, θ のモーメント推定量は $\hat{\theta}_{\mathrm{Mo}} = 2\sum_{i=1}^{n} X_i/n = 2\bar{X}$ となる. この場合, モーメント推定量は最尤推定量と一致しない.

5.3 推定量の性質

前節までで推定法にもいくつかの方法があることを述べたが, 本節ではそ

の中でどの方法がどういう意味で優れているかを考察する．なお，前節では $\boldsymbol{X} = (X_1, \ldots, X_n)'$ に基づく θ の推定量を $\hat{\theta}$ と表したが，これは正確には $\boldsymbol{X}$ の関数であり，標本の大きさ n に依存する．すなわち，推定量は $\{\hat{\theta}_n\}$ と表すべきだが，今後も簡単のため前章と同様にこれを $\hat{\theta}$ と表す．

まず，標本の大きさを大きくしたとき，θ の推定量 $\hat{\theta}$ は θ に近づいて欲しい．

定義 5.4

θ の推定量 $\hat{\theta}$ が θ の**一致推定量**である $\stackrel{\mathrm{def}}{\Longleftrightarrow} \hat{\theta} \xrightarrow{p} \theta \, (\forall \theta \in \Theta)$.

定理 5.3　$\boldsymbol{X} = (X_1, \ldots, X_n)'$ を $\mathrm{E}_\mu(X_i) = \mu$, $\mathrm{Var}_\mu(X_i) = \sigma^2$ $(i = 1, \ldots, n)$ である確率分布からの無作為標本とする．ただし，$0 < \sigma^2 < \infty$ とする．このとき，$\bar{X}$ は μ の一致推定量である．

証明　定理 3.9 より任意の $\varepsilon > 0$ に対して $\displaystyle\lim_{n \to \infty} \mathrm{P}_\mu(|\bar{X} - \mu| \geq \varepsilon) = 0$ となることから明らか． $\qquad\square$

次に，θ の推定量 $\hat{\theta}$ の平均を考えると，それは θ になっていて欲しい．また，$\hat{\theta}$ と θ がどの程度離れているかを表す基準を考えたい．

定義 5.5

$\hat{\theta}$ を θ の推定量とする．

(i) $b_\theta(\hat{\theta}) := \mathrm{E}_\theta(\hat{\theta} - \theta)$ を $\hat{\theta}$ の**偏り**という．

(ii) 任意の $\theta \in \Theta$ に対して $b_\theta(\hat{\theta}) = 0$ となる $\hat{\theta}$ を θ の**不偏推定量**といい，2 次の積率が有限な θ の不偏推定量全体を $\mathcal{U}_\theta$ と表す．すなわち，

$$\mathcal{U}_\theta := \{\hat{\theta} : \mathrm{E}_\theta(\hat{\theta}) = \theta, \, \mathrm{E}_\theta(\hat{\theta}^2) < \infty \, (\forall \theta \in \Theta)\}$$

とする．

(iii) $\mathrm{MSE}_\theta(\hat{\theta}) := \mathrm{E}_\theta[(\hat{\theta} - \theta)^2]$ を $\hat{\theta}$ の**平均 2 乗誤差**という．

注意 5.3 平均 2 乗誤差は定義からわかるように小さい方が望ましい.

不偏推定量が常に存在するわけではない.

例 5.6 X は 2 項分布 $B(n, p)$ に従う確率変数とする. ただし, $0 < p < 1$ である. このとき, X に基づく $1/p$ の不偏推定量は存在しない. 実際, $g(X)$ を $1/p$ の不偏推定量とすると, g は任意の p に対して

$$(5.2) \qquad p \sum_{x=0}^{n} g(x) \binom{n}{x} p^x (1-p)^{n-x} = 1$$

を満足しなければいけない. ここで, $p \to 0$ とすると, (5.2) の左辺は 0 に収束する. すなわち, (5.2) を満足する g は存在しない.

命題 5.1 θ の推定量 $\hat{\theta}$ について, 次が成り立つ.

(i) $\mathrm{MSE}_\theta(\hat{\theta}) = \mathrm{Var}_\theta(\hat{\theta}) + b_\theta^2(\hat{\theta})$.

(ii) $b_\theta(\hat{\theta}) = 0 \Rightarrow \mathrm{MSE}_\theta(\hat{\theta}) = \mathrm{Var}_\theta(\hat{\theta})$.

(iii) 任意の $\theta \in \Theta$ に対して, $\mathrm{MSE}_\theta(\hat{\theta}) \to 0 \ (n \to \infty)$ であれば, $\hat{\theta}$ は θ の一致推定量である.

証明

(i) $\mathrm{MSE}_\theta(\hat{\theta}) = \mathrm{E}_\theta[(\hat{\theta} - \theta)^2] = \mathrm{E}_\theta[\{(\hat{\theta} - \mathrm{E}_\theta(\hat{\theta})) + \mathrm{E}_\theta(\hat{\theta} - \theta)\}^2] = \mathrm{E}_\theta[(\hat{\theta} - \mathrm{E}_\theta(\hat{\theta}))^2] + 2(\mathrm{E}_\theta(\hat{\theta}) - \theta)\mathrm{E}_\theta(\hat{\theta} - \mathrm{E}_\theta(\hat{\theta})) + (\mathrm{E}_\theta(\hat{\theta}) - \theta)^2 = \mathrm{Var}_\theta(\hat{\theta}) + (b_\theta(\hat{\theta}))^2$.

(ii) (i) より明らか.

(iii) チェビシェフの不等式 (定理 3.8) より, 任意の $\varepsilon > 0$, 任意の $\theta \in \Theta$ に対して, $0 \le \varepsilon^2 \mathrm{P}_\theta(|\hat{\theta} - \theta| \ge \varepsilon) \le \mathrm{E}_\theta(\hat{\theta} - \theta)^2 = \mathrm{MSE}_\theta(\hat{\theta}) \to 0 \ (n \to \infty)$ となるので, $\hat{\theta}$ は θ の一致推定量であることがわかる. $\qquad \square$

例 5.5 (続) $\boldsymbol{X} = (X_1, \ldots, X_n)'$ を一様分布 $\mathrm{U}(0, \theta)$ からの無作為標本とする. ただし, $\theta \in \mathbb{R}_+$ である. このとき, θ の最尤推定量, モーメント推定量は

それぞれ

$$\hat{\theta}_{\mathrm{ML}} = X_{(n)}, \quad \hat{\theta}_{\mathrm{Mo}} = 2\bar{X}$$

であった．2 つの推定量の良さを平均 2 乗誤差を用いて比較してみる．まず，定理 2.7 より $\hat{\theta}_{\mathrm{ML}}$ の確率密度関数は

$$f_{\hat{\theta}_{\mathrm{ML}}}(x, \theta) = \begin{cases} \dfrac{n}{\theta}\left(\dfrac{x}{\theta}\right)^{n-1} & (0 < x < \theta), \\ 0 & (\text{その他}) \end{cases}$$

となる．このことから

$$\mathrm{E}_{\theta}(\hat{\theta}_{\mathrm{ML}}) = \int_0^{\theta} x \frac{n}{\theta}\left(\frac{x}{\theta}\right)^{n-1} dx = \frac{n}{n+1}\theta,$$

$$\mathrm{E}_{\theta}(\hat{\theta}_{\mathrm{ML}}^2) = \int_0^{\theta} x^2 \frac{n}{\theta}\left(\frac{x}{\theta}\right)^{n-1} dx = \frac{n}{n+2}\theta^2$$

となり，

$$\mathrm{MSE}_{\theta}(\hat{\theta}_{\mathrm{ML}}) = \mathrm{E}_{\theta}[(\hat{\theta}_{\mathrm{ML}} - \theta)^2] = \mathrm{E}_{\theta}(\hat{\theta}_{\mathrm{ML}}^2) - 2\theta\mathrm{E}_{\theta}(\hat{\theta}_{\mathrm{ML}}) + \theta^2 = \frac{2\theta^2}{(n+1)(n+2)}$$

を得る．一方，

$$\mathrm{E}_{\theta}(\hat{\theta}_{\mathrm{Mo}}) = \mathrm{E}_{\theta}(2\bar{X}) = \theta$$

であるので

$$\mathrm{MSE}_{\theta}(\hat{\theta}_{\mathrm{Mo}}) = \mathrm{Var}_{\theta}(\hat{\theta}_{\mathrm{Mo}}) = \mathrm{Var}_{\theta}(2\bar{X}) = 4\mathrm{Var}_{\theta}(\bar{X}) = \frac{4}{n}\frac{\theta^2}{12} = \frac{\theta^2}{3n}$$

を得る．以上より

$$\mathrm{MSE}_{\theta}(\hat{\theta}_{\mathrm{Mo}}) - \mathrm{MSE}_{\theta}(\hat{\theta}_{\mathrm{ML}}) = \frac{(n-1)(n-2)}{3n(n+1)(n+2)}\theta^2 \begin{cases} = 0 & (n = 1, 2), \\ > 0 & (n = 3, 4, \ldots) \end{cases}$$

となり，平均 2 乗誤差を小さくするという意味で $\hat{\theta}_{\mathrm{Mo}}$ より $\hat{\theta}_{\mathrm{ML}}$ が良い推定量であることがわかる．また，$\hat{\theta}_{\mathrm{ML}}, \hat{\theta}_{\mathrm{Mo}}$ の偏りは，それぞれ

$$b_{\theta}(\hat{\theta}_{\mathrm{ML}}) = -\frac{\theta}{n+1}, \quad b_{\theta}(\hat{\theta}_{\mathrm{Mo}}) = 0$$

である. そこで, $\hat{\theta}_{\mathrm{ML}}$ を偏り修正した推定量

$$\hat{\theta}_{\mathrm{ML}}^* := \frac{n+1}{n}\hat{\theta}_{\mathrm{ML}}$$

を考えると, $b_\theta(\hat{\theta}_{\mathrm{ML}}^*) = 0$ となる. さらに

$$\mathrm{E}_\theta(\hat{\theta}_{\mathrm{ML}}^{*2}) = \left(\frac{n+1}{n}\right)^2 \mathrm{E}_\theta(\hat{\theta}_{\mathrm{ML}}^2) = \frac{(n+1)^2}{n(n+2)}\theta^2$$

であるから,

$$\mathrm{MSE}_\theta(\hat{\theta}_{\mathrm{ML}}^*) = \frac{(n+1)^2}{n(n+2)}\theta^2 - \theta^2 = \frac{\theta^2}{n(n+2)}$$

を得る. すなわち,

$$\begin{aligned}
\mathrm{MSE}_\theta(\hat{\theta}_{\mathrm{Mo}}) - \mathrm{MSE}_\theta(\hat{\theta}_{\mathrm{ML}}^*) &= \frac{\theta^2}{3n} - \frac{\theta^2}{n(n+2)} \\
&= \frac{n-1}{3n(n+2)}\theta^2 \begin{cases} = 0 & (n=1), \\ > 0 & (n=2,3,\ldots) \end{cases}
\end{aligned}$$

となり, 平均 2 乗誤差を小さくするという意味で $\hat{\theta}_{\mathrm{Mo}}$ より $\hat{\theta}_{\mathrm{ML}}^*$ が良い推定量であることがわかる.

命題 5.2　$\boldsymbol{X} = (X_1,\ldots,X_n)'$ を $\mathrm{E}(X_i) = \mu$, $\mathrm{Var}(X_i) = \sigma^2$ $(i=1,\ldots,n)$ である確率分布からの無作為標本とする. ただし, $0 < \sigma^2 < \infty$ とする. このとき, 次が成り立つ.

(i) $\bar{X}$ は μ の不偏推定量である.

(ii) S^2 は σ^2 の不偏推定量ではない.

(iii) U^2 は σ^2 の不偏推定量である.

証明　定理 2.8 より明らか.　　　　　　　　　　　　　　　　　□

■ 5.4　情報不等式

推定量を不偏推定量に制限した場合, その分散, すなわち, 平均 2 乗誤差は,

ある値より小さくすることは出来ないことが知られている．このことは情報不等式とよばれている．本節では特に確率ベクトル $\boldsymbol{X}$ が連続型であり，その同時確率密度関数が $f_{\boldsymbol{X}}(\boldsymbol{x}, \theta)$ $(\boldsymbol{x} \in \mathcal{X} := \{\boldsymbol{x} \in \mathbb{R}^n : f_{\boldsymbol{X}}(\boldsymbol{x}, \theta) > 0\}, \theta \in \Theta \subset \mathbb{R})$ である確率分布を中心に述べる [脚注 5.1]．本節では以下の条件を仮定する．

条件 5.1 (A1) $\mathcal{X}$ は θ に無関係である．

(A2) 各 $\boldsymbol{x} \in \mathcal{X}$ に対して，$f_{\boldsymbol{X}}(\boldsymbol{x}, \theta)$ は θ について偏微分可能であり，次の微分と積分の順序交換が可能である．

$$\frac{d}{d\theta} \int_{\mathcal{X}} f_{\boldsymbol{X}}(\boldsymbol{x}, \theta) d\boldsymbol{x} = \int_{\mathcal{X}} \frac{\partial}{\partial \theta} f_{\boldsymbol{X}}(\boldsymbol{x}, \theta) d\boldsymbol{x} (= 0).$$

(A3) 任意の $\hat{\theta}(\boldsymbol{X}) \in \mathcal{U}_{\theta}$ に対して，次の微分と積分の順序交換が可能である．

$$\frac{d}{d\theta} \int_{\mathcal{X}} \hat{\theta}(\boldsymbol{x}) f_{\boldsymbol{X}}(\boldsymbol{x}, \theta) d\boldsymbol{x} = \int_{\mathcal{X}} \hat{\theta}(\boldsymbol{x}) \frac{\partial}{\partial \theta} f_{\boldsymbol{X}}(\boldsymbol{x}, \theta) d\boldsymbol{x} (= 1).$$

(A4) $I_{\boldsymbol{X}}(\theta) := \mathrm{E}_{\theta}[\{(\partial/\partial\theta) \log f_{\boldsymbol{X}}(\boldsymbol{X}, \theta)\}^2]$ としたとき，任意の $\theta \in \Theta$ に対して，$0 < I_{\boldsymbol{X}}(\theta) < \infty$ である．

(A5) 各 $\boldsymbol{x} \in \mathcal{X}$ に対して，$f_{\boldsymbol{X}}(\boldsymbol{x}, \theta)$ は θ について 2 階連続偏微分可能であり，次の微分と積分の順序交換が可能である．

$$\frac{d^2}{d\theta^2} \int_{\mathcal{X}} f_{\boldsymbol{X}}(\boldsymbol{x}, \theta) d\boldsymbol{x} = \int_{\mathcal{X}} \frac{\partial^2}{\partial \theta^2} f_{\boldsymbol{X}}(\boldsymbol{x}, \theta) d\boldsymbol{x} (= 0).$$

条件 5.1 (A4) で定義した $I_{\boldsymbol{X}}(\theta)$ を $\boldsymbol{X}$ がもつ θ の**フィッシャー情報量**という．また，確率変数 X がある確率分布に従うとき，X がもつフィッシャー情報量 $I_X(\theta)$ をその確率分布のフィッシャー情報量という．

命題 5.3 フィッシャー情報量に関して以下が成り立つ．

(i) $I_{\boldsymbol{X}}(\theta) = -\mathrm{E}_{\theta}\left[\dfrac{\partial^2}{\partial \theta^2} \log f_{\boldsymbol{X}}(\boldsymbol{X}, \theta)\right].$

[脚注 5.1] $\boldsymbol{X}$ が離散型の場合は $f_{\boldsymbol{X}}(\boldsymbol{x}, \theta)$ を同時確率関数とし，積分を和に置き換えて考えればよい．

(ii) 特に $\boldsymbol{X}$ が無作為標本のとき, $I_{\boldsymbol{X}}(\theta) = nI_{X_1}(\theta)$.

証明

(i) $\mathrm{E}_\theta[(\partial^2/\partial\theta^2)\log f_{\boldsymbol{X}}(\boldsymbol{X},\theta)] = \int_{\mathcal{X}} f_{\boldsymbol{X}}(\boldsymbol{x},\theta)(\partial^2/\partial\theta^2)\log f_{\boldsymbol{X}}(\boldsymbol{x},\theta)d\boldsymbol{x}$

$\qquad = \int_{\mathcal{X}} f_{\boldsymbol{X}}(\boldsymbol{x},\theta)\{\frac{(\partial^2/\partial\theta^2)f_{\boldsymbol{X}}(\boldsymbol{x},\theta)}{f_{\boldsymbol{X}}(\boldsymbol{x},\theta)} - (\frac{(\partial/\partial\theta)f_{\boldsymbol{X}}(\boldsymbol{x},\theta)}{f_{\boldsymbol{X}}(\boldsymbol{x},\theta)})^2\}d\boldsymbol{x}$

$\qquad = \int_{\mathcal{X}}(\partial^2/\partial\theta^2)f_{\boldsymbol{X}}(\boldsymbol{x},\theta)d\boldsymbol{x} - \int_{\mathcal{X}} f_{\boldsymbol{X}}(\boldsymbol{x},\theta)\{\frac{(\partial/\partial\theta)f_{\boldsymbol{X}}(\boldsymbol{x},\theta)}{f_{\boldsymbol{X}}(\boldsymbol{x},\theta)}\}^2 d\boldsymbol{x}$

$\qquad = -\mathrm{E}_\theta[\{(\partial/\partial\theta)\log f_{\boldsymbol{X}}(\boldsymbol{X},\theta)\}^2].$

(ii) $I_{\boldsymbol{X}}(\theta) = \mathrm{E}_\theta[\{(\partial/\partial\theta)\log f_{\boldsymbol{X}}(\boldsymbol{X},\theta)\}^2]$

$\qquad = \mathrm{E}_\theta[\{\sum_{i=1}^n (\partial/\partial\theta)\log f_{X_i}(X_i,\theta)\}^2]$

$\qquad = \sum_{i=1}^n \mathrm{E}_\theta[\{(\partial/\partial\theta)\log f_{X_i}(X_i,\theta)\}^2]$

$\qquad + \sum\sum_{i\neq j} \mathrm{E}_\theta[(\partial/\partial\theta)\log f_{X_i}(X_i,\theta)]\cdot\mathrm{E}_\theta[(\partial/\partial\theta)\log f_{X_j}(X_j,\theta)]$

$\qquad = nI_{X_1}(\theta).$ $\qquad\qquad\square$

問 5.4

(1) 次の確率分布のフィッシャー情報量を求めよ.

$\quad$ (i) $\mathrm{B}(n,\theta)$, $\quad$ (ii) $\mathrm{Po}(\theta)$, $\quad$ (iii) $\mathrm{Ex}(\theta)$, $\quad$ (iv) $\mathrm{N}(\theta,1)$, $\quad$ (v) $\mathrm{N}(0,\theta)$.

(2) 一様分布 $\mathrm{U}(0,\theta)$ のフィッシャー情報量は存在しないことを確認せよ.

定理 5.4 （クラメール-ラオの不等式）. 任意の $\hat\theta \in \mathcal{U}_\theta$, 任意の $\theta \in \Theta$ に対して

$$(5.3) \qquad \mathrm{Var}_\theta(\hat\theta(\boldsymbol{X})) \geq \frac{1}{I_{\boldsymbol{X}}(\theta)}$$

が成り立つ.

証明 等式

$$\int_{\mathcal{X}} f_{\boldsymbol{X}}(\boldsymbol{x},\theta)d\boldsymbol{x} = 1, \quad \int_{\mathcal{X}} \hat\theta(\boldsymbol{x})f_{\boldsymbol{X}}(\boldsymbol{x},\theta)d\boldsymbol{x} = \theta$$

の両辺を θ で微分することにより

(5.4)
$$0 = \int_{\mathcal{X}} \frac{\partial}{\partial \theta} f_{\boldsymbol{X}}(\boldsymbol{x}, \theta) d\boldsymbol{x} = \int_{\mathcal{X}} \frac{(\partial/\partial\theta) f_{\boldsymbol{X}}(\boldsymbol{x}, \theta)}{f_{\boldsymbol{X}}(\boldsymbol{x}, \theta)} f_{\boldsymbol{X}}(\boldsymbol{x}, \theta) d\boldsymbol{x}$$
$$= \int_{\mathcal{X}} \Big\{ \frac{\partial}{\partial \theta} \log f_{\boldsymbol{X}}(\boldsymbol{x}, \theta) \Big\} f_{\boldsymbol{X}}(\boldsymbol{x}, \theta) d\boldsymbol{x} = \mathrm{E}_\theta \Big[\frac{\partial}{\partial \theta} \log f_{\boldsymbol{X}}(\boldsymbol{X}, \theta) \Big],$$

(5.5)
$$1 = \int_{\mathcal{X}} \hat{\theta}(\boldsymbol{x}) \frac{\partial}{\partial \theta} f_{\boldsymbol{X}}(\boldsymbol{x}, \theta) d\boldsymbol{x} = \int_{\mathcal{X}} \hat{\theta}(\boldsymbol{x}) \frac{(\partial/\partial\theta) f_{\boldsymbol{X}}(\boldsymbol{x}, \theta)}{f_{\boldsymbol{X}}(\boldsymbol{x}, \theta)} f_{\boldsymbol{X}}(\boldsymbol{x}, \theta) d\boldsymbol{x}$$
$$= \int_{\mathcal{X}} \hat{\theta}(\boldsymbol{x}) \Big\{ \frac{\partial}{\partial \theta} \log f_{\boldsymbol{X}}(\boldsymbol{x}, \theta) \Big\} f_{\boldsymbol{X}}(\boldsymbol{x}, \theta) d\boldsymbol{x} = \mathrm{E}_\theta \Big[\hat{\theta}(\boldsymbol{X}) \frac{\partial}{\partial \theta} \log f_{\boldsymbol{X}}(\boldsymbol{X}, \theta) \Big]$$

を得る. (5.4), (5.5) より

$$\mathrm{E}_\theta \Big[(\hat{\theta}(\boldsymbol{x}) - \theta) \Big\{ \frac{\partial}{\partial \theta} \log f_{\boldsymbol{X}}(\boldsymbol{x}, \theta) \Big\} \Big] = 1$$

となり, シュワルツの不等式 (命題 9.3) より

$$1 = \Big\{ \mathrm{E}_\theta \Big[(\hat{\theta}(\boldsymbol{X}) - \theta) \frac{\partial}{\partial \theta} \log f_{\boldsymbol{X}}(\boldsymbol{X}, \theta) \Big] \Big\}^2$$
$$\leq \mathrm{E}_\theta \Big[(\hat{\theta}(\boldsymbol{X}) - \theta)^2 \Big] \mathrm{E}_\theta \Big[\Big\{ \frac{\partial}{\partial \theta} \log f_{\boldsymbol{X}}(\boldsymbol{X}, \theta) \Big\}^2 \Big] = \mathrm{Var}_\theta(\hat{\theta}(\boldsymbol{X})) I_{\boldsymbol{X}}(\theta)$$

を得る. よって

$$\mathrm{Var}_\theta(\hat{\theta}(\boldsymbol{X})) \geq \frac{1}{I_{\boldsymbol{X}}(\theta)}$$

が成り立つことがわかる. □

系 5.1　特に $\boldsymbol{X}$ が無作為標本のとき, 任意の $\hat{\theta} \in \mathcal{U}_\theta$, 任意の $\theta \in \Theta$ に対して

$$\mathrm{Var}_\theta(\hat{\theta}(\boldsymbol{X})) \geq \frac{1}{nI_{X_1}(\theta)}$$

が成り立つ.

証明　定理 5.4 において, (5.3) の右辺は命題 5.3 (2) より, $1/nI_{X_1}(\theta)$ となることから従う. □

定義 5.6

(i) (5.3) の右辺を**クラメール-ラオの下限**という.

(ii) (5.3) においてすべての $\theta \in \Theta$ に対して等式が成り立つような $\hat{\theta} \in \mathcal{U}_\theta$ が存在すれば,それを θ の**有効推定量**という.

例 5.9 $(X_1, \ldots, X_n)'$ をベルヌーイ分布 $\mathrm{B}(p)$ からの無作為標本とする.ただし,$0 < p < 1$ である.このとき,X_1 の確率関数は

$$f_{X_1}(x, p) = \begin{cases} p^x(1-p)^{1-x} & (x = 0, 1), \\ 0 & (その他) \end{cases}$$

であるので,$x = 0, 1$ に対して

$$\frac{\partial}{\partial p} \log f_{X_1}(x, p) = \frac{x - p}{p(1-p)}$$

となり,

$$I_{X_1}(p) = \mathrm{E}_p\left[\left\{\frac{X_1 - p}{p(1-p)}\right\}^2\right] = \frac{1}{p^2(1-p)^2}\mathrm{Var}_p(X_1) = \frac{1}{p(1-p)}$$

を得る.すなわち,クラメール-ラオの下限は $p(1-p)/n$ となる.一方,$\bar{X}$ は p の不偏推定量であり,$\mathrm{Var}_p(\bar{X}) = p(1-p)/n$ であった.すなわち,$\bar{X}$ は p の有効推定量であることがわかる.

問 5.5 $(X_1, \ldots, X_n)'$ をポアソン分布 $\mathrm{Po}(\lambda)$ からの無作為標本とする.ただし,$\lambda \in \mathbb{R}_+$ とする.このとき,$\bar{X}$ は,λ の有効推定量であることを示せ.

問 5.6 $(X_1, \ldots, X_n)'$ を指数分布 $\mathrm{Ex}(\lambda)$ からの無作為標本とする.ただし,$\lambda \in \mathbb{R}_+$ とする.このとき,$\bar{X}$ は,λ の有効推定量であることを示せ.

章末問題 5

5.1 $(X_1, \ldots, X_n)'$ を正規分布 $\mathrm{N}(\mu, \sigma^2)$ からの無作為標本とする.ただし,$(\mu, \sigma) \in \mathbb{R} \times \mathbb{R}_+$ は未知とする.

   (1) U^2 の分散を求めよ.

   (2) U^2 は σ^2 の一致推定量であることを示せ.

   (3) $\bar{X}U^2$ は $\mu\sigma^2$ の不偏かつ一致推定量であることを示せ.

5.2 $(X_1,\ldots,X_n)'$ を一様分布 $\mathrm{U}(0,\theta)$ からの無作為標本とする. ただし, $\theta \in \mathbb{R}_+$ は未知とする.

   (1) $X_{(n)}$ の確率密度関数を求めよ.

   (2) $R_\theta(a) = \mathrm{E}_\theta[(aX_{(n)} - \theta)^2]$ を求めよ. ただし, a は定数とする.

   (3) $R_\theta(a)$ を最小にする a の値 a_0, 及びその最小値を求めよ.

5.3 $(X_1,\ldots,X_n)'$ を正規分布 $\mathrm{N}(\theta,1)$ からの無作為標本とする. ただし, $\theta \in \mathbb{R}$ は未知とする.

   (1) $\bar{X}^2 + c$ が θ^2 の不偏推定量となるような c の値 c_0 を求めよ.

   (2) $\mathrm{Var}(\bar{X}^2 + c_0)$ を求めよ.

   (3) $\bar{X}^2 + c_0$ は θ^2 の一致推定量であることを示せ.

5.4 $(X_1,\ldots,X_n)'$ を指数分布 $\mathrm{Ex}(\theta)$ からの無作為標本とする. ただし, $\theta \in \mathbb{R}_+$ は未知とする. $X_1,\ldots,X_n$ の線形関数の全体 $\mathcal{T} = \{\sum_{i=1}^n a_i X_i : a_1,\ldots,a_n \in \mathbb{R}\}$ を θ の推定量のクラスとする.

   (1) $\mathcal{S} \subset \mathcal{T}$ を満たす θ の不偏推定量のクラス $\mathcal{S}$ を求めよ.

   (2) $\mathcal{S}$ の中で $\mathrm{E}_\theta[(\hat{\theta} - \theta)^2]$ を最小とする推定量 $\hat{\theta} \in \mathcal{S}$ を求めよ.

5.5 $(X_1,\ldots,X_n)'$ を正規分布 $\mathrm{N}(\mu,\sigma^2)$ からの無作為標本とする. ただし, $(\mu,\sigma) \in \mathbb{R} \times \mathbb{R}_+$ は未知とする.

   (1) $\mathrm{E}(\bar{X}^3)$ を求めよ.

   (2) (1) を利用して μ^3 の不偏推定量を求めよ.

5.6 $(X_1,\ldots,X_n)'$ を確率密度関数が

$$(5.6) \qquad f_X(x,\theta) = \frac{1}{2}e^{-|x-\theta|} \quad (x \in \mathbb{R})$$

である母集団分布からの無作為標本とする[脚注5.2]. ただし, $\theta \in \mathbb{R}$ は未知とする.

(1) θ の尤度関数を求めよ.

(2) $n = 2k - 1 \ (k \in \mathbb{N})$ のとき, θ の最尤推定量を求めよ.

(3) $n = 2k \ (k \in \mathbb{N})$ のとき, θ の最尤推定量を求めよ.

[脚注5.2] (5.6) のような関数を確率密度関数としてもつ確率分布を両側指数分布という. より一般には $f(x) = (1/2\sigma)e^{-|x-\mu|/\sigma} \ (x \in \mathbb{R}; (\mu, \sigma) \in \mathbb{R} \times \mathbb{R}_+)$ を確率密度関数としてもつ確率分布を**両側指数分布** といい, $\mathrm{TSE}(\mu, \sigma)$ と表すことがある.

第 **6** 章

区間推定

前章において講じた点推定では，標本から求めた推定値が未知母数に一致する確率は（確率変数が連続型の場合）限りなく 0 に近い．すなわち，当てはまりの良さを確率を用いて推定量の良し悪しを議論することはできないのである．確率を用いることにより当てはまりの良さの良し悪しを議論するためには，少し幅をもたせるしかない．本章では，区間推定の方法を講じる．

■ 6.1 正規分布の下での区間推定

正規分布は，多くのデータに対して仮定される確率分布であり基本的である．本節では，正規分布からの無作為標本に基づく区間推定を 1 標本問題と 2 標本問題に分けて概説する．

6.1.1 1 標本問題

本節では $\boldsymbol{X} = (X_1, \ldots, X_n)'$ を正規分布 $\mathrm{N}(\mu, \sigma^2)$ からの無作為標本とし，母平均 μ，母分散 σ^2 の信頼区間を考える．ただし，$(\mu, \sigma^2) \in \mathbb{R} \times \mathbb{R}_+$ とする．

はじめに，母分散 σ^2 が既知のとき，母平均 μ の信頼区間を考える．

$$Z := (\bar{X} - \mu)\frac{\sqrt{n}}{\sigma}$$

とおくと，定理 3.5, 命題 3.12 より，Z は標準正規分布 $\mathrm{N}(0, 1)$ に従い，μ に関する枢軸量であることがわかる．ここで，$a < Z < b \Leftrightarrow \bar{X} - b\sigma/\sqrt{n} < \mu < \bar{X} - a\sigma/\sqrt{n}$ であるから，信頼区間の幅は $(b - a)\sigma/\sqrt{n}$ で与えられる．命題 4.1 より $b - a$ を最小にする $(a, b) \in \{(a, b) : \int_a^b \phi(x)dx = 1 - \alpha\}$ は $a = -z(\alpha/2)$, $b = z(\alpha/2)$

で与えられる．以上のことをまとめることにより，次の定理を得る．

定理 6.1　母分散 σ^2 が既知のとき，

$$(6.1) \qquad \left(\bar{X} - \frac{\sigma}{\sqrt{n}} z(\alpha/2), \bar{X} + \frac{\sigma}{\sqrt{n}} z(\alpha/2) \right)$$

は母平均 μ の信頼係数 $1 - \alpha$ の相似な信頼区間である．

例 6.1　ある測定を 16 回行なったところ，標本平均 $\bar{x} = 2.7$ を得た．ただし，各測定値は正規分布 $\mathrm{N}(\mu, 4)$ に従っているとする．このとき，μ の 95% 信頼区間を，定理 6.1 を用いて求める．数表 2 より，$z(0.025) = 1.96$ であるので，

$$2.7 \mp \frac{2}{4} \cdot 1.96 = 1.72, \ 3.68$$

となり，μ の 95% 信頼区間 $(1.72, 3.68)$ を得る．

　信頼区間の幅は狭いほどその精度が良いことを意味する．標本をとる前に信頼区間の幅の目標値を定め，標本の大きさを事前に知っておくことは実際問題としては重要である．

命題 6.1　信頼区間 (6.1) の幅を H 以下にするための必要かつ十分な標本の大きさ n は

$$n \geq 4 \frac{\sigma^2}{H^2} z^2(\alpha/2)$$

を満足する最小の自然数である．

証明　信頼区間 (6.1) の幅は $2\sigma z(\alpha/2)/\sqrt{n}$ であるので，$2\sigma z(\alpha/2)/\sqrt{n} \leq H$ を n について解けばよい． $\qquad\qquad\qquad\qquad\qquad\qquad\square$

例 6.2　正規分布 $\mathrm{N}(\mu, 4)$ からの無作為標本に基づいて，μ の 95% 信頼区間の幅を 0.1 以下にするために必要かつ十分な標本の大きさを，命題 6.1 を用いて求める．$z(0.025) = 1.96$ であるので，$4 \cdot (4/0.1^2) \cdot 1.96^2 = 6146.56$ となり，必要かつ十分な標本の大きさは 6147 である．

　次に，母分散 σ^2 が未知のとき，母平均 μ の信頼区間を考える．

$$Z := \frac{\sqrt{n}}{\sigma}(\bar{X} - \mu), \quad Y := (n-1)\frac{U^2}{\sigma^2}$$

とおくと, 定理 3.5, 命題 3.12 より, Z, Y は独立にそれぞれ標準正規分布 $\mathrm{N}(0,1)$, カイ 2 乗分布 χ^2_{n-1} に従う. さらに,

$$T := \frac{Z}{\sqrt{Y/(n-1)}}$$

は定義 3.13 より t 分布 t_{n-1} に従い, μ に関する枢軸量であることがわかる. ここで, $a < T < b \Leftrightarrow \bar{X} - bU/\sqrt{n} < \mu < \bar{X} - aU/\sqrt{n}$ であるから, 信頼区間の幅は $(b-a)U/\sqrt{n}$ で与えられる. 定理 6.1 と同じ議論により, 次の定理を得る.

定理 6.2　母分散 σ^2 が未知のとき,

$$(6.2) \qquad \left(\bar{X} - \frac{U}{\sqrt{n}}\mathrm{t}_{n-1}(\alpha/2), \bar{X} + \frac{U}{\sqrt{n}}\mathrm{t}_{n-1}(\alpha/2) \right)$$

は母平均 μ の信頼係数 $1 - \alpha$ の相似な信頼区間である.

例 6.3　ある測定を 16 回行なったところ, 標本平均 $\bar{x} = 2.7$, 不偏分散 $u^2 = 2.2^2$ を得た. ただし, 各測定値は正規分布 $\mathrm{N}(\mu, \sigma^2)$ (σ^2 は未知) に従っているとする. このとき, μ の 95% 信頼区間を, 定理 6.2 を用いて (小数第 2 位まで) 求める. 数表 3 より, $\mathrm{t}_{15}(0.025) = 2.131$ であるので,

$$2.7 \mp \frac{2.2}{4} \cdot 2.131 = 1.527\cdots, \ 3.872\cdots \fallingdotseq 1.53, \ 3.87$$

となり, μ の 95% 信頼区間 $(1.53, 3.87)$ を得る.

次に, 母平均 μ が未知のとき, 母分散 σ^2 の信頼区間を考える.

$$Y := (n-1)\frac{U^2}{\sigma^2}$$

とおくと, 定理 3.5 より, Y はカイ 2 乗分布 χ^2_{n-1} に従い, σ^2 に関する枢軸量であることがわかる. ここで, $a < Y < b \Leftrightarrow (n-1)U^2/b < \sigma^2 < (n-1)U^2/a$ であるから, 信頼区間の幅は

(6.3)
$$\left(\frac{1}{a} - \frac{1}{b} \right)(n-1)U^2$$

で与えられる．本来ならば，これを最小にする a, b を考えることになるが，これは一般には難しい．ここでは簡便な方法として，$a = \chi^2_{n-1}(1 - \alpha/2)$, $b = \chi^2_{n-1}(\alpha/2)$ として次の定理を得る[脚注 6.1]．

定理 6.3　母平均 μ が未知のとき，

$$\left(\frac{n-1}{\chi^2_{n-1}(\alpha/2)}U^2, \frac{n-1}{\chi^2_{n-1}(1-\alpha/2)}U^2 \right)$$

は母分散 σ^2 の信頼係数 $1 - \alpha$ の相似な信頼区間である．

例 6.4　ある測定を 16 回行なったところ，不偏分散 $u^2 = 2.2^2$ を得た．ただし，各測定値は正規分布 $N(\mu, \sigma^2)$ (μ は未知) に従っているとする．このとき，σ^2 の 95% 信頼区間を，定理 6.3 を用いて (小数第 2 位まで) 求める．数表 4 より，$\chi^2_{15}(0.025) = 27.488$, $\chi^2_{15}(0.975) = 6.262$ であるので，

$$\frac{15}{27.488} \cdot 2.2^2 = 2.641 \cdots \fallingdotseq 2.64, \quad \frac{15}{6.262} \cdot 2.2^2 = 11.593 \cdots \fallingdotseq 11.59$$

となり，σ^2 の 95% 信頼区間 $(2.64, 11.59)$ を得る．

6.1.2　2 標本問題

本節では，$\boldsymbol{X}_i = (X_{i1}, \ldots, X_{in_i})'$ ($i = 1, 2$) を正規分布 $N(\mu_i, \sigma_i^2)$ からの無作為標本とする．ただし，$(\mu_i, \sigma_i^2)' \in \mathbb{R} \times \mathbb{R}_+$ であり，X_{ij} ($i = 1, 2; j = 1, 2, \ldots, n_i$) は互いに独立とする．また，

$$\bar{X}_i := \frac{1}{n_i} \sum_{j=1}^{n_i} X_{ij}, \quad U_i^2 := \frac{1}{n_i - 1} \sum_{j=1}^{n_i} (X_{ij} - \bar{X}_i)^2 \quad (i = 1, 2)$$

とおく．このような設定の下，母平均の差 $\mu_1 - \mu_2$ と母分散の比 σ_1^2/σ_2^2 の信頼区間を考える．

はじめに，σ_1^2, σ_2^2 が既知のとき，母平均の差 $\mu_1 - \mu_2$ の信頼区間を考える．

[脚注 6.1] (6.3) を最小にする方法については，例えば [1] 参照．

$$Z := \frac{(\bar{X}_1 - \bar{X}_2) - (\mu_1 - \mu_2)}{\sigma}, \quad \sigma^2 = \frac{\sigma_1^2}{n_1} + \frac{\sigma_2^2}{n_2}$$

とおくと，定理 3.5 (i), 命題 3.12 より, Z は標準正規分布 $\mathrm{N}(0,1)$ に従い, $\mu_1 - \mu_2$ に関する枢軸量であることがわかる．ここで, $a < Z < b \Leftrightarrow \bar{X}_1 - \bar{X}_2 - b\sigma < \mu_1 - \mu_2 < \bar{X}_1 - \bar{X}_2 - a\sigma$ であるから，信頼区間の幅は $(b-a)\sigma$ で与えられる．定理 6.1 の導出と同様にして，次の定理を得る．

定理 6.4　母分散 σ_1^2, σ_2^2 が既知のとき,

$$\left(\bar{X}_1 - \bar{X}_2 - z(\alpha/2)\sqrt{\frac{\sigma_1^2}{n_1} + \frac{\sigma_2^2}{n_2}}, \bar{X}_1 - \bar{X}_2 + z(\alpha/2)\sqrt{\frac{\sigma_1^2}{n_1} + \frac{\sigma_2^2}{n_2}} \right)$$

は母平均の差 $\mu_1 - \mu_2$ の信頼係数 $1 - \alpha$ の相似な信頼区間である．

例 6.5　測定 1 を 50 回, 測定 2 を 25 回行なったところ，標本平均 $\bar{x}_1 = 2.4$, $\bar{x}_2 = 2.0$ を得た．ただし，測定 1, 測定 2 での各測定値はそれぞれ正規分布 $\mathrm{N}(\mu_1, 4.5)$, $\mathrm{N}(\mu_2, 4)$ に従っているとする．このとき, $\mu_1 - \mu_2$ の 95% 信頼区間を，定理 6.4 を用いて求める．$z(0.025) = 1.96$ であるので,

$$2.4 - 2.0 \mp 1.96 \cdot \sqrt{\frac{4.5}{50} + \frac{4}{4.5}} = -0.09,\ 0.89$$

となり, $\mu_1 - \mu_2$ の 95% 信頼区間 $(-0.09, 0.89)$ を得る．

次に，母分散 $\sigma^2 := \sigma_1^2 = \sigma_2^2$ が未知のとき，母平均の差 $\mu_1 - \mu_2$ の信頼区間を考える．

$$Z := \frac{(\bar{X}_1 - \bar{X}_2) - (\mu_1 - \mu_2)}{\sigma\sqrt{(1/n_1) + (1/n_2)}}, \quad Y := (n_1 + n_2 - 2)\frac{U^2}{\sigma^2},$$

(6.4) $\qquad U^2 := \frac{1}{n_1 + n_2 - 2}\{(n_1 - 1)U_1^2 + (n_2 - 1)U_2^2\}$

とおくと，定理 3.5 より, Z, Y は独立にそれぞれ標準正規分布 $\mathrm{N}(0,1)$, カイ 2 乗分布 $\chi_{n_1+n_2-2}^2$ に従う．さらに,

$$T := \frac{Z}{\sqrt{Y/(n_1 + n_2 - 2)}}$$

は定義 3.13 より，t 分布 $\mathrm{t}_{n_1+n_2-2}$ に従い，$\mu_1 - \mu_2$ に関する枢軸量であることがわかる．ここで，$a < T < b \Leftrightarrow \bar{X}_1 - \bar{X}_2 - bU\sqrt{(1/n_1) + (1/n_2)} < \mu_1 - \mu_2 < \bar{X}_1 - \bar{X}_2 - aU\sqrt{(1/n_1) + (1/n_2)}$ であるから，信頼区間の幅は $(b - a)U\sqrt{(1/n_1) + (1/n_2)}$ で与えられる．定理 6.1 と同じ議論により，次の定理を得る．

定理 6.5　母分散 $\sigma_1^2 = \sigma_2^2$ が未知のとき，

$$\left(\bar{X}_1 - \bar{X}_2 - \mathrm{t}_{n_1+n_2-2}(\alpha/2)U\sqrt{\frac{1}{n_1} + \frac{1}{n_2}}, \right.$$

$$\left. \bar{X}_1 - \bar{X}_2 + \mathrm{t}_{n_1+n_2-2}(\alpha/2)U\sqrt{\frac{1}{n_1} + \frac{1}{n_2}} \right)$$

は母平均の差 $\mu_1 - \mu_2$ の信頼係数 $1 - \alpha$ の相似な信頼区間である．

例 6.6　測定 1 を 25 回，測定 2 を 20 回行なったところ，標本平均 $\bar{x}_1 = 2.7$，$\bar{x}_2 = 2.0$，不偏分散 $u_1^2 = 1.2$，$u_2^2 = 0.8$ を得た．ただし，測定 1，測定 2 での各測定値はそれぞれ正規分布 $\mathrm{N}(\mu_1, \sigma_1^2)$，$\mathrm{N}(\mu_2, \sigma_2^2)$（$\sigma_1^2, \sigma_2^2$ は未知）に従っているとする．このとき，$\mu_1 - \mu_2$ の 95% 信頼区間を，定理 6.5 を用いて（小数第 2 位まで）求める．t 分布の自由度に線型補間 (3.13) を適用する．数表 3 より，$\mathrm{t}_{40}(0.025) = 2.021$，$\mathrm{t}_{50}(0.025) = 2.009$ が得られ，$p = (50 - 43)/(50 - 40) = 0.7$ より，$\mathrm{t}_{43}(0.025) \fallingdotseq 0.7 \cdot 2.021 + 0.3 \cdot 2.009 = 2.0174$ と近似できる．また，(6.4) の実現値は $u^2 = 44/43$ であるので，

$$2.7 - 2.0 \mp 2.0174 \cdot \sqrt{\frac{44}{43}} \cdot \sqrt{\frac{1}{25} + \frac{1}{20}} = 0.087\cdots, \ 1.312\cdots \fallingdotseq 0.09, 1.31$$

となり，$\mu_1 - \mu_2$ の 95% 信頼区間 $(0.09, 1.31)$ を得る．

次に，母平均 μ_1, μ_2 が未知のとき，母分散の比 σ_1^2/σ_2^2 の信頼区間を考える．定理 3.5 (ii) より，$(n_1 - 1)U_1^2/\sigma_1^2$，$(n_2 - 1)U_2^2/\sigma_2^2$ は独立にそれぞれカイ 2 乗分布 $\chi_{n_1-1}^2$，$\chi_{n_2-1}^2$ に従う．さらに，

$$F := \frac{U_1^2/\sigma_1^2}{U_2^2/\sigma_2^2}$$

は定義 3.15 より，F 分布 $\mathrm{F}_{n_2-1}^{n_1-1}$ に従い，σ_1^2/σ_2^2 に関する枢軸量であることが

わかる．ここで，$a < F < b \Leftrightarrow U_1^2/bU_2^2 < \sigma_1^2/\sigma_2^2 < U_1^2/aU_2^2$ であるから，信頼区間の幅は

$$\left(\frac{1}{a} - \frac{1}{b}\right) \frac{U_1^2}{U_2^2}$$

で与えられる．本来ならば，これを最小にする a, b を考えることになるが，これは一般には難しい．ここでは簡便な方法として，$a = \mathrm{F}_{n_2-1}^{n_1-1}(1 - \alpha/2)$，$b = \mathrm{F}_{n_2-1}^{n_1-1}(\alpha/2)$ として次の定理を得る．

定理 6.6　　母平均 μ_1, μ_2 が未知のとき，

$$\left(\frac{1}{\mathrm{F}_{n_2-1}^{n_1-1}(\alpha/2)} \frac{U_1^2}{U_2^2}, \frac{1}{\mathrm{F}_{n_2-1}^{n_1-1}(1 - \alpha/2)} \frac{U_1^2}{U_2^2}\right)$$

は母分散の比 σ_1^2/σ_2^2 の信頼係数 $1 - \alpha$ の相似な信頼区間である．

■ 6.2　2 項分布の下での区間推定

数理統計学において最も基本的な確率分布は 2 項分布と正規分布であり，それらに対する漸近法則としてド・モアブル-ラプラスの定理（系 3.4 参照）がある．2 項分布は中心極限定理により，標準正規分布に法則収束する．本節では 6.1 節と同様に，1 標本問題と 2 標本問題に分けて 2 項分布における区間推定を概説する．

6.2.1　1 標本問題

本節では $\boldsymbol{X} = (X_1, \ldots, X_n)'$ をベルヌーイ分布 $\mathrm{B}(p)$ からの無作為標本とする．ただし，$0 < p < 1$ は未知である．このとき，母比率 p の信頼区間を考える．$q = 1 - p$ とすると，中心極限定理（定理 3.15），スラツキーの定理（定理 3.12）より

$$Z := \frac{\sqrt{n}(\bar{X} - p)}{\sqrt{\bar{X}(1 - \bar{X})}} \xrightarrow{\mathcal{L}} \mathrm{N}(0, 1)$$

となる．すなわち，Z は漸近的に p に関する枢軸量であることがわかる．ここで，$a < Z < b \Leftrightarrow \bar{X} - b\sqrt{\bar{X}(1 - \bar{X})/n} < p < \bar{X} - a\sqrt{\bar{X}(1 - \bar{X})/n}$ である

から，信頼区間の幅は $(b-a)\sqrt{\bar{X}(1-\bar{X})/n}$ で与えられる．定理 6.1 の導出と同様にして，次の定理を得る．

定理 6.7 n が十分大きいとき，

$$(6.5) \qquad \left(\bar{X} - z(\alpha/2)\sqrt{\frac{\bar{X}(1-\bar{X})}{n}}, \ \bar{X} + z(\alpha/2)\sqrt{\frac{\bar{X}(1-\bar{X})}{n}} \right)$$

は母比率 p の信頼係数 $1-\alpha$ の漸近的に相似な信頼区間である．

例 6.7 ベルヌーイ試行を 100 回行なったところ，標本平均 $\bar{x} = 0.64$ を得た．このとき，母比率 p の 95% 信頼区間を，定理 6.7 を用いて（小数第 2 位まで）求める．$z(0.025) = 1.96$ であるので，

$$0.64 \mp 1.96 \cdot \sqrt{\frac{0.64 \cdot 0.36}{100}} = 0.545\cdots, \ 0.734\cdots \fallingdotseq 0.55, \ 0.73$$

となり，p の 95% 信頼区間 $(0.55, 0.73)$ を得る．

命題 6.1 と同様に標本を得る前に信頼区間の幅の目標値を定め，標本の大きさについて事前に知っておくことは重要である．

命題 6.2 信頼区間 (6.5) の幅を H 以下にするために十分な標本の大きさ n は

$$n \geq \left(\frac{z(\alpha/2)}{H} \right)^2$$

を満足する最小の自然数である．

証明 $f(x) = x(1-x) \leq 1/4 \ (0 \leq x \leq 1)$ であるから，信頼区間 (6.5) の幅は $2\{z(\alpha/2)/\sqrt{n}\}\sqrt{\bar{X}(1-\bar{X})} \leq z(\alpha/2)/\sqrt{n}$ となる．そこで，$z(\alpha/2)/\sqrt{n} \leq H$ を n について解けばよい． $\qquad\qquad\square$

例 6.8 ベルヌーイ試行を行い，母比率 p の漸近的な 95% 信頼区間の幅を 0.05 以下にするために十分な標本の大きさを，命題 6.2 を用いて求める．$z(0.025) = 1.96$ であるので，$(1.96/0.05)^2 = 1536.64$ となり，十分な標本の大きさは 1537 である．

6.2.2　2 標本問題

本項では $\boldsymbol{X}_i = (X_{i1}, \ldots, X_{in_i})'$ $(i = 1, 2)$ をベルヌーイ分布 $\mathrm{B}(p_i)$ からの無作為標本とする．ただし，$0 < p_i < 1$ は未知であり，X_{ij} $(i = 1, 2; j = 1, 2, \ldots, n_i)$ は互いに独立とする．このとき，母比率の差 $p_1 - p_2$ の信頼区間を考える．はじめに，

$$Z := \frac{(\bar{X}_1 - p_1) - (\bar{X}_2 - p_2)}{g(\bar{X}_1, \bar{X}_2)}, \quad g(x_1, x_2) := \sqrt{\frac{x_1(1 - x_1)}{n_1} + \frac{x_2(1 - x_2)}{n_2}}$$

とおく．

補題 6.1

$$Z \xrightarrow{\mathcal{L}} \mathrm{N}(0, 1) \quad (n_1, n_2 \longrightarrow \infty)$$

が成り立つ．

証明

$$W := \frac{(\bar{X}_1 - p_1) - (\bar{X}_2 - p_2)}{g(p_1, p_2)}, \quad W_i := \frac{\bar{X}_i - p_i}{\sqrt{p_i(1 - p_i)/n_i}} \quad (i = 1, 2)$$

とおくと，系 3.4 より

$$W_i \xrightarrow{\mathcal{L}} \mathrm{N}(0, 1) \quad (n_i \longrightarrow \infty)$$

となる．したがって，W_i の積率母関数は

$$\mathrm{M}_{W_i}(s) = \mathrm{E}(e^{sW_i}) = e^{s^2/2} + o(1) \quad (n_i \longrightarrow \infty)$$

となる．また，

$$a_i := \frac{\sqrt{p_i(1 - p_i)/n_i}}{g(p_1, p_2)} \quad (i = 1, 2)$$

とおくと，

$$W = a_1 W_1 - a_2 W_2$$

と表される．よって，W の積率母関数は

$$M_W(t) = E(e^{tW}) = E(\exp\{ta_1 W_1\})E(\exp\{-ta_2 W_2\})$$

$$= [\exp\{t^2 a_1^2/2\} + o(1)][\exp\{t^2 a_2^2/2\} + o(1)]$$

$$= \exp\{t^2(a_1^2 + a_2^2)/2\} + o(1) = e^{t^2/2} + o(1) \longrightarrow e^{t^2/2} \quad (n_1, n_2 \longrightarrow \infty)$$

となる. $e^{t^2/2}$ は標準正規分布 $N(0,1)$ の積率母関数であるので, 定理 3.14 より, $W \xrightarrow{\mathcal{L}} N(0,1)$ を得る. さらに,

$$Z = W \frac{g(p_1, p_2)}{g(\bar{X}_1, \bar{X}_2)}$$

であり, $\bar{X}_i = p_i + o_p(1)$ であるので, $Z \xrightarrow{\mathcal{L}} N(0,1) \ (n_1, n_2 \longrightarrow \infty)$ を得る. □

補題 6.1 より, Z は漸近的に $p_1 - p_2$ に関する枢軸量であることがわかる. ここで, $a < Z < b \Leftrightarrow (\bar{X}_1 - \bar{X}_2) - b\,g(\bar{X}_1, \bar{X}_2) < p_1 - p_2 < (\bar{X}_1 - \bar{X}_2) - a\,g(\bar{X}_1, \bar{X}_2)$ であるから, 信頼区間の幅は $(b-a)g(\bar{X}_1, \bar{X}_2)$ で与えられる. 定理 6.1 の導出と同様にして, 次の定理を得る.

定理 6.8　n_1, n_2 が十分大きいとき,

$$(6.6) \quad \left(\bar{X}_1 - \bar{X}_2 - z(\alpha/2)\sqrt{\frac{\bar{X}_1(1-\bar{X}_1)}{n_1} + \frac{\bar{X}_2(1-\bar{X}_2)}{n_2}}, \right.$$

$$\left. \bar{X}_1 - \bar{X}_2 + z(\alpha/2)\sqrt{\frac{\bar{X}_1(1-\bar{X}_1)}{n_1} + \frac{\bar{X}_2(1-\bar{X}_2)}{n_2}} \right)$$

は母比率の差 $p_1 - p_2$ の信頼係数 $1 - \alpha$ の漸近的に相似な信頼区間である.

例 6.9　ベルヌーイ試行を 100 回行なったところ, 標本平均 $\bar{x}_1 = 0.64$ を得た. また, 別のベルヌーイ試行を 200 回行なったところ, 標本平均 $\bar{x}_2 = 0.50$ を得た. このとき, 母比率の差 $p_1 - p_2$ の 95% 信頼区間を, 定理 6.8 を用いて (小数第 2 位まで) 求める. $z(0.025) = 1.96$ であるので,

$$0.64 - 0.50 \mp 1.96\sqrt{\frac{0.64 \cdot 0.36}{100} + \frac{0.5 \cdot 0.5}{200}} = 0.023\cdots, \ 0.256\cdots \fallingdotseq 0.02, \ 0.26$$

となり, $p_1 - p_2$ の 95% 信頼区間 $(0.02, 0.26)$ を得る.

章末問題 6

6.1 信頼区間 (6.1) の幅について，以下のことを確認せよ．

(1) α, σ を固定したとき，n について単調減少である．

(2) n, α を固定したとき，σ について単調増加である．

(3) n, σ を固定したとき，α について単調減少である．

6.2 定理 6.1 において (6.1) は信頼区間のクラス $\mathcal{C} := \{(\bar{X} + \sigma a/\sqrt{n}, \bar{X} + \sigma b/\sqrt{n}) : a < b\}$ の中で区間幅を最短にすることを示せ．

6.3 定理 6.3 において，σ の信頼係数 $1 - \alpha$ の信頼区間は

$$\left(\sqrt{\frac{n-1}{\chi^2_{n-1}(\alpha/2)}} U, \sqrt{\frac{n-1}{\chi^2_{n-1}(1-\alpha/2)}} U \right)$$

となることを示せ．

6.4 (1) 定理 6.7 において，$Z' = \sqrt{n}(\bar{X} - p)/p(1-p)$ は漸近的に p に関する枢軸量であることを示せ．

(2) Z' を用いた p の信頼係数 $1 - \alpha$ の相似な信頼区間は

(6.7)
$$\frac{1}{1 + z^2(\alpha/2)/n} \left\{ \bar{X} + \frac{z^2(\alpha/2)}{2n} \pm z(\alpha/2) \sqrt{\frac{\bar{X}(1-\bar{X})}{n} + \frac{z^2(\alpha/2)}{4n^2}} \right\}$$

となることを確認せよ．

(3) (6.7) の境界の値は

$$\bar{X} \pm z(\alpha/2) \sqrt{\frac{\bar{X}(1-\bar{X})}{n}} + o_p(1/\sqrt{n}) \quad (n \to \infty)$$

を満たすことを確認せよ．

6.5 $(X_1, \ldots, X_n)'$ を一様分布 $\mathrm{U}(0, \theta)$ からの無作為標本とする．ただし，$\theta \in \mathbb{R}_+$ は未知とする．また，$Y = X_{(n)}/\theta, 0 < \alpha < 1$ とし，y_1, y_2 は $0 < y_1 < y_2 \le 1, \mathrm{P}(y_1 < Y < y_2) = 1 - \alpha$ を満たすとする．

(1) Y の確率密度関数を求めよ.

(2) $y_2^n - y_1^n = 1 - \alpha$ を示せ.

(3) 区間 (y_1, y_2) の幅を最小にする y_1, y_2 を求めよ.

(4) θ の信頼係数 $1 - \alpha$ の信頼区間として $(aX_{(n)}, bX_{(n)})$ の形を考える. 区間の幅が最小になる信頼区間を求めよ.

第 **7** 章

正規分布の下での仮説検定

　第 5 章，第 6 章では，未知母数を推定するために推定量を定義し，それらの基本的性質について講じた．本章では，未知母数に関する仮説に対して，統計的に判断を下す仮説検定について講じる．標本の大きさが十分大きいならば，中心極限定理により，母集団分布に正規分布を仮定しても差し支えない場合が多い．正規母集団が 1 つ，または，2 つの場合に分けて，仮説検定法について概説する．

■ 7.1 1 標本問題

　本節では $\boldsymbol{X} = (X_1, \ldots, X_n)'$ を正規分布 $\mathrm{N}(\mu, \sigma^2)$ からの無作為標本とする．ただし，$(\mu, \sigma^2)' \in \mathbb{R} \times \mathbb{R}_+$ とする．

7.1.1 母平均に関する仮説検定（母分散が既知のとき）

　母分散 σ^2 が既知のとき，母平均 μ に関する仮説検定

$$(7.1) \quad \begin{array}{lll} \text{(i)} & \text{帰無仮説 } \mathrm{H}_0 : \mu = \mu_0, & \text{対立仮説 } \mathrm{H}_1 : \mu \neq \mu_0, \\ \text{(ii)} & \text{帰無仮説 } \mathrm{H}_0 : \mu = \mu_0, & \text{対立仮説 } \mathrm{H}_1 : \mu < \mu_0, \\ \text{(iii)} & \text{帰無仮説 } \mathrm{H}_0 : \mu = \mu_0, & \text{対立仮説 } \mathrm{H}_1 : \mu > \mu_0 \end{array}$$

を有意水準 α で考える．定理 3.5 (i)，命題 3.12 (ii) より H_0 の下，

$$Z := \frac{\sqrt{n}}{\sigma}(\bar{X} - \mu_0)$$

は標準正規分布 $\mathrm{N}(0,1)$ に従う．また，$Z_0 := \sqrt{n}(\bar{X} - \mu)/\sigma$ とおくと，Z_0 も

また標準正規分布 N(0,1) に従い,

$$Z = Z_0 + \frac{\sqrt{n}}{\sigma}(\mu - \mu_0)$$

となる. したがって, H_1 の下では (i) $|Z|$ は大きい, (ii) Z は小さい, (iii) Z は大きい値をとる傾向があることがわかる. そこで,

$$(7.2) \qquad
\begin{aligned}
&\text{(i)} \quad W = (-\infty, -z(\alpha/2)] \cup [z(\alpha/2), \infty), \\
&\text{(ii)} \quad W = (-\infty, -z(\alpha)], \\
&\text{(iii)} \quad W = [z(\alpha), \infty)
\end{aligned}$$

とおくと, $P_0(Z \in W) = \alpha$ となることがわかる. 以上のことをまとめることにより, 次の検定法を得る.

検定法 7.1

母分散 σ^2 が既知のとき, 母平均 μ に関する仮説検定 (7.1) を有意水準 α で考える. 検定統計量 Z[脚注 7.1] は

$$Z = \frac{\sqrt{n}}{\sigma}(\bar{X} - \mu_0)$$

となり, 棄却域 W はそれぞれ (7.2) で与えられる.

例 7.1 ある測定を 25 回行なったところ, 標本平均 $\bar{x} = 3.4$ を得た. ただし, 各測定値は正規分布 $N(\mu, 4^2)$ に従っているとする. このとき, 母平均 μ に関する検定

$$\text{帰無仮説 } H_0 : \mu = 5, \qquad \text{対立仮説 } H_1 : \mu \neq 5$$

を, 検定法 7.1 を用いて, 有意水準 $\alpha = 0.05$ で考える. 検定統計量 Z の実現値は

$$z = \frac{\sqrt{25}}{4} \cdot (3.4 - 5) = -2.0$$

[脚注 7.1] 検定統計量が従う確率分布が標準正規分布の場合の検定法を **z 検定**ということがある.

となり，数表 2 より，$z(0.025) = 1.96$ であるので，棄却域は

$$W = (-\infty, -1.96] \cup [1.96, \infty)$$

となる．したがって，$z \in W$ であるので，H_0 は棄却される．すなわち，$\mu \neq 5$ であると判断される．

命題 7.1　検定法 7.1 における検出力関数 γ_W はそれぞれ

(i)　$\gamma_W(\mu) = \Phi(-z(\alpha/2) - \sqrt{n}(\mu - \mu_0)/\sigma)$
$\qquad\qquad +\Phi(-z(\alpha/2) + \sqrt{n}(\mu - \mu_0)/\sigma)$　$(\mu \neq \mu_0)$,

(ii)　$\gamma_W(\mu) = \Phi(-z(\alpha) - \sqrt{n}(\mu - \mu_0)/\sigma)$　$(\mu < \mu_0)$,

(iii)　$\gamma_W(\mu) = \Phi(-z(\alpha) + \sqrt{n}(\mu - \mu_0)/\sigma)$　$(\mu > \mu_0)$

となる（γ_W の概形は図 7.1 参照）．

問 7.1　命題 7.1 を示せ．

　図 7.2 は検定法 7.1 (iii) における α, $P_1(Z \notin W)$, γ_W の関係を表している．曲線 $y = \phi(z)$, $z = z(\alpha)$, z 軸によって囲まれた右側の図形の面積が α となる．一方，曲線 $y = \phi(\sqrt{n}(z - (\mu - \mu_0))/\sigma)$, $z = z(\alpha)$, z 軸によって囲まれた左側の図形の面積が第 2 種の過誤の確率 $P_1(Z \notin W)$ を表す．すなわち，右側の図形の面積が検出力関数 γ_W を表している．$\sqrt{n}(\mu - \mu_0)/\sigma$ が大きいほど，すなわち，$\mu - \mu_0$, n は大きく，σ^2 は小さい方が検定は効果的になされることが分かるだろう．このことは検出力関数 γ_W が大きくなることとも符合する．

問 7.2　検定法 7.1 の設定の下，標本とは無関係に検定統計量 $T = 1$（確率 α）; $= 0$（確率 $1 - \alpha$），及び棄却域 $W' = \{1\}$ を考える．このときの第 1 種の過誤の確率，検出力関数 $\gamma_{W'}$ を求めよ．

7.1.2　母平均に関する仮説検定（母分散が未知のとき）

　母分散 σ^2 が未知のとき，母平均 μ に関する仮説検定

(i)　帰無仮説 $H_0 : \mu = \mu_0$,　　　対立仮説 $H_1 : \mu \neq \mu_0$,

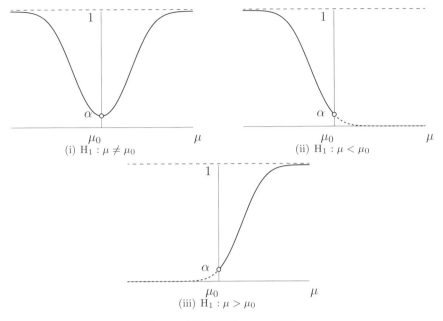

図 **7.1**　検出力関数 γ_W の概形

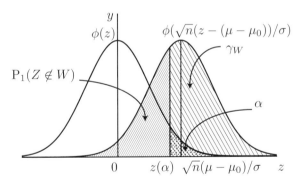

図 **7.2**　検定法 7.1 (iii) における α, $\mathrm{P}_1(Z \not\in W)$, γ_W の関係

$$(7.3) \qquad \text{(ii)　帰無仮説 } \mathrm{H}_0 : \mu = \mu_0, \qquad \text{対立仮説 } \mathrm{H}_1 : \mu < \mu_0,$$

$$\text{(iii)　帰無仮説 } \mathrm{H}_0 : \mu = \mu_0, \qquad \text{対立仮説 } \mathrm{H}_1 : \mu > \mu_0$$

を有意水準 α で考える. 定理 3.5 (iv) より H_0 の下,

$$T := \frac{\sqrt{n}}{U}(\bar{X} - \mu_0)$$

は t 分布 t_{n-1} に従う. また, $T_0 := \sqrt{n}(\bar{X} - \mu)/U$ とおくと, T_0 もまた t 分布 t_{n-1} に従い,

$$T = T_0 + \frac{\sqrt{n}}{U}(\mu - \mu_0)$$

となる. したがって, H_1 の下では (i) $|T|$ は大きい, (ii) T は小さい, (iii) T は大きい値をとる傾向があることがわかる. そこで,

$$
\begin{aligned}
&\text{(i)} \quad W = (-\infty, -\mathrm{t}_{n-1}(\alpha/2)] \cup [\mathrm{t}_{n-1}(\alpha/2), \infty), \\
(7.4) \quad &\text{(ii)} \quad W = (-\infty, -\mathrm{t}_{n-1}(\alpha)], \\
&\text{(iii)} \quad W = [\mathrm{t}_{n-1}(\alpha), \infty)
\end{aligned}
$$

とおくと, $\mathrm{P}_0(T \in W) = \alpha$ となることがわかる. 以上のことをまとめることにより, 次の検定法を得る.

検定法 7.2

> 母分散 σ^2 が未知のとき, 母平均 μ に関する仮説検定 (7.3) を有意水準 α で考える. 検定統計量 T[脚注 7.2] は
>
> $$T = \frac{\sqrt{n}}{U}(\bar{X} - \mu_0)$$
>
> となり, 棄却域 W はそれぞれ (7.4) で与えられる.

例 7.2　ある測定を 25 回行なったところ, 標本平均 $\bar{x} = 3.4$, 不偏分散 $u^2 = 3.2^2$ を得た. ただし, 各測定値は正規分布 $\mathrm{N}(\mu, \sigma^2)$ (σ^2 は未知) に従っているとする. このとき, 母平均 μ に関する検定

$$\text{帰無仮説 } \mathrm{H}_0 : \mu = 5, \qquad \text{対立仮説 } \mathrm{H}_1 : \mu \neq 5$$

を, 検定法 7.2 を用いて, 有意水準 $\alpha = 0.05$ で考える. 検定統計量 T の実現

脚注 7.2 検定統計量が従う確率分布が t 分布の場合の検定法を **t 検定** ということがある

値は

$$t = \frac{\sqrt{25}}{3.2} \cdot (3.4 - 5) = -2.5$$

となり，数表 3 より，$t_{24}(0.025) = 2.064$ であるので，棄却域は

$$W = (-\infty, -2.064] \cup [2.064, \infty)$$

となる．したがって，$t \in W$ であるので，H_0 は棄却される．すなわち，$\mu \neq 5$ であると判断される．

7.1.3 母分散に関する仮説検定

母平均 μ が未知のとき，母分散 σ^2 に関する仮説検定

(7.5)
- (i) 帰無仮説 $H_0 : \sigma^2 = \sigma_0^2$, 　　対立仮説 $H_1 : \sigma^2 \neq \sigma_0^2$,
- (ii) 帰無仮説 $H_0 : \sigma^2 = \sigma_0^2$, 　　対立仮説 $H_1 : \sigma^2 < \sigma_0^2$,
- (iii) 帰無仮説 $H_0 : \sigma^2 = \sigma_0^2$, 　　対立仮説 $H_1 : \sigma^2 > \sigma_0^2$

を有意水準 α で考える．定理 3.5 (ii) より H_0 の下，

$$Y := (n-1)\frac{U^2}{\sigma_0^2}$$

はカイ 2 乗分布 χ_{n-1}^2 に従う．また，$Y_0 := (n-1)U^2/\sigma^2$ とおくと，Y_0 もまたカイ 2 乗分布 χ_{n-1}^2 に従い，

$$Y = \frac{\sigma^2}{\sigma_0^2}Y_0$$

となる．したがって，H_1 の下では (i) Y は小さい，または大きい，(ii) Y は小さい，(iii) Y は大きい値をとる傾向があることがわかる．そこで，

(7.6)
- (i) $W = (0, \chi_{n-1}^2(1 - \alpha/2)] \cup [\chi_{n-1}^2(\alpha/2), \infty)$,
- (ii) $W = (0, \chi_{n-1}^2(1 - \alpha)]$,
- (iii) $W = [\chi_{n-1}^2(\alpha), \infty)$

とおくと，$P_0(Y \in W) = \alpha$ となることがわかる．以上のことをまとめること

により，次の検定法を得る．

検定法 7.3

> 母平均 μ が未知のとき，母分散 σ^2 に関する仮説検定 (7.5) を有意水準 α で考える．検定統計量 $Y^{\text{脚注 7.3}}$ は
>
> $$Y = (n-1)\frac{U^2}{\sigma_0^2}$$
>
> となり，棄却域 W はそれぞれ (7.6) で与えられる．

例 7.3　ある測定を 25 回行なったところ，不偏分散 $u^2 = 3.2^2$ を得た．ただし，各測定値は正規分布 $N(\mu, \sigma^2)$ (μ は未知) に従っているとする．このとき，母分散 σ^2 に関する検定

$$\text{帰無仮説 } H_0 : \sigma^2 = 4^2, \qquad \text{対立仮説 } H_1 : \sigma^2 < 4^2$$

を，検定法 7.3 を用いて，有意水準 $\alpha = 0.05$ で考える．検定統計量 Y の実現値は

$$y = (25-1) \cdot \frac{3.2^2}{4^2} = 15.36$$

となり，数表 4 より，$\chi^2_{24}(0.95) = 13.848$ であるので，棄却域は

$$W = (0, 13.848]$$

となる．したがって，$y \notin W$ であるので，H_0 は棄却されない．すなわち，$\sigma^2 = 4^2$ であるといえないこともないと判断される．

■ 7.2　2 標本問題

本節では $\boldsymbol{X}_i = (X_{i1}, \ldots, X_{in_i})'$ ($i = 1, 2$) を正規分布 $N(\mu_i, \sigma_i^2)$ からの無作為標本とする．ただし，$(\mu_i, \sigma_i^2)' \in \mathbb{R} \times \mathbb{R}_+$ であり，X_{ij} ($i = 1, 2; j = 1, 2, \ldots, n_i$)

脚注 7.3 検定統計量が従う確率分布が χ^2 分布の場合の検定法を **χ^2 検定**ということがある．

は互いに独立とする．このような設定の下，母平均の差 $\mu_1 - \mu_2$ に関する検定と母分散の比 σ_1^2/σ_2^2 に関する検定を考察する．まず，母平均の差 $\mu_1 - \mu_2$ に関する検定では

(I) σ_1^2, σ_2^2 が既知のとき，

(II) $\sigma_1^2 = \sigma_2^2$ が未知のとき，

(III) σ_1^2, σ_2^2 が未知のとき

の3つの場合に分けて考察する．ここで，(II) と (III) の違いは，母分散の比 σ_1^2/σ_2^2 に関する検定[脚注 7.4]

$$\text{帰無仮説 } H_0 : \sigma_1^2 = \sigma_2^2, \qquad \text{対立仮説 } H_1 : \sigma_1^2 \neq \sigma_2^2$$

を行い，H_0 が棄却されなければ (II) を用い，H_0 が棄却されれば (III) を用いることになる．

7.2.1 母平均の差に関する仮説検定（2つの母分散が既知のとき）

母分散 σ_1^2, σ_2^2 が既知のとき，母平均の差 $\mu_1 - \mu_2$ に関する仮説検定

(7.7)
(i) 帰無仮説 $H_0 : \mu_1 = \mu_2$, 　　対立仮説 $H_1 : \mu_1 \neq \mu_2$,

(ii) 帰無仮説 $H_0 : \mu_1 = \mu_2$, 　　対立仮説 $H_1 : \mu_1 < \mu_2$,

(iii) 帰無仮説 $H_0 : \mu_1 = \mu_2$, 　　対立仮説 $H_1 : \mu_1 > \mu_2$

を有意水準 α で考える．定理 3.5 (i)，命題 3.12 (ii) より H_0 の下,

$$(7.8) \qquad Z := \frac{\bar{X}_1 - \bar{X}_2}{\sqrt{\frac{\sigma_1^2}{n_1} + \frac{\sigma_2^2}{n_2}}}$$

は標準正規分布 $N(0, 1)$ に従う．また,

$$Z_0 := \frac{(\bar{X}_1 - \bar{X}_2) - (\mu_1 - \mu_2)}{\sqrt{\frac{\sigma_1^2}{n_1} + \frac{\sigma_2^2}{n_2}}}$$

[脚注 7.4] 等分散性の検定という．

とおくと, Z_0 もまた標準正規分布 N(0, 1) に従い,

$$Z = Z_0 + \frac{\mu_1 - \mu_2}{\sqrt{\frac{\sigma_1^2}{n_1} + \frac{\sigma_2^2}{n_2}}}$$

となる. したがって, H_1 の下では (i) $|Z|$ は大きい, (ii) Z は小さい, (iii) Z は大きい値をとる傾向があることがわかる. そこで,

(7.9)
$$\begin{aligned}
&\text{(i)} \quad W = (-\infty, -z(\alpha/2)] \cup [z(\alpha/2), \infty), \\
&\text{(ii)} \quad W = (-\infty, -z(\alpha)], \\
&\text{(iii)} \quad W = [z(\alpha), \infty)
\end{aligned}$$

とおくと, $P_0(Z \in W) = \alpha$ となることがわかる. 以上のことをまとめることにより, 次の検定法を得る.

検定法 7.4

> 母分散 σ_1^2, σ_2^2 が既知のとき, 母平均の差 $\mu_1 - \mu_2$ に関する仮説検定 (7.7) を有意水準 α で考える. 検定統計量 Z は
>
> $$Z = \frac{\bar{X}_1 - \bar{X}_2}{\sqrt{\frac{\sigma_1^2}{n_1} + \frac{\sigma_2^2}{n_2}}}$$
>
> となり, 棄却域 W はそれぞれ (7.9) で与えられる.

例 7.4 測定 1 を 25 回, 測定 2 を 20 回行なったところ, 標本平均 $\bar{x}_1 = 2.7$, $\bar{x}_2 = 2.0$ を得た. ただし, 測定 1, 測定 2 での各測定値はそれぞれ正規分布 N(μ_1, 6), N(μ_2, 5) に従っているとする. このとき, 母平均の差 $\mu_1 - \mu_2$ に関する検定

$$\text{帰無仮説 } H_0 : \mu_1 = \mu_2, \qquad \text{対立仮説 } H_1 : \mu_1 \neq \mu_2$$

を, 検定法 7.4 を用いて, 有意水準 $\alpha = 0.05$ で考える. 検定統計量 Z の実現値は

$$z = \frac{2.7 - 2.0}{\sqrt{\frac{6}{25} + \frac{5}{20}}} = 1.0$$

となり，$z(0.025) = 1.96$ であるので，棄却域は

$$W = (-\infty, -1.96] \cup [1.96, \infty)$$

となる．したがって，$z \notin W$ であるので，H_0 は棄却されない．すなわち，$\mu_1 = \mu_2$ であるといえないこともないと判断される．

7.2.2　母平均の差に関する仮説検定（2つの母分散が未知で等しいとき）

母分散 $\sigma_1^2 = \sigma_2^2$ が未知のとき，母平均の差 $\mu_1 - \mu_2$ に関する仮説検定

(7.10)
(i) 帰無仮説 $H_0 : \mu_1 = \mu_2$,　　対立仮説 $H_1 : \mu_1 \neq \mu_2$,
(ii) 帰無仮説 $H_0 : \mu_1 = \mu_2$,　　対立仮説 $H_1 : \mu_1 < \mu_2$,
(iii) 帰無仮説 $H_0 : \mu_1 = \mu_2$,　　対立仮説 $H_1 : \mu_1 > \mu_2$

を有意水準 α で考える．定理 3.5 (iv) より H_0 の下，

$$T := \frac{1}{\sqrt{\frac{1}{n_1} + \frac{1}{n_2}}} \frac{\bar{X}_1 - \bar{X}_2}{U}$$

は t 分布 $t_{n_1+n_2-2}$ に従う．ただし，

(7.11)　　　$$U^2 := \frac{1}{n_1 + n_2 - 2}\{(n_1 - 1)U_1^2 + (n_2 - 1)U_2^2\}$$

である．また，

$$T_0 := \frac{1}{\sqrt{\frac{1}{n_1} + \frac{1}{n_2}}} \frac{(\bar{X}_1 - \bar{X}_2) - (\mu_1 - \mu_2)}{U}$$

もまた t 分布 $t_{n_1+n_2-2}$ に従い，

$$T = T_0 + \frac{1}{\sqrt{\frac{1}{n_1} + \frac{1}{n_2}}} \frac{\mu_1 - \mu_2}{U}$$

となる．したがって，H_1 の下では (i) $|T|$ は大きい，(ii) T は小さい，(iii) T

は大きい値をとる傾向があることがわかる. そこで,

$$\text{(i)} \quad W = (-\infty, -t_{n_1+n_2-2}(\alpha/2)] \cup [t_{n_1+n_2-2}(\alpha/2), \infty),$$

(7.12)   (ii) $W = (-\infty, -t_{n_1+n_2-2}(\alpha)],$

$$\text{(iii)} \quad W = [t_{n_1+n_2-2}(\alpha), \infty)$$

とおくと, $P_0(T \in W) = \alpha$ となることがわかる. 以上のことをまとめることにより, 次の検定法を得る.

検定法 7.5

> 　母分散 $\sigma_1^2 = \sigma_2^2$ が未知のとき, 母平均の差 $\mu_1 - \mu_2$ に関する仮説検定 (7.10) を有意水準 α で考える. このとき, 検定統計量 T は
>
> $$T = \frac{1}{\sqrt{\frac{1}{n_1} + \frac{1}{n_2}}} \frac{\bar{X}_1 - \bar{X}_2}{U}$$
>
> となり, 棄却域 W はそれぞれ (7.12) で与えられる.

7.2.3　母平均の差に関する仮説検定 (2 つの母分散が未知のとき)

母分散 σ_1^2, σ_2^2 が未知のとき, 母平均の差 $\mu_1 - \mu_2$ に関する仮説検定

(i) 帰無仮説 $H_0 : \mu_1 = \mu_2,$　　対立仮説 $H_1 : \mu_1 \neq \mu_2,$

(7.13)   (ii) 帰無仮説 $H_0 : \mu_1 = \mu_2,$　　対立仮説 $H_1 : \mu_1 < \mu_2,$

(iii) 帰無仮説 $H_0 : \mu_1 = \mu_2,$　　対立仮説 $H_1 : \mu_1 > \mu_2$

を有意水準 α で考える. σ_1^2, σ_2^2 は未知であるので, (7.8) において, σ_1^2, σ_2^2 をそれぞれの推定量 U_1^2, U_2^2 で置き換えた統計量

$$T := \frac{\bar{X}_1 - \bar{X}_2}{\sqrt{\frac{U_1^2}{n_1} + \frac{U_2^2}{n_2}}}$$

を考える. まず,

$$Z_0 := \frac{(\bar{X}_1 - \bar{X}_2) - (\mu_1 - \mu_2)}{\sqrt{(\sigma_1^2/n_1) + (\sigma_2^2/n_2)}}, \quad Y_{10} := (n_1 - 1)\frac{U_1^2}{\sigma_1^2}, \quad Y_{20} := (n_2 - 1)\frac{U_2^2}{\sigma_2^2}$$

とおくと，定理 3.5 より Z_0, Y_{10}, Y_{20} は互いに独立に，それぞれ標準正規分布 $N(0, 1)$，カイ 2 乗分布 $\chi_{n_1-1}^2, \chi_{n_2-1}^2$ に従う．次に，

$$V_0 := \frac{(U_1^2/n_1) + (U_2^2/n_2)}{(\sigma_1^2/n_1) + (\sigma_2^2/n_2)}$$

とおくと，

$$T = \frac{Z_0}{\sqrt{V_0}} + \frac{\mu_1 - \mu_2}{\sqrt{\left(\frac{\sigma_1^2}{n_1} + \frac{\sigma_2^2}{n_2}\right)V_0}}$$

となる．したがって，H_1 の下では (i) $|T|$ は大きい，(ii) T は小さい，(iii) T は大きい値をとる傾向があることがわかる．そこで，H_0 の下での T の確率分布を知りたいが，これは正確には導出できない．いま，カイ 2 乗分布 χ_ν^2 に従う確率変数を χ_ν^2 として，V_0 を χ_ν^2/ν に近似することを考える．すなわち，

(7.14)
$$E(V_0) = E\left(\frac{\chi_\nu^2}{\nu}\right), \quad Var(V_0) = Var\left(\frac{\chi_\nu^2}{\nu}\right)$$

を満たすように ν を定める．ここで，

$$E(V_0) = 1, \quad Var(V_0) = \frac{2}{(\sigma_1^2/n_1 + \sigma_2^2/n_2)^2}\left\{\frac{1}{n_1 - 1}\left(\frac{\sigma_1^2}{n_1}\right)^2 + \frac{1}{n_2 - 1}\left(\frac{\sigma_2^2}{n_2}\right)^2\right\},$$

$$E\left(\frac{\chi_\nu^2}{\nu}\right) = 1, \quad Var\left(\frac{\chi_\nu^2}{\nu}\right) = \frac{2}{\nu}$$

であるので，(7.14) の第 1 式は恒等的に成り立ち，第 2 式から

$$\nu = \frac{\left(\frac{\sigma_1^2}{n_1} + \frac{\sigma_2^2}{n_2}\right)^2}{\frac{1}{n_1-1}\left(\frac{\sigma_1^2}{n_1}\right)^2 + \frac{1}{n_2-1}\left(\frac{\sigma_2^2}{n_2}\right)^2}$$

を得る．さらに，σ_1^2, σ_2^2 は未知であるので，それぞれを U_1^2, U_2^2 に置き換え，自由度 ν の推定量を

(7.15)
$$\hat{\nu} = \frac{\left(\frac{U_1^2}{n_1} + \frac{U_2^2}{n_2}\right)^2}{\frac{1}{n_1-1}\left(\frac{U_1^2}{n_1}\right)^2 + \frac{1}{n_2-1}\left(\frac{U_2^2}{n_2}\right)^2}$$

とする. そこで, H_0 の下, T は近似的に t 分布 $t_{\hat{\nu}}$ に従うので,

$$
\text{(i)} \quad W = (-\infty, -t_{\hat{\nu}}(\alpha/2)] \cup [t_{\hat{\nu}}(\alpha/2), \infty),
$$

(7.16)
$$
\text{(ii)} \quad W = (-\infty, -t_{\hat{\nu}}(\alpha)],
$$

$$
\text{(iii)} \quad W = [t_{\hat{\nu}}(\alpha), \infty)
$$

とおくと, $P_0(T \in W) \fallingdotseq \alpha$ となることがわかる. 以上のことをまとめることにより, 次の検定法を得る.

検定法 7.6

　母分散 σ_1^2, σ_2^2 が未知のとき, 母平均の差 $\mu_1 - \mu_2$ に関する仮説検定 (7.13) を有意水準 α で考える. 検定統計量 T は

$$
T = \frac{\bar{X}_1 - \bar{X}_2}{\sqrt{\dfrac{U_1^2}{n_1} + \dfrac{U_2^2}{n_2}}}
$$

となり, 棄却域 W はそれぞれ (7.16) で与えられる.

7.2.4　母分散の比に関する仮説検定

母平均 μ_1, μ_2 が未知のとき, 母分散の比 σ_1^2/σ_2^2 に関する仮説検定

$$
\text{(i)} \quad \text{帰無仮説 } H_0 : \sigma_1^2 = \sigma_2^2, \qquad \text{対立仮説 } H_1 : \sigma_1^2 \neq \sigma_2^2,
$$

(7.17)
$$
\text{(ii)} \quad \text{帰無仮説 } H_0 : \sigma_1^2 = \sigma_2^2, \qquad \text{対立仮説 } H_1 : \sigma_1^2 < \sigma_2^2,
$$

$$
\text{(iii)} \quad \text{帰無仮説 } H_0 : \sigma_1^2 = \sigma_2^2, \qquad \text{対立仮説 } H_1 : \sigma_1^2 > \sigma_2^2
$$

を有意水準 α で考える. 定理 3.5, 定義 3.15 より H_0 の下,

$$
(7.18) \qquad\qquad F := \frac{U_1^2}{U_2^2}
$$

は F 分布 $F_{n_2-1}^{n_1-1}$ に従う. また, $F_0 := \dfrac{U_1^2/\sigma_1^2}{U_2^2/\sigma_2^2}$ とおくと, F_0 もまた F 分布 $F_{n_2-1}^{n_1-1}$ に従い,

$$F = F_0 \frac{\sigma_1^2}{\sigma_2^2}$$

となる. したがって, H_1 の下では (i) F は小さい, または大きい, (ii) F は小さい, (iii) F は大きい値をとる傾向があることがわかる. そこで,

(7.19)
$$
\begin{aligned}
&\text{(i)} \quad W = (0, \mathrm{F}_{n_2-1}^{n_1-1}(1-\alpha/2)] \cup [\mathrm{F}_{n_2-1}^{n_1-1}(\alpha/2), \infty), \\
&\text{(ii)} \quad W = (0, \mathrm{F}_{n_2-1}^{n_1-1}(1-\alpha)], \\
&\text{(iii)} \quad W = [\mathrm{F}_{n_2-1}^{n_1-1}(\alpha), \infty)
\end{aligned}
$$

とおくと, $P_0(F \in W) = \alpha$ となることがわかる. 以上のことをまとめることにより, 次の検定法を得る.

検定法 7.7

> 母平均 μ_1, μ_2 が未知のとき, 母分散の比 σ_1^2/σ_2^2 に関する仮説検定 (7.17) を有意水準 α で考える. このとき, 検定統計量 F[脚注 7.5] は
>
> $$F = \frac{U_1^2}{U_2^2}$$
>
> となり, 棄却域 W はそれぞれ (7.19) で与えられる.

注意 7.1 (7.18) の実現値 f が $f < 1$ のとき, $X_{11}, X_{12}, \ldots, X_{1n_1}$ と $X_{21}, X_{22}, \ldots, X_{2n_2}$ を入れ替えて, $F' := U_2^2/U_1^2$ を考えれば, F' の実現値は $f' = 1/f > 1$ となる. すなわち, (i), (ii) の棄却域はそれぞれ

$$
\begin{aligned}
&\text{(i)}' \quad W' = [\mathrm{F}_{n_1-1}^{n_2-1}(\alpha/2), \infty), \\
&\text{(ii)}' \quad W' = [\mathrm{F}_{n_1-1}^{n_2-1}(\alpha), \infty)
\end{aligned}
$$

となり, (iii) は考える必要がなくなることがわかる.

例 7.5 測定 1 を 16 回, 測定 2 を 9 回行なったところ, 標本平均 $\bar{x}_1 = 2.5$, $\bar{x}_2 = 2.0$, 不偏分散 $u_1^2 = 1.2, u_2^2 = 1.0$ を得た. ただし, 測定 1, 測定 2 での各測定値はそれぞれ正規分布 $N(\mu_1, \sigma_1^2)$, $N(\mu_2, \sigma_2^2)$ (σ_1^2, σ_2^2 は未知) に従って

いるとする. このとき, 母平均の差 $\mu_1 - \mu_2$ に関する検定

(7.20)   帰無仮説 $\mathrm{H}_0 : \mu_1 = \mu_2$,   対立仮説 $\mathrm{H}_1 : \mu_1 \neq \mu_2$

を有意水準 $\alpha = 0.05$ で考える.

はじめに, 母分散の比 σ_1^2 / σ_2^2 に関する検定

帰無仮説 $\mathrm{H}_0 : \sigma_1^2 = \sigma_2^2$,   対立仮説 $\mathrm{H}_1 : \sigma_1^2 \neq \sigma_2^2$

を, 検定法 7.7 を用いて, 有意水準 $\alpha = 0.05$ で考える. 検定統計量 F の実現値は

$$f = \frac{1.2}{1.0} = 1.2$$

となり, 数表 5.1 より, $\mathrm{F}_8^{15}(0.025) = 4.101$ であるので, 棄却域は

$$W_{\sigma^2} = [4.101, \infty)$$

となる. したがって, $f \notin W_{\sigma^2}$ であるので, H_0 は棄却されない. すなわち, $\sigma_1^2 = \sigma_2^2$ であるといえないこともないと判断される.

次に, 検定 (7.20) を, 検定法 7.5 を用いて考える. (7.11) の実現値は $u^2 = 26/23$ であるので, 検定統計量 T の実現値は

$$t = \frac{1}{\sqrt{\frac{1}{16} + \frac{1}{9}}} \frac{2.5 - 2.0}{\sqrt{\frac{26}{23}}} = 1.128 \cdots \fallingdotseq 1.13$$

となり, 数表 3 より $\mathrm{t}_{23}(0.025) = 2.069$ であるので, 棄却域は

$$W_\mu = (-\infty, -2.069] \cup [2.069, \infty)$$

となる. したがって, $t \notin W_\mu$ であるので, H_0 は棄却されない. すなわち, $\mu_1 = \mu_2$ であるといえないこともないと判断される.

例 7.6　測定 1 を 26 回, 測定 2 を 21 回行なったところ, 標本平均 $\bar{x}_1 = 2.7$, $\bar{x}_2 = 2.0$, 不偏分散 $u_1^2 = 3.0$, $u_2^2 = 7.2$ を得た. ただし, 測定 1, 測定 2 での各測定値はそれぞれ正規分布 $\mathrm{N}(\mu_1, \sigma_1^2)$, $\mathrm{N}(\mu_2, \sigma_2^2)$ (σ_1^2, σ_2^2 は未知) に従っているとする. このとき, 母平均の差 $\mu_1 - \mu_2$ に関する検定

(7.21)　　　　帰無仮説 $H_0 : \mu_1 = \mu_2,$　　　　対立仮説 $H_1 : \mu_1 \neq \mu_2$

を，有意水準 $\alpha = 0.05$ で考える．

はじめに，母分散の比 σ_1^2/σ_2^2 に関する検定

　　　　帰無仮説 $H_0 : \sigma_1^2 = \sigma_2^2,$　　　　対立仮説 $H_1 : \sigma_1^2 \neq \sigma_2^2$

を，検定法 7.7 を用いて，有意水準 $\alpha = 0.05$ で考える．検定統計量 F の実現値は

$$f = \frac{7.2}{3.0} = 2.4$$

となり，数表 5.1 より，$F_{25}^{20}(0.025) = 2.300$ であるので，棄却域は

$$W_{\sigma^2} = [2.300, \infty)$$

となる．したがって，$f \in W_{\sigma^2}$ であるので，H_0 は棄却される．すなわち，$\sigma_1^2 \neq \sigma_2^2$ であると判断される．

次に，検定 (7.21) を，検定法 7.6 を用いて考える．検定統計量 T の実現値は

$$t = \frac{2.7 - 2.0}{\sqrt{\frac{3.0}{26} + \frac{7.2}{21}}} = 1.034\cdots \fallingdotseq 1.03$$

となり，自由度 ν の推定量 (7.15) の実現値は

$$\hat{\nu} = \frac{\left(\frac{3.0}{26} + \frac{7.2}{21}\right)^2}{\frac{1}{25}\left(\frac{3.0}{26}\right)^2 + \frac{1}{20}\left(\frac{7.2}{21}\right)^2} = 32.758\cdots \fallingdotseq 32.8$$

となる．数表 3 より，$t_{32}(0.025) = 2.0369$, $t_{33}(0.025) = 2.0345$ であるので，

$t_{32.8}(0.025) = (2.0345 - 2.0369) \cdot (32.8 - 32) + 2.0369 = 2.03498\cdots \fallingdotseq 2.03$

となり，棄却域は

$$W_\mu = (-\infty, -2.03] \cup [2.03, \infty)$$

となる．したがって，$t \notin W_\mu$ であるので，H_0 は棄却されない．すなわち，$\mu_1 = \mu_2$ であるといえないこともないと判断される．

脚注 7.5 検定統計量が従う確率分布が F 分布の場合の検定法を **F 検定** ということがある．

■ 7.3　2 標本問題（対応があるデータのとき）

本節では $\boldsymbol{X}_1, \ldots, \boldsymbol{X}_n$ を正規分布 $N_2(\boldsymbol{\mu}, \Sigma)$ からの無作為標本とする．ただし，$\boldsymbol{X}_i = (X_{i1}, X_{i2})'$ とし，

$$\boldsymbol{\mu} = \begin{pmatrix} \mu_1 \\ \mu_2 \end{pmatrix}, \quad \Sigma = \begin{pmatrix} \sigma_1^2 & \rho\sigma_1\sigma_2 \\ \rho\sigma_1\sigma_2 & \sigma_2^2 \end{pmatrix}$$

は未知とする．このとき，母平均の差 $\mu_1 - \mu_2$ に関する仮説検定

(7.22)

  (i)　帰無仮説 $H_0 : \mu_1 = \mu_2$,　　対立仮説 $H_1 : \mu_1 \neq \mu_2$,

  (ii)　帰無仮説 $H_0 : \mu_1 = \mu_2$,　　対立仮説 $H_1 : \mu_1 < \mu_2$,

  (iii)　帰無仮説 $H_0 : \mu_1 = \mu_2$,　　対立仮説 $H_1 : \mu_1 > \mu_2$

を有意水準 α で考える．

補題 7.1　$\boldsymbol{X} = (X_1, X_2)'$ が正規分布 $N_2(\boldsymbol{\mu}, \Sigma)$ に従っているとき，$X_1 - X_2$ は正規分布 $N(\mu_1 - \mu_2, \sigma_1^2 - 2\rho\sigma_1\sigma_2 + \sigma_2^2)$ に従う．

証明　$\boldsymbol{y} = B^{-1}\boldsymbol{x}$, すなわち，$\boldsymbol{x} = B\boldsymbol{y}$ とおく．ただし，

$$B = \begin{pmatrix} 0 & 1 \\ -1 & 1 \end{pmatrix}$$

である．このとき，$\det(B) = 1$ であるので，定理 2.6 より $\boldsymbol{Y} = B^{-1}\boldsymbol{X}$ の確率密度関数は

$$\begin{aligned} f_{\boldsymbol{Y}}(\boldsymbol{y}) &= \frac{1}{(2\pi)\det\{\Sigma\}^{1/2}} \exp\left\{ -\frac{1}{2}(B\boldsymbol{y} - \boldsymbol{\mu})'\Sigma^{-1}(B\boldsymbol{y} - \boldsymbol{\mu}) \right\} \\ &= \frac{1}{(2\pi)\det\{\Sigma\}^{1/2}} \exp\left\{ -\frac{1}{2}(\boldsymbol{y} - B^{-1}\boldsymbol{\mu})'(B'\Sigma^{-1}B)(\boldsymbol{y} - B^{-1}\boldsymbol{\mu}) \right\} \end{aligned}$$

となる．ここで，

$$B^{-1}\boldsymbol{\mu} = \begin{pmatrix} \mu_1 - \mu_2 \\ \mu_1 \end{pmatrix}, \quad (B'\Sigma^{-1}B)^{-1} = \begin{pmatrix} \sigma_1^2 - 2\rho\sigma_1\sigma_2 + \sigma_2^2 & \sigma_1^2 - \rho\sigma_1\sigma_2 \\ \sigma_1^2 - \rho\sigma_1\sigma_2 & \sigma_1^2 \end{pmatrix}$$

であるので，命題 3.26 (i) より $Y_1 = X_1 - X_2$ は正規分布 $N(\mu_1 - \mu_2, \sigma_1^2 - 2\rho\sigma_1\sigma_2 + \sigma_2^2)$ に従うことがわかる．　　　　　　　　　　　　　　□

ここで，

$$Y_i := X_{i1} - X_{i2} \ (i = 1, \ldots, n), \quad \bar{Y} := \frac{1}{n}\sum_{i=1}^{n} Y_i, \quad U^2 := \frac{1}{n-1}\sum_{i=1}^{n}(Y_i - \bar{Y})^2$$

とおく．補題 7.1 より H_0 の下，

$$T := \frac{\sqrt{n}}{U}\bar{Y}$$

は t 分布 t_{n-1} に従う．また，$T_0 := \sqrt{n}\{\bar{Y} - (\mu_1 - \mu_2)\}/U$ とおくと，T_0 もまた t 分布 t_{n-1} に従い，

$$T = T_0 + \frac{\sqrt{n}}{U}(\mu_1 - \mu_2)$$

となる．したがって，H_1 の下では (i) $|T|$ は大きい，(ii) T は小さい，(iii) T は大きい値をとる傾向があることがわかる．そこで，

$$(7.23) \quad \begin{aligned} &\text{(i)} \ \ W = (-\infty, -t_{n-1}(\alpha/2)] \cup [t_{n-1}(\alpha/2), \infty), \\ &\text{(ii)} \ \ W = (-\infty, -t_{n-1}(\alpha)], \\ &\text{(iii)} \ \ W = [t_{n-1}(\alpha), \infty) \end{aligned}$$

とおくと，$P_0(T \in W) = \alpha$ となることがわかる．以上のことをまとめることにより，次の検定法を得る．

検定法 7.8

分散共分散行列 Σ が未知のとき，母平均の差 $\mu_1 - \mu_2$ に関する仮説検定 (7.22) を有意水準 α で考える．検定統計量 T は

$$T = \frac{\sqrt{n}}{U}\bar{Y}$$

となり，棄却域 W はそれぞれ (7.23) で与えられる．

表 7.1　摂取前と摂取後の体重

前	81	72	73	70	77	72	73	75	72	72
後	83	67	72	70	77	70	73	69	68	70
差	-2	5	1	0	0	2	0	6	4	2

例 7.7　ある栄養剤が体重に影響があるかどうかを検証するため，この栄養剤の摂取前と摂取後の体重を測定したところ，表 7.1 のような結果を得た．ただし，これらの測定値はそれぞれ正規分布 $N_2(\boldsymbol{\mu}, \Sigma)$（$\Sigma$ は未知）に従っているとする．このとき，母平均の差 $\mu_1 - \mu_2$ に関する検定

$$\text{帰無仮説 } H_0 : \mu_1 = \mu_2, \qquad \text{対立仮説 } H_1 : \mu_1 > \mu_2$$

を，検定法 7.8 を用いて，有意水準 $\alpha = 0.05$ で考える．$\bar{y} = 1.8$, $u^2 = 6.4$ より，検定統計量 T の実現値は

$$t = \frac{\sqrt{10}}{\sqrt{6.4}} \cdot 1.8 = 2.25$$

となり，$t_9(0.05) = 1.833$ であるので，棄却域は

$$W = [1.833, \infty)$$

となる．したがって，$t \in W$ であるので，H_0 は棄却される．すなわち，$\mu_1 > \mu_2$ であると判断される．

第 **8** 章

離散型確率分布の下での
仮説検定

前章では正規分布の下での仮説検定を講じたが，母集団分布として常に正規分布を仮定できるわけではない．本章では，母集団分布に正規分布を仮定できない場合に，標本の大きさが十分大きい，すなわち，大標本論による仮説検定を講じる．なお，本章において対象とする仮説検定は，すべて中心極限定理による極限分布に基づいているため，標本の大きさ，仮説及び有意水準によっては結果の信頼性が保証されない場合もあることに注意する．

8.1　2項分布の下での仮説検定

8.1.1　1標本問題

本節では $\boldsymbol{X} = (X_1, \ldots, X_n)'$ をベルヌーイ分布 $\mathrm{B}(p)$ からの無作為標本とする．ただし，$0 < p < 1$ は未知である．このとき，p_0 を既知とし母比率 p に関する仮説検定

$$(8.1) \quad \begin{array}{lll} \text{(i)} & \text{帰無仮説 } \mathrm{H}_0 : p = p_0, & \text{対立仮説 } \mathrm{H}_1 : p \neq p_0, \\ \text{(ii)} & \text{帰無仮説 } \mathrm{H}_0 : p = p_0, & \text{対立仮説 } \mathrm{H}_1 : p < p_0, \\ \text{(iii)} & \text{帰無仮説 } \mathrm{H}_0 : p = p_0, & \text{対立仮説 } \mathrm{H}_1 : p > p_0 \end{array}$$

を有意水準 α で考える．H_0 の下，中心極限定理（定理 3.15）より

$$Z := \sqrt{\frac{n}{p_0(1-p_0)}}(\bar{X} - p_0) \xrightarrow{\mathcal{L}} \mathrm{N}(0,1)$$

となる．また，$Z_0 := \sqrt{n/\{p(1-p)\}}(\bar{X} - p) \xrightarrow{\mathcal{L}} \mathrm{N}(0,1)$ となり，

$$Z = \sqrt{\frac{p(1-p)}{p_0(1-p_0)}} Z_0 + \sqrt{\frac{n}{p_0(1-p_0)}}(p - p_0)$$

となる．したがって，H_1 の下では (i) $|Z|$ は大きい，(ii) Z は小さい，(iii) Z は大きい値をとる傾向があることがわかる．そこで，

(8.2)
$$\begin{aligned}
&\text{(i)} \quad W = (-\infty, -z(\alpha/2)] \cup [z(\alpha/2), \infty), \\
&\text{(ii)} \quad W = (-\infty, -z(\alpha)], \\
&\text{(iii)} \quad W = [z(\alpha), \infty)
\end{aligned}$$

とおくと，$P_0(Z \in W) \fallingdotseq \alpha$ となることがわかる．以上のことをまとめることにより，次の検定法を得る．

検定法 8.1

> 母比率 p に関する仮説検定 (8.1) を有意水準 α で考える．検定統計量 Z は
> $$Z = \sqrt{\frac{n}{p_0(1-p_0)}}(\bar{X} - p_0)$$
> となり，棄却域 W はそれぞれ (8.2) で与えられる．

例 8.1　　あるボタンを 20 回投げたところ，表が 14 回出た．このとき，このボタンの表が出る確率 p は 0.5 より大きいかどうか，すなわち，検定

$$\text{帰無仮説 } H_0 : p = 0.5, \qquad \text{対立仮説 } H_1 : p > 0.5$$

を，検定法 8.1 を用いて，有意水準 $\alpha = 0.05$ で考える．検定統計量 Z の実現値は

$$z = \sqrt{\frac{20}{0.5^2}}\left(\frac{14}{20} - 0.5\right) = \frac{4}{\sqrt{5}} = 1.788\cdots \fallingdotseq 1.79$$

となり，数表 2 より，$z(0.05) = 1.6449$ であるので，棄却域は

$$W = [1.6449, \infty)$$

となる．したがって，$z \in W$ であるので，H_0 は棄却される．すなわち，$p > 0.5$ であると判断される．

8.1.2　2標本問題

本節では $\boldsymbol{X}_i = (X_{i1}, \ldots, X_{in_i})'$ $(i = 1, 2)$ をベルヌーイ分布 $B(p_i)$ からの無作為標本とする．ただし，$0 < p_i < 1$ は未知であり，X_{ij} $(i = 1, 2; j = 1, 2, \ldots, n_i)$ は互いに独立とする．ここで，

$$\bar{X}_i := \frac{1}{n_i} \sum_{j=1}^{n_i} X_{ij}, \quad \hat{p} := \frac{1}{n_1 + n_2} \sum_{i=1}^{2} \sum_{j=1}^{n_i} X_{ij}$$

とする．このとき，母比率 p_1, p_2 の差に関する仮説検定

$$(8.3) \quad \begin{array}{ll} \text{(i)} & \text{帰無仮説 } H_0 : p_1 = p_2, \quad \text{対立仮説 } H_1 : p_1 \neq p_2, \\ \text{(ii)} & \text{帰無仮説 } H_0 : p_1 = p_2, \quad \text{対立仮説 } H_1 : p_1 < p_2, \\ \text{(iii)} & \text{帰無仮説 } H_0 : p_1 = p_2, \quad \text{対立仮説 } H_1 : p_1 > p_2 \end{array}$$

を有意水準 α で考える．H_0 の下，$p_1 = p_2 = p$ とすると，定理 3.9 より $\hat{p} \overset{p}{\longrightarrow} p$ となり，補題 6.1，定理 3.12 より，

$$Z := \frac{\bar{X}_1 - \bar{X}_2}{\sqrt{\hat{p}(1 - \hat{p})\{(1/n_1) + (1/n_2)\}}} \overset{\mathcal{L}}{\longrightarrow} N(0, 1) \quad (n_1, n_2 \to \infty)$$

となる．また，

$$Z_0 := \frac{(\bar{X}_1 - \bar{X}_2) - (p_1 - p_2)}{\sqrt{(p_1 q_1/n_1) + (p_2 q_2/n_2)}} \overset{\mathcal{L}}{\longrightarrow} N(0, 1) \quad (n_1, n_2 \to \infty)$$

となり，

$$Z = \frac{\sqrt{(p_1 q_1/n_1) + (p_2 q_2/n_2)}}{\sqrt{\hat{p}(1 - \hat{p})\{(1/n_1) + (1/n_2)\}}} Z_0 + \frac{p_1 - p_2}{\sqrt{\hat{p}(1 - \hat{p})\{(1/n_1) + (1/n_2)\}}}$$

となる．したがって，H_1 の下では (i) $|Z|$ は大きい，(ii) Z は小さい，(iii) Z は大きい値をとる傾向があることがわかる．そこで，

$$\text{(i)} \quad W = (-\infty, -z(\alpha/2)] \cup [z(\alpha/2), \infty),$$

(8.4)　　　　　　(ii)　$W = (-\infty, -z(\alpha)]$,

　　　　　　　　　(iii)　$W = [z(\alpha), \infty)$

とおくと，$\mathrm{P}_0(Z \in W) \fallingdotseq \alpha$ となることがわかる．以上のことをまとめることにより，次の検定法を得る．

検定法 8.2

> 　母比率 p_1, p_2 の差に関する仮説検定 (8.3) を有意水準 α で考える．検定統計量 Z は
> $$ Z = \frac{\bar{X}_1 - \bar{X}_2}{\sqrt{\hat{p}(1-\hat{p})\{(1/n_1) + (1/n_2)\}}} $$
> となり，棄却域 W はそれぞれ (8.4) で与えられる．

例 8.2　　O 選手の対右投手・対左投手別での打撃成績を調べたところ，表 8.1 のような結果を得た．

表 8.1　対右投手・対左投手別での打撃成績

	打数	安打	打率
対右投手	200	64	0.32
対左投手	100	22	0.22

　このとき，対右投手での打率 p_1 は対左投手での打率 p_2 より大きいかどうか，すなわち，検定

　　　　　帰無仮説 $\mathrm{H}_0 : p_1 = p_2$,　　　対立仮説 $\mathrm{H}_1 : p_1 > p_2$

を，検定法 8.2 を用いて，有意水準 $\alpha = 0.05$ で考える．検定統計量 Z の実現値は
$$ z = \frac{0.32 - 0.22}{\sqrt{\frac{86}{300} \cdot \frac{214}{300} \cdot \left(\frac{1}{200} + \frac{1}{100}\right)}} = 1.805\cdots \fallingdotseq 1.81 $$
となり，$z(0.05) = 1.6449$ であるので，棄却域は

$$W = [1.6449, \infty)$$

となる. したがって, $z \in W$ であるので, H_0 は棄却される. すなわち, $p_1 > p_2$ であると判断される.

■ 8.2　適合度検定

本節では $\boldsymbol{X} = (X_1, \ldots, X_k)'$ を多項分布 $\mathrm{M}_k(n; \boldsymbol{p})$ に従う確率ベクトルとする. ただし,

$$\boldsymbol{p} = (p_1, \ldots, p_k)' \in \mathcal{P} := \left\{ \boldsymbol{p} \in \mathbb{R}_+^k : \sum_{i=1}^{k} p_i = 1 \right\}$$

は未知である. このとき, $\boldsymbol{p}_0 = (p_{10}, \ldots, p_{k0})'$ を既知として, 母比率 $\boldsymbol{p}$ に関する仮説検定, すなわち, **適合度検定**

(8.5)　　　帰無仮説 $\mathrm{H}_0 : \boldsymbol{p} = \boldsymbol{p}_0,$　　　対立仮説 $\mathrm{H}_1 : \boldsymbol{p} \neq \boldsymbol{p}_0$

を, 第 9.4 節で述べる尤度比検定の概念を用いて, 有意水準 α で考える.

まず, 次の補題を用意する.

補題 8.1　　Λ は, ある定数 a に対して $\Lambda \boldsymbol{p}^{1/2} = a \boldsymbol{p}^{1/2}$, 及び $\Lambda^2 = \Lambda$ を満たす $k \times k$ 行列とするとする. ただし,

$$\boldsymbol{p}^{1/2} := (p_1^{1/2}, p_2^{1/2}, \ldots, p_k^{1/2})'$$

である. このとき,

(8.6)　　　　　$\{D(\boldsymbol{p}) \boldsymbol{W}_n(\boldsymbol{p})\}' \Lambda \{D(\boldsymbol{p}) \boldsymbol{W}_n(\boldsymbol{p})\} \xrightarrow{\mathcal{L}} \chi_r^2$

が成り立つ. ただし,

$$D(\boldsymbol{p}) := \mathrm{diag}(p_1^{-1/2}, p_2^{-1/2}, \ldots, p_k^{-1/2}), \ \boldsymbol{W}_n(\boldsymbol{p}) := n^{-1/2}(\boldsymbol{x} - n\boldsymbol{p}),$$
$$r := \mathrm{rank}(\Lambda) - a$$

とする. 証明は例えば Shao [23] 参照.

ここで，$\boldsymbol{p}$ の尤度関数は $\boldsymbol{x} \in \mathcal{X} = \{\boldsymbol{x} \in \{0, 1, \ldots, n\}^k : \sum_{i=1}^{k} x_i = n\}$ に対して，

$$L(\boldsymbol{p}) = \frac{n!}{x_1! \cdots x_k!} p_1^{x_1} \cdots p_k^{x_k}$$

であり，例 5.4 と同様にして $\boldsymbol{p} \in \mathcal{P}$ の最尤推定量は

(8.7)
$$\hat{\boldsymbol{p}}_{\mathrm{ML}} = \frac{\boldsymbol{X}}{n}$$

が示される．よって，$\boldsymbol{p}$ に関する尤度比検定統計量は

$$\lambda(\boldsymbol{X}) = \prod_{i=1}^{k} \left\{ \frac{p_{i0}}{X_i/n} \right\}^{X_i}$$

となり，H_0 の下，$-2 \log \lambda(\boldsymbol{X}) = \chi^2 + o_p(1)$ が示される．ただし，

$$\chi^2 := \sum_{i=1}^{k} \frac{(X_i - np_{i0})^2}{np_{i0}}$$

である．また，補題 8.1 と同じ記号を用いると

(8.8)
$$\chi^2 = \|D(\boldsymbol{p}_0) \boldsymbol{W}_n(\boldsymbol{p}_0)\|^2$$

となるので，

(8.9)
$$\chi^2 \xrightarrow{\mathcal{L}} \chi^2_{k-1}$$

となることがわかる．以上のことをまとめることにより，次の検定法を得る．

検定法 8.3

適合度検定 (8.5) を有意水準 α で考える．検定統計量 χ^2 は

(8.10)
$$\chi^2 = \sum_{i=1}^{k} \frac{(X_i - np_{i0})^2}{np_{i0}}$$

となり，棄却域 W は

$$W = [\chi^2_{k-1}(\alpha), \infty)$$

で与えられる．

問 8.1　(8.8), (8.9) を示せ.

問 8.2　(8.10) について，以下の問いに答えよ.

(i) $\chi^2 = \sum_{i=1}^{k} X_i^2/(np_{i0}) - n$ を示せ.

(ii) 特に $p_{10} = p_{20} = \cdots = p_{k0} = p_0$ のとき，$\chi^2 = \sum_{i=1}^{k} X_i^2/(np_0) - n$ を示せ.

例 8.3　$\sqrt{2} = 1.41421356\cdots$ の小数第 1 位から第 100 位までの数字の個数を調べたところ，表 8.2 のような結果を得た.

表 8.2　数字の個数

数字	0	1	2	3	4	5	6	7	8	9	計
個数	10	7	8	11	9	7	10	18	12	8	100

数字 $0, 1, \ldots, 9$ が現れる母比率 $\boldsymbol{p} = (p_0, p_1, \ldots, p_9)'$ が $\boldsymbol{p}_0 = (1/10, 1/10, \ldots, 1/10)'$ と異なるかどうか，すなわち，適合度検定

$$(8.11) \qquad \text{帰無仮説 } H_0 : \boldsymbol{p} = \boldsymbol{p}_0, \qquad \text{対立仮説 } H_1 : \boldsymbol{p} \neq \boldsymbol{p}_0$$

を，検定法 8.3 を用いて，有意水準 $\alpha = 0.05$ で考える. 検定統計量 χ^2 の実現値は問 8.2 (ii) を用いることにより

$$\chi^2 = \frac{1}{100 \cdot (1/10)}(10^2 + 7^2 + \cdots + 8^2) - 100 = 9.6$$

となり，数表 4 より，$\chi_9^2(0.05) = 16.919$ であるので，棄却域は

$$W = [16.919, \infty)$$

となる. したがって，$\chi^2 \notin W$ であるので，H_0 は棄却されない. すなわち，$\boldsymbol{p} = \boldsymbol{p}_0$ であるといえないこともないと判断される.

問 8.3　例 3.4 のデータについて考える. ただし，ポアソン分布 $\mathrm{Po}(0.61)$ の

確率関数を p_X とし，$n = 200$ とする．

(1) $\boldsymbol{p}_0 = \Big(p_X(0), p_X(1), \ldots, p_X(4), 1 - \sum_{x=0}^{4} p_X(x) \Big)'$ とするとき，

$$n\boldsymbol{p}_0 \fallingdotseq (108.7, 66.3, 20.2, 4.1, 0.6, 0.1)'$$

となることを確認せよ．

(2) 適合度検定

$$\text{帰無仮説 } \mathrm{H}_0 : \boldsymbol{p} = \boldsymbol{p}_0, \qquad \text{対立仮説 } \mathrm{H}_1 : \boldsymbol{p} \neq \boldsymbol{p}_0$$

を有意水準 0.05 で行え．

次に

$$\mathcal{P}_0 := \{ \boldsymbol{g}(\boldsymbol{\xi}) \in \mathcal{P} : \boldsymbol{\xi} \in \Xi \}$$

として仮説に未知母数を含む適合度検定

(8.12) $\qquad \text{帰無仮説 } \mathrm{H}_0 : \boldsymbol{p} \in \mathcal{P}_0, \qquad \text{対立仮説 } \mathrm{H}_1 : \boldsymbol{p} \notin \mathcal{P}_0$

を有意水準 α で考える．$\hat{\boldsymbol{\xi}}_{\mathrm{ML}}$ を $\boldsymbol{\xi}$ の最尤推定量，$\boldsymbol{g}(\boldsymbol{\xi}) = (g_1(\boldsymbol{\xi}), \ldots, g_k(\boldsymbol{\xi}))'$，$s := \dim \mathcal{P}_0$ とする．このとき，(8.7)，定理 5.1 より $\boldsymbol{p} \in \mathcal{P}$，$\boldsymbol{p} \in \mathcal{P}_0$ の最尤推定量はそれぞれ

$$\hat{\boldsymbol{p}}_{\mathrm{ML}} = \boldsymbol{X}/n, \quad \boldsymbol{g}(\hat{\boldsymbol{\xi}}_{\mathrm{ML}})$$

となる．よって，$\boldsymbol{p}$ に関する尤度比検定統計量は

$$\lambda(\boldsymbol{X}) = \prod_{i=1}^{k} \Big\{ \frac{g_i(\hat{\boldsymbol{\xi}}_{\mathrm{ML}})}{X_i/n} \Big\}^{X_i}$$

となり，H_0 の下，$-2\log \lambda(\boldsymbol{X}) = \chi^2(\boldsymbol{g}(\hat{\boldsymbol{\xi}}_{\mathrm{ML}})) + \mathrm{o}_p(1)$ が示される．ただし，

$$\chi^2(\boldsymbol{g}(\hat{\boldsymbol{\xi}}_{\mathrm{ML}})) := \sum_{i=1}^{k} \frac{\{X_i - n g_i(\hat{\boldsymbol{\xi}}_{\mathrm{ML}})\}^2}{n g_i(\hat{\boldsymbol{\xi}}_{\mathrm{ML}})}$$

である．一方，定理 9.2 より $-2\log \lambda(\boldsymbol{X}) \xrightarrow{\mathcal{L}} \chi^2_{k-s-1}$ であるので，

$\chi^2(\boldsymbol{g}(\hat{\boldsymbol{\xi}}_{\mathrm{ML}})) \xrightarrow{\mathcal{L}} \chi^2_{k-s-1}$ となることがわかる．以上のことをまとめることにより，次の検定法を得る．

検定法 8.4

仮説に未知母数を含む適合度検定 (8.12) を有意水準 α で考える．検定統計量 $\chi^2(\boldsymbol{g}(\hat{\boldsymbol{\xi}}_{\mathrm{ML}}))$ は

$$\chi^2(\boldsymbol{g}(\hat{\boldsymbol{\xi}}_{\mathrm{ML}})) = \sum_{i=1}^{k} \frac{\{X_i - ng_i(\hat{\boldsymbol{\xi}}_{\mathrm{ML}})\}^2}{ng_i(\hat{\boldsymbol{\xi}}_{\mathrm{ML}})}$$

となり，棄却域 W は

$$W = [\chi^2_{k-s-1}(\alpha), \infty)$$

で与えられる．

8.3 独立性の検定

本節では要因 A と要因 B があり，それぞれ事象 $A_1, \ldots, A_r$，事象 $B_1, \ldots, B_s$ に分かれ，大きさ n の無作為標本が A では $A_1, \ldots, A_r$ のいずれか，B では $B_1, \ldots, B_s$ のいずれかに分類されているとする．A_i $(i = 1, \ldots, r)$ と B_j $(j = 1, \ldots, s)$ が同時に起こる事象 $A_i \cap B_j$ の確率を p_{ij}，すなわち，

$$p_{ij} := \mathrm{P}_{\boldsymbol{p}}(A_i \cap B_j)$$

と表す．また，

$$\boldsymbol{X} := \{X_{ij} : i = 1, 2, \ldots, r, j = 1, 2, \ldots, s\},$$

$$\boldsymbol{p} := \{p_{ij} : i = 1, 2, \ldots, r, j = 1, 2, \ldots, s\}$$

とおくと，$\boldsymbol{X}$ は多項分布 $\mathrm{M}_{rs}(n; \boldsymbol{p})$ に従い，その確率関数は

$$f(\boldsymbol{x}, \boldsymbol{p}) = n! \prod_{i=1}^{r} \prod_{j=1}^{s} \frac{1}{x_{ij}!} p_{ij}^{x_{ij}} \quad (\boldsymbol{x} \in \mathcal{X}, \boldsymbol{p} \in \mathcal{P})$$

となる. ただし,

$$\mathcal{X} := \left\{ \boldsymbol{x} \in \{0, 1, \ldots, n\}^{rs} : \sum_{i=1}^{r} \sum_{j=1}^{s} x_{ij} = n \right\}, \quad \mathcal{P} := \left\{ \boldsymbol{p} \in \mathbb{R}_+^{rs} : \sum_{i=1}^{r} \sum_{j=1}^{s} p_{ij} = 1 \right\}$$

である. いま, 以下のように周辺確率を定義する.

$$p_{i\cdot} := \sum_{j=1}^{s} p_{ij} = \mathrm{P}(A_i), \quad p_{\cdot j} := \sum_{i=1}^{r} p_{ij} = \mathrm{P}(B_j).$$

表 8.3　観測値

A ＼ B	B_1	$\cdots$	B_j	$\cdots$	B_s	計
A_1	X_{11}	$\cdots$	X_{1j}	$\cdots$	X_{1s}	$X_{1\cdot}$
$\vdots$	$\vdots$	$\ddots$	$\vdots$		$\vdots$	$\vdots$
A_i	X_{i1}	$\cdots$	X_{ij}	$\cdots$	X_{is}	$X_{i\cdot}$
$\vdots$	$\vdots$		$\vdots$	$\ddots$	$\vdots$	$\vdots$
A_r	X_{r1}	$\cdots$	X_{rj}	$\cdots$	X_{rs}	$X_{r\cdot}$
計	$X_{\cdot 1}$	$\cdots$	$X_{\cdot j}$	$\cdots$	$X_{\cdot s}$	n

表 8.4　確率

A ＼ B	B_1	$\cdots$	B_j	$\cdots$	B_s	計
A_1	p_{11}	$\cdots$	p_{1j}	$\cdots$	p_{1s}	$p_{1\cdot}$
$\vdots$	$\vdots$	$\ddots$	$\vdots$		$\vdots$	$\vdots$
A_i	p_{i1}	$\cdots$	p_{ij}	$\cdots$	p_{is}	$p_{i\cdot}$
$\vdots$	$\vdots$		$\vdots$	$\ddots$	$\vdots$	$\vdots$
A_r	p_{r1}	$\cdots$	p_{rj}	$\cdots$	p_{rs}	$p_{r\cdot}$
計	$p_{\cdot 1}$	$\cdots$	$p_{\cdot j}$	$\cdots$	$p_{\cdot s}$	1

　さらに, 事象の独立性 (定義 1.5) に従い, 要因の独立性を次で定義する.

定義 8.1

A と B が**独立**である $\overset{\text{def}}{\Longleftrightarrow} p_{ij} = p_{i\cdot}p_{\cdot j}\ (i = 1, 2, \ldots, r; j = 1, 2, \ldots, s)$.

注意 8.1　A と B が独立であるとは，以下の (8.13)，または (8.14) と同値である．

$$(8.13) \qquad p_{ij} : p_{i\cdot} = p_{\cdot j} : 1 \quad (i = 1, \ldots, r; j = 1, \ldots, s),$$

$$(8.14) \qquad p_{ij} : p_{\cdot j} = p_{i\cdot} : 1 \quad (i = 1, \ldots, r; j = 1, \ldots, s).$$

以上の設定の下，要因 A と要因 B の独立性の検定

$$(8.15) \qquad \text{帰無仮説 } \mathrm{H}_0 : \boldsymbol{p} \in \mathcal{P}_0, \qquad \text{対立仮説 } \mathrm{H}_1 : \boldsymbol{p} \notin \mathcal{P}_0$$

を有意水準 α で考える．ただし，

$$\mathcal{P}_0 := \{\boldsymbol{p} \in \mathcal{P} : p_{ij} = p_{i\cdot}p_{\cdot j}\ (i = 1, 2, \ldots, r; j = 1, 2, \ldots, s)\}$$

である．$\boldsymbol{p} \in \mathcal{P}$, $\boldsymbol{p} \in \mathcal{P}_0$ の最尤推定量はそれぞれ

$$(8.16) \quad \hat{\boldsymbol{p}}_{\mathrm{ML}} := \frac{\boldsymbol{X}}{n}, \quad \hat{\boldsymbol{p}}_{\mathrm{ML}}^0 := \left\{ \frac{X_{i\cdot}}{n} \frac{X_{\cdot j}}{n} : i = 1, 2, \ldots, r, j = 1, 2, \ldots, s \right\}$$

であるので，

$$\max_{\boldsymbol{p} \in \mathcal{P}} L(\boldsymbol{p}) = n! \prod_{i=1}^{r} \prod_{j=1}^{s} \frac{1}{X_{ij}!} \left(\frac{X_{ij}}{n} \right)^{X_{ij}},$$

$$\max_{\boldsymbol{p} \in \mathcal{P}_0} L(\boldsymbol{p}) = n! \prod_{i=1}^{r} \prod_{j=1}^{s} \frac{1}{X_{ij}!} \left(\frac{X_{i\cdot}}{n} \cdot \frac{X_{\cdot j}}{n} \right)^{X_{ij}}$$

となり，尤度比検定統計量は

$$\lambda(\boldsymbol{X}) = \prod_{i=1}^{r} \prod_{j=1}^{s} \left\{ \frac{(X_{i\cdot}/n)(X_{\cdot j}/n)}{X_{ij}/n} \right\}^{X_{ij}}$$

となる．検定法 8.4 の導出と同様にして，H_0 の下，

$$-2 \log \lambda(\boldsymbol{X}) = \chi^2 + \mathrm{o}_p(1)$$

が示される. ただし,

$$\chi^2 := \sum_{i=1}^r \sum_{j=1}^s \frac{(X_{ij} - X_{i\cdot} X_{\cdot j}/n)^2}{X_{i\cdot} X_{\cdot j}/n}$$

である. また, $\dim \mathcal{P} = rs - 1$, $\dim \mathcal{P}_0 = r + s - 2$ であるので, 定理 9.2 より $-2 \log \lambda(\boldsymbol{X}) \xrightarrow{\mathcal{L}} \chi^2_{(r-1)(s-1)}$ となることがわかる. 以上のことをまとめることにより, 次の検定法を得る.

検定法 8.5

> 　要因 A と要因 B の独立性の検定 (8.15) を有意水準 α で考える. 検定統計量 χ^2 は
>
> $$(8.17) \qquad \chi^2 = \sum_{i=1}^r \sum_{j=1}^s \frac{(X_{ij} - X_{i\cdot} X_{\cdot j}/n)^2}{X_{i\cdot} X_{\cdot j}/n}$$
>
> となり, 棄却域 W は
>
> $$W = [\chi^2_{(r-1)(s-1)}(\alpha), \infty)$$
>
> で与えられる.

問 8.4　(8.16) を示せ.

系 8.1　特に $r = s = 2$ のとき,

$$\chi^2 = n \frac{(X_{11} X_{22} - X_{12} X_{21})^2}{X_{1\cdot} X_{2\cdot} X_{\cdot 1} X_{\cdot 2}}, \quad W = [3.841, \infty)$$

となる.

例 8.4　2021 年の中日ドラゴンズのホーム・ビジター別の成績を調べたところ, 表 8.5 のような結果を得た. ホーム・ビジターと成績の独立性の検定

$$帰無仮説 \mathrm{H}_0 : \boldsymbol{p} \in \mathcal{P}_0, \qquad 対立仮説 \mathrm{H}_1 : \boldsymbol{p} \notin \mathcal{P}_0$$

を，検定法 8.5 を用いて，有意水準 $\alpha = 0.05$ で考える．検定統計量 χ^2 の実現値は

$$\chi^2 = \frac{(28 - 62 \cdot 46/125)^2}{62 \cdot 46/125} + \frac{(9 - 62 \cdot 15/125)^2}{62 \cdot 15/125} + \cdots + \frac{(39 - 63 \cdot 64/125)^2}{63 \cdot 64/125}$$

$$= 5.828 \cdots \fallingdotseq 5.83$$

となり，数表 4 より，$\chi_2^2(0.05) = 5.991$ であるので，棄却域は

$$W = [5.991, \infty)$$

となる．したがって，$\chi^2 \notin W$ であるので，H_0 は棄却されない．すなわち，ホーム・ビジターと成績は独立であるといえないこともないと判断される．

表 8.5 中日ドラゴンズのホーム・ビジター別の成績

	勝	分	敗	計
ホーム	28	9	25	62
ビジター	18	6	39	63
計	46	15	64	125

章末問題 8

8.1 注意 8.1 を確認せよ．

8.2 系 8.1 を示せ．

8.3 阪神タイガースの 2022 年度ペナントレースでのイニング別得点をまとめた結果，表 8.6 を得た．このとき，有意水準 $\alpha = 0.05$, $\boldsymbol{p}_0 = (1/8, \ldots, 1/8)'$

表 8.6 イニング別得点

イニング	1	2	3	4	5	6	7	8	計
得　点	76	44	56	65	45	60	47	62	455

として適合度検定を行え.

8.4 ナンバーズ 3 第 6127 回–第 6176 回での各数字の出現回数をまとめた結果，表 8.7 を得た．このとき，有意水準 $\alpha = 0.05$, $\boldsymbol{p}_0 = (1/10, \ldots, 1/10)'$ として適合度検定を行え.

表 8.7　各数字の出現回数

数字	0	1	2	3	4	5	6	7	8	9	計
回数	16	10	18	19	12	11	8	19	18	16	150

補遺

本章では前章までで用いた内容について触れる．なお，比較的容易な証明は省略する．

■ 9.1 集合

定義 9.1

$\{A_n\}_{n\in\mathbb{N}}$ を集合列とする．

(i) $x \in \bigcup_{n=1}^{\infty} A_n \overset{\text{def}}{\Longleftrightarrow}$ ある $n \in \mathbb{N}$ に対して $x \in A_n$．$\bigcup_{n=1}^{\infty} A_n$ を $\{A_n\}_{n\in\mathbb{N}}$ の**和集合**という．

(ii) $x \in \bigcap_{n=1}^{\infty} A_n \overset{\text{def}}{\Longleftrightarrow}$ 任意の $n \in \mathbb{N}$ に対して $x \in A_n$．$\bigcap_{n=1}^{\infty} A_n$ を $\{A_n\}_{n\in\mathbb{N}}$ の**共通部分**という．

補題 9.1（**分配法則**）．$\{A_n\}_{n\in\mathbb{N}}$ を集合列，B を集合とする．このとき，次が成り立つ．

(i) $\left(\bigcup_{n=1}^{\infty} A_n\right) \cap B = \bigcup_{n=1}^{\infty}(A_n \cap B)$.

(ii) $\left(\bigcap_{n=1}^{\infty} A_n\right) \cup B = \bigcap_{n=1}^{\infty}(A_n \cup B)$.

補題 9.2（**ド・モルガンの法則**）．$\{A_n\}_{n\in\mathbb{N}}$ を集合列とする．このとき，次が成り立つ．

(i) $\left(\bigcup_{n=1}^{\infty} A_n\right)^{\mathrm{c}} = \bigcap_{n=1}^{\infty} A_n^{\mathrm{c}}$.

(ii) $\left(\bigcap_{n=1}^{\infty} A_n\right)^{\mathrm{c}} = \bigcup_{n=1}^{\infty} A_n^{\mathrm{c}}$.

定義 9.2

$\{A_n\}_{n \in \mathbb{N}}$ を集合列とする.

(i)
$$\varlimsup_{n \to \infty} A_n := \bigcap_{n=1}^{\infty} \bigcup_{k=n}^{\infty} A_k, \quad \varliminf_{n \to \infty} A_n := \bigcup_{n=1}^{\infty} \bigcap_{k=n}^{\infty} A_k$$
をそれぞれ $\{A_n\}_{n \in \mathbb{N}}$ の**上極限集合**, **下極限集合**という.

(ii) 特に $\varlimsup_{n \to \infty} A_n = \varliminf_{n \to \infty} A_n$ のとき, この共通の集合を $\{A_n\}_{n \in \mathbb{N}}$ の**極限集合**といい, $\lim_{n \to \infty} A_n$ と表す.

命題 9.1　　$A_n \subset A_{n+1}$ $(n \in \mathbb{N})$ のとき, $\lim_{n \to \infty} A_n = \bigcup_{n=1}^{\infty} A_n$. $A_n \supset A_{n+1}$ $(n \in \mathbb{N})$ のとき, $\lim_{n \to \infty} A_n = \bigcap_{n=1}^{\infty} A_n$.

定義 9.3

$\mathbb{N}$ を自然数全体の集合とする.

(i) $\mathbb{N}$ と 1 対 1 対応がつく集合を**可算集合**という.

(ii) 有限集合及び可算集合をまとめて**高々可算集合**という.

定義 9.4

$\{a_n\}_{n \in \mathbb{N}}$ を数列とし, $A_n := \{a_\nu : \nu \geq n\}$ とする.

(i) $\varlimsup_{n \to \infty} a_n := \lim_{n \to \infty} \sup A_n$ を $\{a_n\}_{n \in \mathbb{N}}$ の**上極限**という.

(ii) $\varliminf_{n \to \infty} a_n := \lim_{n \to \infty} \inf A_n$ を $\{a_n\}_{n \in \mathbb{N}}$ の**下極限**という.

命題 9.2　　$\{a_n\}_{n\in\mathbb{N}}$ を数列とする．このとき，次が成り立つ．

(i) $\varliminf\limits_{n\to\infty} a_n \leq \varlimsup\limits_{n\to\infty} a_n$.

(ii) $\lim\limits_{n\to\infty} a_n$ が存在する $\Leftrightarrow \varliminf\limits_{n\to\infty} a_n = \varlimsup\limits_{n\to\infty} a_n$. このとき，$\lim\limits_{n\to\infty} a_n = \varliminf\limits_{n\to\infty} a_n = \varlimsup\limits_{n\to\infty} a_n$.

■ 9.2　解析

命題 9.3　（シュワルツの不等式）.　統計量 $g(X), h(X)$ に対して次が成り立つ.

$$\{\mathrm{E}[g(X)h(X)]\}^2 \leq \mathrm{E}[g^2(X)]\mathrm{E}[h^2(X)].$$

等号はある $(a,b) \neq (0,0)$ に対して，$\mathrm{P}(ag(X)+bh(X)=0)=1$ となるとき，またそのときに限る．

証明　　$\mathrm{E}[g^2(X)] = \infty$，または $\mathrm{E}[h^2(X)] = \infty$ のときは自明であるので，$\mathrm{E}[g^2(X)] < \infty$, $\mathrm{E}[h^2(X)] < \infty$ とする．任意の $a, b \in \mathbb{R}$ に対して

$$0 \leq \mathrm{E}[\{ag(X)+bh(X)\}^2] = a^2\mathrm{E}[g^2(X)] + 2ab\mathrm{E}[g(X)h(X)] + b^2\mathrm{E}[h^2(X)]$$

が成り立つ．右辺の判別式を考えることにより

$$\{\mathrm{E}[g(X)h(X)]\}^2 - \mathrm{E}[g^2(X)]\mathrm{E}[h^2(X)] \leq 0$$

を得る．等号はある $(a,b) \neq (0,0)$ に対して，$\mathrm{E}[\{ag(X)+bh(X)\}^2]=0$，すなわち，$\mathrm{P}(ag(X)+bh(X)=0)=1$ となるとき，またそのときに限ることがわかる．　　　□

定義 9.5

> $r, s > 0$ に対して
>
> $$\Gamma(r) := \int_0^\infty x^{r-1}e^{-x}dx, \quad B(r,s) := \int_0^1 y^{r-1}(1-y)^{s-1}dy$$
>
> をそれぞれ，**ガンマ関数**，**ベータ関数**という．

命題 9.4   ガンマ関数，ベータ関数について，次が成り立つ．

(i) $\Gamma(r+1) = r\Gamma(r)$ $(r > 0)$. 特に，$\Gamma(n+1) = n!$ $(n \in \mathbb{N})$.

(ii) $\Gamma(1) = 1$, $\Gamma(1/2) = \sqrt{\pi}$.

(iii) $B(r, s) = \frac{\Gamma(r)\Gamma(s)}{\Gamma(r+s)}$ $(r, s > 0)$.

証明   例えば [10] 参照．

命題 9.5（スターリングの公式）．$s > 0$ に対して

$$\Gamma(s) = \sqrt{2\pi} s^{s-1/2} e^{-s} e^{\theta/12s}$$

を満足する $\theta \in (0, 1)$ が存在する．

証明   例えば [10] 参照．

■ 9.3 その他の分布

9.3.1 幾何分布

定義 9.6

$0 < p < 1$ のとき，

$$p_X(x) = \begin{cases} pq^x & (x = 0, 1, \ldots), \\ 0 & (その他) \end{cases}$$

を確率関数としてもつ確率分布を**幾何分布**といい，$\mathrm{G}(p)$ と表す．ただし，$q = 1 - p$ である．

例えば，幾何分布 $\mathrm{G}(\frac{1}{3})$ の確率関数の概形は図 9.1 参照．

命題 9.6 X を幾何分布 $\mathrm{G}(p)$ に従う確率変数とする．このとき，次が成り立つ．

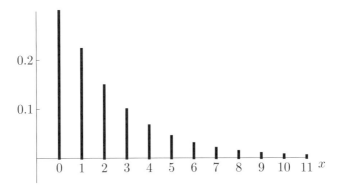

図 9.1 幾何分布 $\mathrm{G}(\frac{1}{3})$ の確率関数の概形

(i) $\mathrm{E}(X) = \dfrac{q}{p}$.

(ii) $\mathrm{Var}(X) = \dfrac{q}{p^2}$.

(iii) $\mathrm{M}_X(t) = \dfrac{p}{1 - qe^t}$ $(-\infty < t < -\log q)$.

証明

(iii) $\mathrm{M}_X(t) = \mathrm{E}(e^{tX}) = \sum_{x=0}^{\infty} e^{tx} q^x p = p \sum_{x=0}^{\infty} (qe^t)^x = \frac{p}{1 - qe^t}$.

(i), (ii) $\mathrm{M}_X'(t) = \frac{pq}{(1-qe^t)^2} e^t$, $\mathrm{M}_X''(t) = \frac{2pq^2}{(1-qe^t)^3} e^{2t} + \frac{pq}{(1-qe^t)^2} e^t$ であるので, $\mathrm{M}_X'(0) = q/p$, $\mathrm{M}_X''(0) = (2q^2/p^2) + (q/p)$ となり, $\mathrm{E}(X) = q/p$, $\mathrm{Var}(X) = q/p^2$ を得る. □

注意 9.1 幾何分布 $\mathrm{G}(p)$ は再生性をもたない.

9.3.2 負の2項分布

定義 9.7

$0 < p < 1$, $r \in \mathbb{N}$ のとき,

$$p_X(x) = \begin{cases} \binom{r+x-1}{r-1} p^r q^x & (x = 0, 1, \ldots), \\ 0 & (その他) \end{cases}$$

を確率関数としてもつ確率分布を**負の 2 項分布**といい，$\mathrm{NB}(r,p)$ と表す.

注意 9.2　例えば，負の 2 項分布 $\mathrm{NB}(3, \frac{1}{2})$ の確率関数の概形は図 9.2 参照.
また，$r = 1$ のとき，負の 2 項分布 $\mathrm{NB}(r,p)$ は幾何分布 $\mathrm{G}(p)$ と一致する.

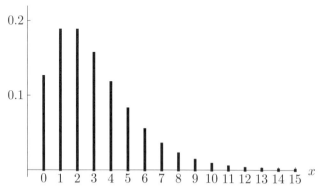

図 9.2　負の 2 項分布 $\mathrm{NB}(3, \frac{1}{2})$ の確率関数の概形

命題 9.7　X を負の 2 項分布 $\mathrm{NB}(r,p)$ に従う確率変数とする．このとき，次
が成り立つ.

(i) $\mathrm{E}(X) = \dfrac{rq}{p}$.

(ii) $\mathrm{Var}(X) = \dfrac{rq}{p^2}$.

(iii) $\mathrm{M}_X(t) = \left(\dfrac{p}{1 - qe^t} \right)^r \ (-\infty < t < -\log q)$.

証明

(iii) $\mathrm{M}_X(t) = \mathrm{E}(e^{tX}) = \sum_{x=0}^{\infty} e^{tx} \binom{r+x-1}{r-1} p^r q^x = p^r \sum_{x=0}^{\infty} \binom{r+x-1}{r-1} (qe^t)^x$
$= (\frac{p}{1-qe^t})^r \sum_{x=0}^{\infty} \binom{r+x-1}{r-1} (1 - qe^t)^r (qe^t)^x = (\frac{p}{1-qe^t})^r$.

(i), (ii) $\mathrm{M}_X'(t) = \{rqe^t/(1 - qe^t)\} \mathrm{M}_X(t)$, $\mathrm{M}_X''(t) = \{rqe^t(1 + rqe^t)/(1 - $

$qe^t)^2$} $M_X(t)$ であるので, $M'_X(0) = rq/p$, $M''_X(0) = rq(1 + rq)/p^2$ と
なり $E(X) = rq/p$, $Var(X) = rq/p^2$ を得る.　　　　　　　　　　□

命題 9.8　　X, Y を独立にそれぞれ負の 2 項分布 $NB(r_1, p)$, $NB(r_2, p)$ に従
う確率変数とする. このとき, $X + Y$ は負の 2 項分布 $NB(r_1 + r_2, p)$ に従う.
すなわち, 負の 2 項分布 $NB(r, p)$ は r に関して再生性をもつ.

証明　　命題 3.1, 9.7 (iii) より

$$M_{X+Y}(t) = \left(\frac{p}{1 - qe^t}\right)^{r_1} \left(\frac{p}{1 - qe^t}\right)^{r_2} = \left(\frac{p}{1 - qe^t}\right)^{r_1 + r_2}$$

であるので, $X + Y$ は負の 2 項分布 $B(r_1 + r_2, p)$ に従うことがわかる.　　□

9.3.3　超幾何分布

定義 9.8

$N, L, n \in \mathbb{N}$ のとき,

$$p_X(x) = \begin{cases} \dfrac{\binom{L}{x}\binom{N-L}{n-x}}{\binom{N}{n}} & (x = \max(0, n - N + L), \ldots, \min(n, L)), \\ 0 & (その他) \end{cases}$$

を確率関数としてもつ確率分布を**超幾何分布**といい, $HG(N, L, n)$ と表す.

命題 9.9　　X を超幾何分布 $HG(N, L, n)$ に従う確率変数とする. このとき,
次が成り立つ.

(i) $E(X) = \frac{nL}{N}$.

(ii) $Var(X) = \frac{nL(N-n)(N-L)}{N^2(N-1)}$.

証明　　まず, $HG(N - 1, L - 1, n - 1)$ を考えることにより

$$\sum_{y=\max(0, n-N+L-1)}^{\min(n-1, L-1)} \frac{\binom{L-1}{y}\binom{N-L}{n-1-y}}{\binom{N-1}{n-1}} = 1$$

が成り立つことに注意する.

$$
\begin{aligned}
\mathrm{E}(X) &= \sum_{x=\max(0,n-N+L)}^{\min(n,L)} x \frac{\binom{L}{x}\binom{N-L}{n-x}}{\binom{N}{n}} = \sum_{x=\max(1,n-N+L)}^{\min(n,L)} L \frac{\binom{L-1}{x-1}\binom{N-L}{n-x}}{\binom{N}{n}} \\
&= L \sum_{y=\max(1,n-N+L)-1}^{\min(n,L)-1} \frac{\binom{L-1}{y}\binom{N-L}{n-1-y}}{\binom{N}{n}} \\
&= \frac{L}{N/n} \sum_{y=\max(0,n-N+L-1)}^{\min(n-1,L-1)} \frac{\binom{L-1}{y}\binom{N-L}{n-1-y}}{\binom{N-1}{n-1}} = \frac{nL}{N}
\end{aligned}
$$

を得る. 同様にして

$$
\begin{aligned}
\mathrm{E}[X(X-1)] &= \sum_{x=\max(0,n-N+L)}^{\min(n,L)} x(x-1) \frac{\binom{L}{x}\binom{N-L}{n-x}}{\binom{N}{n}} \\
&= \sum_{x=\max(2,n-N+L)}^{\min(n,L)} L(L-1) \frac{\binom{L-2}{x-2}\binom{N-L}{n-x}}{\binom{N}{n}} \\
&= L(L-1) \sum_{y=\max(2,n-N+L)-2}^{\min(n,L)-2} \frac{\binom{L-2}{y}\binom{N-L}{n-2-y}}{\binom{N}{n}} \\
&= \frac{L(L-1)n(n-1)}{N(N-1)} \sum_{y=\max(0,n-N+L-2)}^{\min(n-2,L-2)} \frac{\binom{L-2}{y}\binom{N-L}{n-2-y}}{\binom{N-2}{n-2}} \\
&= \frac{L(L-1)n(n-1)}{N(N-1)}
\end{aligned}
$$

となり,

$$
\mathrm{Var}(X) = \frac{n(n-1)L(L-1)}{N(N-1)} - \left(\frac{nL}{N}\right)^2 + \left(\frac{nL}{N}\right) = \frac{nL(N-n)(N-L)}{N^2(N-1)}
$$

を得る. □

9.3.4　ガンマ分布

定義 9.9

$r, \lambda > 0$ のとき,

$$f_X(x) = \begin{cases} \frac{1}{\lambda^r \Gamma(r)} x^{r-1} e^{-x/\lambda} & (x > 0), \\ 0 & (その他) \end{cases}$$

を確率密度関数としてもつ確率分布を**ガンマ分布**といい, $\mathrm{Ga}(r, \lambda)$ と表す.

ガンマ分布 $\mathrm{Ga}(r, \lambda)$ の確率密度関数の概形は図 9.3 参照.

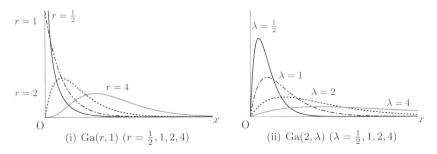

(i) $\mathrm{Ga}(r, 1)$ $(r = \frac{1}{2}, 1, 2, 4)$　　　　(ii) $\mathrm{Ga}(2, \lambda)$ $(\lambda = \frac{1}{2}, 1, 2, 4)$

図 9.3　ガンマ分布 $\mathrm{Ga}(r, \lambda)$ の確率密度関数の概形

注意 9.3　　(i) $\mathrm{Ga}(1, \lambda)$ は $\mathrm{Ex}(\lambda)$ と一致する.

(ii) $\mathrm{Ga}(n/2, 2)$ は χ_n^2 と一致する.

問 9.1　　注意 9.3 を確認せよ.

命題 9.10　X をガンマ分布 $\mathrm{Ga}(r, \lambda)$ に従う確率変数とする. このとき, 次が成り立つ.

(i) $\mathrm{E}(X) = r\lambda$.

(ii) $\mathrm{Var}(X) = r\lambda^2$.

(iii) $M_X(t) = (1 - \lambda t)^{-r}$ $(-\infty < t < 1/\lambda)$.

証明　$y = x/\lambda$, $(1/\lambda - t)x = v$ と変数変換することにより次を得る.

(i) $E(X) = \frac{1}{\lambda^r \Gamma(r)} \int_0^\infty x^r e^{-x/\lambda} dx = \frac{1}{\lambda^r \Gamma(r)} \int_0^\infty (\lambda y)^r e^{-y} \lambda dy = \frac{\lambda}{\Gamma(r)} \int_0^\infty y^r e^{-y} dy = r\lambda.$

(ii) $E(X^2) = \frac{1}{\lambda^r \Gamma(r)} \int_0^\infty x^{r+1} e^{-\lambda x} dx = \frac{1}{\lambda^r \Gamma(r)} \int_0^\infty (\lambda y)^{r+1} e^{-y} \lambda dy = \lambda^2 \frac{\Gamma(r+2)}{\Gamma(r)} = r(r+1)\lambda^2.$ よって，$Var(X) = r(r+1)\lambda^2 - r^2\lambda^2 = r\lambda^2.$

(iii) $M_X(t) = \frac{1}{\lambda^r \Gamma(r)} \int_0^\infty x^{r-1} e^{-x/\lambda} e^{tx} dx = \frac{1}{\lambda^r \Gamma(r)} \int_0^\infty x^{r-1} e^{-(1/\lambda - t)x} dx = \frac{1}{\lambda^r \Gamma(r)} \int_0^\infty \left(\frac{v}{1/\lambda - t} \right)^{r-1} e^{-v} \frac{dv}{1/\lambda - t} = (1 - \lambda t)^{-r}.$ □

命題 9.11　X, Y を独立にそれぞれガンマ分布 $Ga(r_1, \lambda)$, $Ga(r_2, \lambda)$ に従う確率変数とする. このとき，$X + Y$ はガンマ分布 $Ga(r_1 + r_2, \lambda)$ に従う. すなわち，ガンマ分布 $Ga(r, \lambda)$ は r に関して再生性をもつ.

証明　命題 3.1, 9.10 (iii) より

$$M_{X+Y}(t) = (1 - \lambda t)^{-r_1} (1 - \lambda t)^{-r_2} = (1 - \lambda t)^{-(r_1 + r_2)}$$

であるので，$X + Y$ はガンマ分布 $Ga(r_1 + r_2, \lambda)$ に従うことがわかる.　□

系 9.1　$X_1, \ldots, X_r$ を互いに独立に指数分布 $Ex(\lambda)$ に従う確率変数とする. このとき，$\sum_{i=1}^r X_i$ はガンマ分布 $Ga(r, \lambda)$ に従う.

9.3.5　ベータ分布

定義 9.10

$\alpha, \beta > 0$ のとき,

$$f_X(x) = \begin{cases} \frac{1}{B(\alpha,\beta)} x^{\alpha-1}(1-x)^{\beta-1} & (0 < x < 1), \\ 0 & (その他) \end{cases}$$

を確率密度関数としてもつ確率分布を**ベータ分布** といい，$Be(\alpha, \beta)$ と表す.

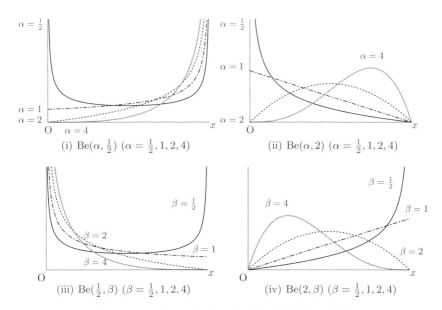

(i) $\mathrm{Be}(\alpha, \frac{1}{2})$ $(\alpha = \frac{1}{2}, 1, 2, 4)$ 　　(ii) $\mathrm{Be}(\alpha, 2)$ $(\alpha = \frac{1}{2}, 1, 2, 4)$

(iii) $\mathrm{Be}(\frac{1}{2}, \beta)$ $(\beta = \frac{1}{2}, 1, 2, 4)$ 　　(iv) $\mathrm{Be}(2, \beta)$ $(\beta = \frac{1}{2}, 1, 2, 4)$

図 9.4　ベータ分布 $\mathrm{Be}(\alpha, \beta)$ の確率密度関数の概形

ベータ分布 $\mathrm{Be}(\alpha, \beta)$ の確率密度関数の概形は図 9.4 参照.

注意 9.4　$\mathrm{Be}(1, 1)$ は $\mathrm{U}(0, 1)$ と一致する.

命題 9.12　X をベータ分布 $\mathrm{Be}(\alpha, \beta)$ に従う確率変数とする. このとき, 次が成り立つ.

(i) $\mathrm{E}(X) = \dfrac{\alpha}{\alpha + \beta}$.

(ii) $\mathrm{Var}(X) = \dfrac{\alpha\beta}{(\alpha + \beta)^2 (\alpha + \beta + 1)}$.

証明

(i) $\mathrm{E}(X) = \frac{1}{B(\alpha,\beta)} \int_0^1 x^\alpha (1-x)^{\beta-1} dx = \frac{B(\alpha+1,\beta)}{B(\alpha,\beta)} \frac{1}{B(\alpha+1,\beta)} \int_0^1 x^\alpha (1-x)^{\beta-1} dx = \frac{B(\alpha+1,\beta)}{B(\alpha,\beta)} = \frac{\Gamma(\alpha+1)\Gamma(\beta)}{\Gamma(\alpha+\beta+1)} \frac{\Gamma(\alpha+\beta)}{\Gamma(\alpha)\Gamma(\beta)} = \frac{\alpha}{\alpha+\beta}$.

(ii) $\mathrm{E}(X^2) = \frac{1}{B(\alpha,\beta)} \int_0^1 x^{\alpha+1} (1-x)^{\beta-1} dx = \frac{B(\alpha+2,\beta)}{B(\alpha,\beta)} \frac{1}{B(\alpha+2,\beta)} \int_0^1 x^{\alpha+1} (1-$

$$x)^{\beta-1}dx = \frac{B(\alpha+2,\beta)}{B(\alpha,\beta)} = \frac{\Gamma(\alpha+2)\Gamma(\beta)}{\Gamma(\alpha+\beta+2)}\frac{\Gamma(\alpha+\beta)}{\Gamma(\alpha)\Gamma(\beta)} = \frac{(\alpha+1)\alpha}{(\alpha+\beta+1)(\alpha+\beta)}.$$ よって，

$$\mathrm{Var}(X) = \frac{(\alpha+1)\alpha}{(\alpha+\beta+1)(\alpha+\beta)} - \left(\frac{\alpha}{\alpha+\beta}\right)^2 = \frac{\alpha\beta}{(\alpha+\beta+1)(\alpha+\beta)^2}$$ を得る．　□

9.3.6　コーシー分布

定義 9.11

$\mu \in \mathbb{R},\, \sigma \in \mathbb{R}_+$ のとき，

$$f_X(x) = \frac{\sigma}{\pi\{(x-\mu)^2 + \sigma^2\}} \quad (x \in \mathbb{R})$$

を確率密度関数としてもつ確率分布を**コーシー分布**といい，$\mathrm{C}(\mu,\sigma)$ と表す．

コーシー分布 $\mathrm{C}(\mu,\sigma)$ の確率密度関数の概形は図 9.5 参照．

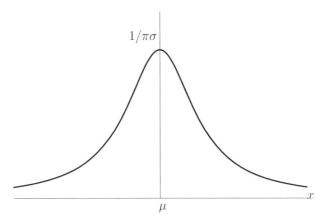

図 9.5　コーシー分布 $\mathrm{C}(\mu,\sigma)$ の確率密度関数の概形

命題 9.13　X をコーシー分布 $\mathrm{C}(\mu,\sigma)$ に従う確率変数とする．このとき，X の平均，分散は存在しない．

証明　例 2.12 による．

命題 9.14 X, Y を独立にそれぞれコーシー分布 $\mathrm{C}(\mu_1, \sigma_1)$, $\mathrm{C}(\mu_2, \sigma_2)$ に従う確率変数とする. このとき, $X + Y$ はコーシー分布 $\mathrm{C}(\mu_1 + \mu_2, \sigma_1 + \sigma_2)$ に従う. すなわち, コーシー分布 $\mathrm{C}(\mu, \sigma)$ は (μ, σ) に関して再生性をもつ.

証明は例えば [16] 参照.

■ 9.4 尤度比検定

第7章では, 母集団分布に正規分布を仮定して, 種々の仮説検定を講じたが, 本節では正規分布に限らない母集団分布に対して, 仮説検定について議論する.

9.4.1 尤度比検定

本節では, 確率ベクトル $\boldsymbol{X}$ は未知母数として $\boldsymbol{\theta}_1$, $\boldsymbol{\theta}_2$ をもつ確率分布に従い, $\boldsymbol{\theta}_1 \in \Theta_1 \subset \mathbb{R}^{k_1}$ を興味ある母数, $\boldsymbol{\theta}_2 \in \Theta_2 \subset \mathbb{R}^{k_2}$ を局外母数とし, $\boldsymbol{\theta} := (\boldsymbol{\theta}_1', \boldsymbol{\theta}_2')' \in \Theta := \Theta_1 \times \Theta_2$ の尤度関数を $L(\boldsymbol{\theta})$ とする. また, $\Theta_{10} \subset \Theta_1$ に対して $\Theta_0 := \Theta_{10} \times \Theta_2$ とする. このとき, $\boldsymbol{\theta}_1$ に関する仮説検定

$$(9.1) \qquad \text{帰無仮説 } \mathrm{H}_0 : \boldsymbol{\theta}_1 \in \Theta_{10}, \qquad \text{対立仮説 } \mathrm{H}_1 : \boldsymbol{\theta}_1 \notin \Theta_{10}$$

を考える.

定義 9.12

$\boldsymbol{x}$ を $\boldsymbol{X}$ の実現値, $L(\boldsymbol{\theta})$ を $\boldsymbol{\theta}$ の尤度関数とするとき,

$$\lambda(\boldsymbol{x}) := \frac{\max_{\boldsymbol{\theta} \in \bar{\Theta}_0} L(\boldsymbol{\theta})}{\max_{\boldsymbol{\theta} \in \bar{\Theta}} L(\boldsymbol{\theta})}$$

を $\boldsymbol{\theta}_1$ に関する**尤度比**といい, $\lambda(\boldsymbol{X})$ を**尤度比検定統計量** という.

尤度比 $\lambda(\boldsymbol{x})$ は $0 < \lambda(\boldsymbol{x}) \le 1$ を満たすことがわかる. また, H_0 が真のとき, $\lambda(\boldsymbol{x})$ は1に近い値をとる傾向があり, 逆に H_1 が真のとき, $\lambda(\boldsymbol{x})$ は0に近い値をとる傾向があることがわかる. すなわち, $\lambda(\boldsymbol{x})$ が小さいとき, H_0 を棄却

すればよいことがわかる．このように尤度比検定統計量を用いる検定法を**尤度比検定**という．

例 9.1　$\boldsymbol{X} = (X_1, \ldots, X_n)'$ を正規分布 $\mathrm{N}(\theta, \sigma^2)$ からの無作為標本とする．ただし，$\theta \in \Theta = \mathbb{R}$ は未知であり，σ^2 は既知とする．このとき，$\theta_0 \in \Theta$ を既知として θ に関する検定

$$\text{帰無仮説 } \mathrm{H}_0 : \theta \in \{\theta_0\}, \qquad \text{対立仮説 } \mathrm{H}_1 : \theta \notin \{\theta_0\}$$

を有意水準 α で考える．$\theta \in \Theta$ の最尤推定量は $\hat{\theta}_{\mathrm{ML}} = \bar{X}$ であるので，

$$(9.2) \qquad \lambda(\boldsymbol{X}) = \exp\{-n(\bar{X} - \theta_0)^2/2\sigma^2\}$$

となることがわかる．いま，$T := \sqrt{n}(\bar{X} - \theta_0)/\sigma$ とし，T の実現値を t とすると，

$$(9.3) \qquad \text{ある } a \in (0,1) \text{ に対して } \lambda(\boldsymbol{x}) < a \Leftrightarrow \text{ある } b \text{ に対して } |t| > b$$

となる．また，H_0 の下，T は標準正規分布 $\mathrm{N}(0,1)$ に従うので，検定統計量として T，棄却域として $W = (-\infty, -z(\alpha/2)] \cup [z(\alpha/2), \infty)$ を考えればよいことがわかる．この結果は検定法 7.1 と一致している．

問 9.2　(9.2), (9.3) を示せ．

9.4.2　母相関係数に関する仮説検定

本節では，$\boldsymbol{Z} = (\boldsymbol{Z}_1', \ldots, \boldsymbol{Z}_n')'$ $(n \geq 3)$ を 2 変量正規分布 $\mathrm{N}_2(\mu_X, \mu_Y, \sigma_X^2, \sigma_Y^2, \rho)$ からの無作為標本とする．ただし，$\boldsymbol{Z}_i := (X_i, Y_i)'$ とし，$\boldsymbol{\theta} := (\mu_X, \mu_Y, \sigma_X^2, \sigma_Y^2, \rho)' \in \Theta := \mathbb{R}^2 \times \mathbb{R}_+^2 \times (-1, 1)$ は未知とする．このとき，尤度比検定により母相関係数 ρ に関する仮説検定

$$(9.4) \qquad \text{帰無仮説 } \mathrm{H}_0 : \rho = 0, \qquad \text{対立仮説 } \mathrm{H}_1 : \rho \neq 0$$

を有意水準 α で考える．まず，定理 5.2 より $\boldsymbol{\theta} \in \Theta$ の最尤推定量は

$$\hat{\boldsymbol{\theta}}_{\mathrm{ML}} = (\bar{X}, \bar{Y}, S_X^2, S_Y^2, \hat{\rho})'$$

で与えられる. ただし,

$$S_X^2 := \frac{1}{n}\sum_{i=1}^{n}(X_i-\bar{X})^2, \quad S_Y^2 := \frac{1}{n}\sum_{i=1}^{n}(Y_i-\bar{Y})^2, \quad \hat{\rho} := \frac{1}{nS_XS_Y}\sum_{i=1}^{n}(X_i-\bar{X})(Y_i-\bar{Y})$$

である. 次に, 例 5.3 より $\boldsymbol{\theta} \in \Theta_{10} := \mathbb{R}^2 \times \mathbb{R}_+^2 \times \{0\}$ の最尤推定量は

$$\hat{\boldsymbol{\theta}}_{\mathrm{ML}}^0 = (\bar{X}, \bar{Y}, S_X^2, S_Y^2, 0)'$$

となる. したがって, ρ に関する尤度比検定統計量は

$$(9.5) \qquad\qquad \lambda(\boldsymbol{Z}) = (1-\hat{\rho}^2)^{n/2}$$

となる. いま,

$$T := \frac{\hat{\rho}\sqrt{n-2}}{\sqrt{1-\hat{\rho}^2}}$$

とし, T の実現値を t, $\boldsymbol{Z}$ の実現値を $\boldsymbol{z}$ とすると,

$$(9.6) \qquad \text{ある } a \in (0,1) \text{ に対して, } \lambda(\boldsymbol{z}) < a \Leftrightarrow \text{ある } b \text{ に対して, } |t| > b$$

となる. そこで, H_0 の下, T の分布について考える.

定理 9.1　$X_1, \ldots, X_n$ を互いに独立に正規分布 $\mathrm{N}(0,1)$ に従う確率変数とし, $\boldsymbol{X} = (X_1, \ldots, X_n)'$ とおく. また, n 次対称行列 $A_1, \ldots, A_k$ は $A_1 + \cdots + A_k = I_n$ を満たし, $Q_i := \boldsymbol{X}'A_i\boldsymbol{X}$, $n_i := \mathrm{rank}(A_i)$ とおく. このとき, 以下は同値である.

(i) $Q_i\ (i = 1, \ldots, k)$ は互いに独立にカイ 2 乗分布 $\chi_{n_i}^2$ に従う.

(ii) $\sum_{i=1}^{k} n_i = n$.

(iii) $A_i^2 = A_i\ (i = 1, \ldots, k)$[脚注 9.1].

(iv) $A_i A_j = O\ (i \neq j)$.

証明は例えば [20] 参照.

脚注 9.1 一般に $A^2 = A$ を満たす行列 A を**べき等行列**という.

補題 9.3 H_0 の下，T は t 分布 t_{n-2} に従う.

証明 $\hat{\rho}$ の確率分布は μ_X, μ_Y, σ_X^2, σ_Y^2 に依存しないので，一般性を失うことなく $X_1, \ldots, X_n, Y_1, \ldots, Y_n$ は互いに独立に標準正規分布 $N(0,1)$ に従うと仮定することが出来る. いま，

$$A^2(\boldsymbol{y}) := \sum_{i=1}^{n} (y_i - \bar{y})^2 = \boldsymbol{y}' \left(I - \frac{1}{n} \mathbf{1}_n \mathbf{1}_n' \right) \boldsymbol{y},$$

$$B(\boldsymbol{x}, \boldsymbol{y}) := \frac{1}{A(\boldsymbol{x})} \sum_{i=1}^{n} (x_i - \bar{x})(y_i - \bar{y}) = \frac{1}{A(\boldsymbol{x})} \boldsymbol{x}' \left(I - \frac{1}{n} \mathbf{1}_n \mathbf{1}_n' \right) \boldsymbol{y},$$

$$C^2(\boldsymbol{x}, \boldsymbol{y}) := A^2(\boldsymbol{y}) - B^2(\boldsymbol{x}, \boldsymbol{y})$$

とおくと

$$B^2(\boldsymbol{x}, \boldsymbol{y}) = \boldsymbol{y}' \Sigma_1(\boldsymbol{x}) \boldsymbol{y}, \quad C^2(\boldsymbol{x}, \boldsymbol{y}) = \boldsymbol{y}' \Sigma_2(\boldsymbol{x}) \boldsymbol{y}$$

となる. ただし，

$$\Sigma_1(\boldsymbol{x}) := \frac{1}{A^2(\boldsymbol{x})} \left(I - \frac{1}{n} \mathbf{1}_n \mathbf{1}_n' \right) \boldsymbol{x} \boldsymbol{x}' \left(I - \frac{1}{n} \mathbf{1}_n \mathbf{1}_n' \right),$$

$$\Sigma_2(\boldsymbol{x}) := \left(I - \frac{1}{n} \mathbf{1}_n \mathbf{1}_n' \right) - \Sigma_1(\boldsymbol{x})$$

とする. このとき，定理 3.5(ii) より $A^2(\boldsymbol{Y})$ はカイ 2 乗分布 χ_{n-1}^2 に従うことがわかる. また，確率 1 で

$$(9.7) \qquad\qquad\qquad \mathrm{rank}(\Sigma_1(\boldsymbol{X})) = 1$$

が示される. したがって，定理 9.1 より確率 1 で $\mathrm{rank}(\Sigma_2(\boldsymbol{X})) = n-2$ となり，さらに（$\boldsymbol{X} = \boldsymbol{x}$ が与えられたとき）以下のことが順にわかる.

(i) $B(\boldsymbol{x}, \boldsymbol{Y})$ は標準正規分布 $N(0,1)$ に従う.

(ii) $B^2(\boldsymbol{x}, \boldsymbol{Y})$ はカイ 2 乗分布 χ_1^2 に従う.

(iii) $C^2(\boldsymbol{x}, \boldsymbol{Y})$ はカイ 2 乗分布 χ_{n-2}^2 に従う.

(iv) $T = B(\boldsymbol{x}, \boldsymbol{Y})\{C^2(\boldsymbol{x}, \boldsymbol{Y})/(n-2)\}^{-1/2}$ は t 分布 t_{n-2} に従う.

t 分布 t_{n-2} は $\boldsymbol{x}$ に無関係であるので, T は t 分布 t_{n-2} に従うことがわかる.　□

以上のことをまとめることにより, 次の検定法を得る.

検定法 9.1

相関係数 ρ に関する仮説検定 (9.4) を有意水準 α で考える. 検定統計量 T は

$$T = \frac{\hat{\rho}\sqrt{n-2}}{\sqrt{1-\hat{\rho}^2}}$$

となり, 棄却域 W は

$$W = (-\infty, -\mathrm{t}_{n-2}(\alpha/2)] \cup [\mathrm{t}_{n-2}(\alpha/2), \infty)$$

となる.

問 9.3　(9.5), (9.6), (9.7) を示せ.

9.4.3　尤度比検定統計量の漸近分布

本節では検定 (9.1) において, 特に Θ_{10} がある集合 Ξ で定義された連続微分可能な関数 $\boldsymbol{g}$ を用いて, $\Theta_{10} := \{\boldsymbol{g}(\boldsymbol{\xi}) : \boldsymbol{\xi} \in \Xi\}$ と表されている場合の検定問題を漸近的な立場から考える.

未知母数 $\boldsymbol{\theta}_1$ に関する仮説検定

帰無仮説 $\mathrm{H}_0 : \boldsymbol{\theta} \in \Theta_{10}$,　　　対立仮説 $\mathrm{H}_1 : \boldsymbol{\theta} \notin \Theta_{10}$

を有意水準 α で考える. ただし, $\boldsymbol{\theta} = (\boldsymbol{\theta}_1', \boldsymbol{\theta}_2')'$, $\Theta_{10} := \{\boldsymbol{g}(\boldsymbol{\xi}) : \boldsymbol{\xi} \in \Xi\}$ である.

定理 9.2　$\boldsymbol{\theta} \in \Theta, \boldsymbol{\xi} \in \Xi$ のフィッシャー情報量行列, 最尤推定量は存在し, それぞれ

$$I(\boldsymbol{\theta}) := \mathrm{E}_{\boldsymbol{\theta}}[s_n(\boldsymbol{\theta})s_n'(\boldsymbol{\theta})], \quad J(\boldsymbol{\xi}) := \mathrm{E}_{\boldsymbol{\xi}}[\tilde{s}_n(\boldsymbol{\xi})\tilde{s}_n'(\boldsymbol{\xi})],$$

$$\sqrt{n}I(\boldsymbol{\theta})(\hat{\boldsymbol{\theta}}_{\mathrm{ML}}-\boldsymbol{\theta}) = \frac{1}{\sqrt{n}}s_n(\boldsymbol{\theta})+\mathrm{o}_p(1), \quad \sqrt{n}J(\boldsymbol{\xi})(\hat{\boldsymbol{\xi}}_{\mathrm{ML}}-\boldsymbol{\xi}) = \frac{1}{\sqrt{n}}\tilde{s}_n(\boldsymbol{\xi})+\mathrm{o}_p(1)$$

となることを仮定する[脚注 9.2]. ここで,

$$s_n(\boldsymbol{\theta}) := \frac{d}{d\boldsymbol{\theta}} \log L(\boldsymbol{\theta}), \quad \tilde{s}_n(\boldsymbol{\xi}) := \frac{d}{d\boldsymbol{\xi}} \log L(\boldsymbol{g}(\boldsymbol{\xi}))$$

である. このとき, $\boldsymbol{\theta} \in \Theta_0$ であれば

(9.8)
$$-2\log \lambda(\boldsymbol{X}) \overset{\mathcal{L}}{\longrightarrow} \chi^2_{k-s}$$

が成り立つ. ただし, $k := \dim \Theta$, $s := \dim \Xi$ である.

証明は例えば [23] 参照.

定理 9.2 より, 次の検定法を得る.

検定法 9.2

未知母数 $\boldsymbol{\theta}_1$ に関する仮説検定

帰無仮説 $\mathrm{H}_0 : \boldsymbol{\theta} \in \Theta_{10}$,　　対立仮説 $\mathrm{H}_1 : \boldsymbol{\theta} \notin \Theta_{10}$

を有意水準 α で考える. ただし, $\Theta_{10} := \{\boldsymbol{g}(\boldsymbol{\xi}) : \boldsymbol{\xi} \in \Xi\}$ である. このとき, 検定統計量は

$$-2\log \lambda(\boldsymbol{X})$$

となり, 棄却域は

$$W = [\chi^2_{k-s}(\alpha), \infty)$$

となる.

章末問題 9

9.1 $\mathrm{E}(X^2) < \infty$ のとき, $\mathrm{E}(|X|) < \infty$, $\mathrm{Var}(X) < \infty$ が成り立つことを

[脚注 9.2] 通常, より緩い条件, すなわち, これらの漸近展開が可能であるための十分条件が仮定される. 詳しくは例えば Shao [23] 参照.

示せ.

9.2 無記憶性をもつ確率分布に従う確率変数 X に対して，$X-1$ は幾何分布に従うことを示せ. ただし，$\mathrm{P}(X \in \mathbb{N}) = 1$ とする.

9.3 $\boldsymbol{X} = (X_1, \ldots, X_n)'$ をガンマ分布 $\mathrm{Ga}(r, \lambda)$ からの無作為標本とする. ただし，$(r, \lambda)' \in \mathbb{R}_+^2$ は未知である. このとき，$(r, \lambda)'$ の尤度方程式は

$$\begin{cases} \hat{r}_{\mathrm{ML}} \cdot \hat{\lambda}_{\mathrm{ML}} = \bar{x}, \\ \frac{1}{n} \sum_{i=1}^n \log x_i = \log \hat{\lambda}_{\mathrm{ML}} + \psi(\hat{\gamma}_{\mathrm{ML}}) \end{cases}$$

となることを示せ. ここで，$\psi(x) = (d/dx) \log \Gamma(x)$ である.

9.4 X を F 分布 F_n^m に従う確率変数とする. このとき，$Y = mX/(n+mX)$ はベータ分布 $\mathrm{Be}(m/2, n/2)$ に従うことを示せ.

9.5 X, Y を独立にそれぞれ F 分布 F_n^m，2項分布 $\mathrm{B}(N, p)$ に従う確率変数とし，累積分布関数をそれぞれ F_X, F_Y とし，$k = m/2$，$N - (k-1) = n/2$ とする. このとき，次が成り立つことを示せ.

$$F_Y(k-1) + F_X\left(\frac{n}{m}\frac{p}{1-p}\right) = 1.$$

9.6 X をコーシー分布 $\mathrm{C}(0, 1)$ に従う確率変数とする. このとき，$Y = 1/X$ はコーシー分布 $\mathrm{C}(0, 1)$ に従うことを示せ.

9.7 $(X_1, \ldots, X_n)'$ をコーシー分布 $\mathrm{C}(\mu, \sigma)$ からの無作為標本とする. このとき，$\bar{X}$ はコーシー分布 $\mathrm{C}(\mu, \sigma)$ に従うことを示せ.

略解

第 I 部

第 1 章

問 1.1 省略.

問 1.2 $A_1 = A, A_2 = B, A_n = \emptyset \ (n = 3, 4, \ldots)$ とすれば $(F3)'$ が成り立つことがわかる.

問 1.3 省略.

問 1.4 $[a, b) = \bigcap_{n=1}^{\infty} (a - 1/n, b)$ について. $x \in [a, b) \overset{①}{\underset{}{\Longleftrightarrow}} \forall n \in \mathbb{N}, a - 1/n < x < b \overset{②}{\underset{}{\Longleftrightarrow}} x \in \bigcap_{n=1}^{\infty} (a - 1/n, b)$ が成り立つ. 実際, $\overset{②}{\Longleftrightarrow}$ は定義そのもの. $\overset{①}{\Longrightarrow}$ は自明. $\overset{①}{\Longleftarrow}$ について. $\varepsilon := (a - x)/2 > 0$ を仮定する. $\varepsilon > 1/n$ となる n に対して, $x > a - 1/n > a - \varepsilon$ が成り立つ. つまり, $x > a$ となり仮定に矛盾する. その他も同様.

問 1.5 $B_n := A_n \bigcap (0, 1]$ とおく. $t \in \bigcup_{n=1}^{\infty} B_n \implies \exists n_0 \in \mathbb{N} \ \text{s.t.} \ t \in B_{n_0}$ かつ $t \notin B_m (m \neq n_0) \implies$ (右辺) $= 1 = $ (左辺). $t \notin \bigcup_{n=1}^{\infty} B_n \implies \forall n \in \mathbb{N}, t \notin B_n \implies$ (右辺) $= 0 = $ (左辺).

問 1.6 $5/6$.

章末問題 1

1.1 (1), (2) 省略. (3) $P(\{1, 2, 3\}) = 5/6$, $P(\{2, 3, 4\}) = 1/2$, $P(\{1, 4\}) =$

2/3.

1.2 (1) $P(A \cup B) - \{P(A) + P(B)\}/2 = \{P((A \setminus B) \cup (B \setminus A))\}/2 \geq 0.$ $\{P(A) + P(B)\}/2 - P(A \cap B) = \{P((A \setminus B) \cup (B \setminus A))\}/2 \geq 0.$ (2) (1) より明らか.

1.3 $P(A \cap B) = P(A)P(B) \Longrightarrow P(A^c \cap B^c) = P((A \cup B)^c) = 1 - P(A \cup B) = 1 - \{P(A) + P(B) - P(A \cap B)\} = 1 - P(A) - P(B) + P(A)P(B) = (1 - P(A))(1 - P(B)) = P(A^c)P(B^c).$

1.4 (右辺) $= P(C) \cdot \{P(B \cap C)/P(C)\} \cdot \{P(A \cap B \cap C)/P(B \cap C)\} =$ (左辺).

第 2 章

問 2.1 (1) $0 \ (x < c); 1 \ (c \leq x).$ (2) 離散型.

問 2.2 p_X について. $x > c$ に対して, $p_X(x) = P(X = x) \leq P(X > c) = 1 - P(X \leq c) = 0$ となる. f_X について. $x > c$ に対して, $F(x) = F(c) = 1$ であり, $f_X(x) = 0$ は $\int_c^x f_X(u)du = 0$ を満足する.

問 2.3 (1) $p_{X|Y}(x_m|y) > 0 \ (m \in \mathbb{N})$ は自明. また, $\sum_{m=1}^{\infty} p_{X|Y}(x_m|y) = \sum_{m=1}^{\infty} p_{X,Y}(x_m, y)/p_Y(y) = 1.$

(2) $f_{X|Y}(x|y) \geq 0 \ (x \in \mathbb{R})$ は自明. また, $\int_{-\infty}^{\infty} f_{X|Y}(x|y)dx = \int_{-\infty}^{\infty} f_{X,Y}(x,y)/f_Y(y)dx = 1.$ $\qquad\square$

問 2.4 $F_{X_{(1)}}(x) = P(X_{(1)} \leq x) = 1 - P(X_{(1)} > x) = 1 - P(X_1 > x) \cdots P(X_n > x) = 1 - \{1 - F_{X_{(1)}}(x)\}^n$ であるので, $f_{X_{(1)}}(x) = (d/dx)F_{X_{(1)}}(x) = n(1 - F_{X_{(1)}}(x))^{n-1}f_{X_{(1)}}(x)$ を得る.

問 2.5 脚注 2.11 において関数 g_1, g_2 を $g_1(x,y) = x, g_2(x,y) = c$ とおくことにより得られる.

問 2.6 省略.

章末問題 2

2.1 $\mathrm{E}(X) = c$, $\mathrm{Var}(X) = 0$.

2.2 (1) $c = 2$.

(2) $F_X(x) = e^{2x}/2 \ (x < 0); = 1 - e^{-2x}/2 \ (x \geq 0)$.

(3) $\mathrm{E}(X) = 0$, $\mathrm{Var}(X) = 1/2$.

2.3 (1) $f_Y(y) = y^{q-1}(1-y)^{p+r-1}/B(q, p+r) \ (0 < y < 1)$.

(2) $f_{X|Y}(x|y) = \Gamma(p+r)x^{p-1}(1-x-y)^{r-1}/\{\Gamma(p)\Gamma(r)(1-y)^{p+r-1}\}$.

(3) $\mathrm{E}(X^l) = \{\Gamma(p+q+r)\Gamma(p+l)\}/\{\Gamma(p)\Gamma(p+q+r+l)\}$, $\mathrm{E}(Y^m) = \{\Gamma(p+q+r)\Gamma(q+m)\}/\{\Gamma(q)\Gamma(p+q+r+m)\}$, $\mathrm{E}(X^lY^m) = \{\Gamma(p+q+r)\Gamma(p+l)\Gamma(q+m)\}/\{\Gamma(p)\Gamma(q)\Gamma(p+q+r+l+m)\}$.

(4) $\rho(X, Y) = -\sqrt{pq/\{(p+r)(q+r)\}}$.

2.4 (1) $f_X(x) = 2\sqrt{1-x^2}/\pi \ (|x| \leq 1)$.

(2) $\mathrm{E}(X) = \mathrm{E}(Y) = \mathrm{E}(XY) = 0$ より $\rho(X, Y) = 0$.

(3) $\mathcal{S} = \{(x,y) : -1 \leq x, y \leq 1\} \setminus \{(x,y) : x^2 + y^2 \leq 1\}$ とすると，$(x,y) \in \mathcal{S}$ のとき $f_{X,Y}(x, y) \neq f_X(x)f_Y(y)$ であるので独立でない．

2.5 (1) $z, w \in \{1, 2, \ldots, 6\}$, $p_{Z,W}(z, w) = 1/18 \ (z < w); = 1/36 \ (z = w); = 0 \ (z > w)$.

(2) $\mathrm{P}(Z = 2|W < 5) = 5/16$, $\mathrm{P}(Z = W) = 1/6$.

(3) $p_Z(z) = (13 - 2z)/36 \ (z = 1, 2, \ldots, 6); = 0$ （その他）．

(4) $p_W(w) = (2w - 1)/36 \ (w = 1, 2, \ldots, 6); = 0$ （その他）．

(5) 例えば，$p_{Z,W}(1,1) = 1/36 \neq p_Z(1)p_W(1) = 11/36^2$ であるので，X と Y は独立でない．

第 3 章

問 3.1 省略．

問 3.2　$t > 0$ に対して，$\int_0^\infty e^{tx}/(1+x^2)dx \geq \int_1^\infty t^2 x^2/(1+x^2)dx/2 \geq \int_1^\infty t^2/4 dx = \infty$ となる．$t < 0$ に対しても同様．

問 3.3　省略．　**問 3.4**　省略．

問 3.5　$q_n = (1-p)^n \approx e^{-np} \leq e^{-1}$ より，$n \geq 1/p = 649,740$ となり，最小の自然数は $649,740$ となる．

問 3.6　省略．　**問 3.7**　省略．

問 3.8　$G(t) := 1 - F(t)$ とおくと，無記憶性は $G(t_1 + t_2) = G(t_1)G(t_2)$ $(\forall t_1, t_2 \geq 0)$ と書ける．さらに，$f(t) := \log G(t)$ とおくと，c を定数として $f(t) = ct$ $(t > 0)$ と表される（例えば [4] 問題 1.17(2) 参照）．したがって，$F(t) = 1 - e^{ct}$ $(t > 0; c < 0)$ となり，これは指数分布の累積分布関数である．逆に $F(t) = 1 - e^{ct}$ $(t > 0; c < 0)$ とすれば無記憶性を満たすことは明らか．

問 3.9　省略．　**問 3.10**　省略．　**問 3.11**　省略．　**問 3.12**　省略．

問 3.13　省略．

問 3.14　$P = \begin{pmatrix} 1/\sqrt{3} & -1/\sqrt{2} & -1/\sqrt{6} \\ 1/\sqrt{3} & 1/\sqrt{2} & -1/\sqrt{6} \\ 1/\sqrt{3} & 0 & 2/\sqrt{6} \end{pmatrix}.$

問 3.15　$\mathcal{X} := \{x : p_X(x) > 0\}$ とすると，$\mathrm{E}[\chi_{\{|X-\mu|\geq a\}}(X)] = \sum_{x \in \mathcal{X}} \chi_{\{|x-\mu|\geq a\}}(x)p_X(x) = \sum_{x \in \mathcal{X}:|x-\mu|\geq a} p_X(x) = \mathrm{P}(|X - \mu| \geq a).$

問 3.16　十分性は章末問題 2.1 によるので必要性のみ示す．$\mathrm{E}(X) = \mu$，$A_n = (\mu - 1/n, \mu + 1/n)$ $(n \in \mathbb{N})$ とすると，$\bigcap_{n=1}^\infty A_n = \{\mu\}$ となるので，シュワルツの不等式（命題 9.3）より，$\mathrm{P}(X \neq \mu) = \mathrm{P}(X \in (\bigcap_{n=1}^\infty A_n)^c) = \mathrm{P}(X \in \bigcup_{n=1}^\infty A_n^c) \leq \sum_{n=1}^\infty \mathrm{P}(X \in A_n^c)$ が成り立つ．定理 3.8 において，$a = 1/n$ とすることにより，$\mathrm{P}(X \in A_n^c) = 0$ となるので，$\mathrm{P}(X \neq \mu) = 0$ を得る．

章末問題 3

3.1 $2p(1-p)$, $2p(1-p)$, $p(1-p)$, $p(1-p)$.

3.2 $y^{n-1}e^{-y^2/2}/\{\Gamma(n/2)2^{n/2-1}\}$ $(y > 0); 0$ $(y \leq 0)$（カイ分布）.

3.3 $1/\{\pi(1+y^2)\}$ $(y \in \mathbb{R})$（コーシー分布）.

3.4 $\{2m^{m/2}n^{n/2}/B(m/2, n/2)\}e^{my}(me^{2y}+n)^{-(m+n)/2}$ $(y \in \mathbb{R})$（フィッシャーの z 分布）.

3.5 $z^{m/2-1}(1-z)^{n/2-1}/B(m/2, n/2)$ $(0 < z < 1); 0$（その他）（ベータ分布 $\text{Be}(m/2, n/2)$）.

3.6 (1) $\text{N}(0, 2\sigma^2)$. (2) $2\sigma/\sqrt{\pi}$.

3.7 (1) $\exp(-z_1^2/4)/2\sqrt{\pi}$ $(z_1 \in \mathbb{R})$.

(2) $\exp(-z_2^2/4)/2\sqrt{\pi}$ $(z_2 \in \mathbb{R})$.

(3) $1/\{\pi(1+z_3^2)\}$ $(z_3 \in \mathbb{R})$.

(4) $z_4^{-1/2}\exp(-z_4/2)/\sqrt{2\pi}$ $(z_4 > 0); 0$ $(z_4 \leq 0)$.

3.8 $\exp\{-|z|/\lambda\}/2\lambda$ $(-\infty < z < \infty)$（両側指数分布 $\text{TSE}(0, \lambda)$）.

3.9 (1) $\Phi(\alpha x) = \int_{-\infty}^{0} \phi(y+\alpha x)dy$, $\phi(x)\phi(y+\alpha x) = \phi(\sqrt{1+\alpha^2}(x+\alpha y/(1+\alpha^2)))\phi(y/\sqrt{1+\alpha^2})$ であるので, $\int_{-\infty}^{\infty} f_{X_\alpha}(x)dx$
$= 2\int_{-\infty}^{\infty}\int_{-\infty}^{0} \phi(\sqrt{1+\alpha^2}(x+\alpha y/(1+\alpha^2)))\phi(y/\sqrt{1+\alpha^2})dydx = 1$.

(2) $\Phi(hx+k) = \int_{-\infty}^{k} \phi(y+hx)dy$ であるので, (1) と同様にして $\text{E}[\Phi(hX_0+k)] = \int_{-\infty}^{\infty}\int_{-\infty}^{k} \phi(\sqrt{1+h^2}(x+hy/(1+h^2)))\phi(y/\sqrt{1+h^2})dydx$
$= \Phi(k/\sqrt{1+h^2})$.

(3) $e^{tx}\phi(x) = e^{t^2/2}\phi(x-t)$ であるから, (2) より $\text{M}_{X_\alpha}(t) = 2e^{t^2/2}\text{E}[\Phi(\alpha X_0+\alpha t)] = 2e^{t^2/2}\Phi(\alpha t/\sqrt{1+\alpha^2})$ を得る.

3.10 $Y = (\bar{X} - \mu)^2 - S^2/(n-1)$, $\varepsilon = \sigma^2\sqrt{2(k^2-1)/\{n(n-1)\}}$ とおく. この
とき, $\mathrm{E}(Y) = 0$, $\mathrm{Var}(Y) = 2\sigma^4/\{n(n-1)\}$ となるので, チェビシェフの
不等式より, 任意の $k > 1$ に対して, $\mathrm{P}(Y \geq \varepsilon) \leq \mathrm{P}(|Y| \geq \varepsilon) \leq 1/(k^2-1)$
が成立する.

3.11 $\mathrm{E}(X/n) = p$, $\mathrm{Var}(X/n) = p(1-p)/n$ であるので, チェビシェフの不等
式により成立する.

3.12 $\mathrm{E}(X/n) = 1$, $\mathrm{Var}(X/n) = 2/n$ であるので, チェビシェフの不等式により
成立する.

第 II 部

第 4 章

問 4.1　(1) $\alpha_l = \sum_{x=l}^{n} \binom{n}{x} p_0^x (1-p_0)^{n-x}$.

(2) $\beta_m = \sum_{x=0}^{l-1} \binom{n}{x} p^x (1-p)^{n-x}$.

(3) $\alpha_l < \alpha_m \Leftrightarrow l > m \Leftrightarrow \beta_l > \beta_m$.

第 5 章

問 5.1　$(0 \times 109 + 1 \times 65 + 2 \times 22 + 3 \times 3 + 4 \times 1 + 0)/200 = 0.61$.

問 5.2　$h(t) := t - 1 - \log t$ に対して, $h'(t) = 1 - 1/t$, $h(1) = 0$ から従う.

問 5.3　省略.

問 5.4　(1) (i) $n/\theta(1-\theta)$, (ii) $1/\theta$, (iii) $1/\theta^2$, (iv) 1, (v) $1/2\theta^2$. (2) $f_X(x,\theta)$
は θ について偏微分不可能であることによる.

問 5.5　$\mathrm{E}_\lambda(\bar{X}) = \lambda$, $\mathrm{Var}_\lambda(\bar{X}) = 1/\{nI_{X_1}(\lambda)\}$ による.

問 5.6　$\mathrm{E}_\lambda(\bar{X}) = \lambda$, $\mathrm{Var}_\lambda(\bar{X}) = 1/\{nI_{X_1}(\lambda)\}$ による.

章末問題 5

5.1 (1) $\mathrm{Var}(U^2) = 2\sigma^4/(n-1)$.

(2) (1) とチェビシェフの不等式よる.

(3) $\mathrm{E}(\bar{X}) = \mu$, $\mathrm{E}(U^2) = \sigma^2$, $\bar{X} \amalg U^2$ より, $\mathrm{E}(\bar{X}U^2) = \mathrm{E}(\bar{X})\mathrm{E}(U^2) = \mu\sigma^2$ となる. また, $\bar{X}$, U^2 の一致性と命題 3.27 より, $\bar{X}U^2 \xrightarrow{p} \mu\sigma^2$ となる.

5.2 (1) nx^{n-1}/θ^n $(0 < x < \theta)$; 0 (その他).

(2) $R(a) = \{\frac{n}{n+2}a^2 - 2\frac{n}{n+1}a + 1\}\theta^2$.

(3) $a_* = (n+2)/(n+1)$ で最小値をとり, 最小値は $\theta^2/(n+1)^2$.

5.3 (1) $c_0 = -1/n$.

(2) $\mathrm{Var}(\bar{X}^2 + c_0) = \frac{2}{n^2} + \frac{4\theta^2}{n}$.

(3) (2) とチェビシェフの不等式による.

5.4 (1) $\mathcal{S} = \{\sum_{i=1}^n a_i X_i : a_1, \ldots, a_n \in \mathbb{R}, \ \sum_{i=1}^n a_i = 1\}$.

(2) $\hat{\theta} \in \mathcal{S}$ とすると, $\mathrm{E}[(\hat{\theta}-\theta)^2] = \theta^2 \sum_{i=1}^n a_i^2$. シュワルツの不等式より, $(\sum_{i=1}^n a_i)^2 \le n \sum_{i=1}^n a_i^2$. すなわち, $\mathrm{E}[(\hat{\theta}-\theta)^2] \ge (\sum_{i=1}^n a_i)^2/n = 1/n$. 等号成立条件は, $a_1 = a_2 = \cdots = a_n = 1/n$. 以上より, $\hat{\theta} = \bar{X}$.

5.5 (1) $\mathrm{E}(\bar{X}^3) = \mu^3 + 3\mu\sigma^2/n$.

(2) $\bar{X}^3 - 3\bar{X}U^2/n$.

5.6 (1) $L(\theta) = \exp\{-\sum_{i=1}^n |x_i - \theta|\}/2^n = \exp\{-\sum_{i=1}^n |x_{(i)} - \theta|\}/2^n$.

(2) $\hat{\theta} = X_{(k)}$.

(3) 区間 $[X_{(k)}, X_{(k+1)}]$ の任意の値.

第6章

章末問題 6

6.1 幅が $2\sigma z(\alpha/2)/\sqrt{n}$ で与えられることによる.

6.2 省略.

6.3 省略.

6.4 (1) 省略.

(2) (I) $\bar{X} \geq p$ のとき, $0 \leq \sqrt{n}(\bar{X} - p) < z(\alpha/2)\sqrt{p(1-p)}$ より $\{n + z^2(\alpha/2)\}p^2 - p\{2n\bar{X} + z^2(\alpha/2)\} + n\bar{X}^2 < 0$ となる. これを p について解くと,

$$p = \frac{1}{1 + z^2(\alpha/2)/n}\left\{\bar{X} + \frac{z^2(\alpha/2)}{2n} \pm z(\alpha/2)\sqrt{\frac{\bar{X}(1 - \bar{X})}{n} + \frac{z^2(\alpha/2)}{4n^2}}\right\}$$

$$=: \underline{p}, \bar{p} \quad (\underline{p} < \bar{p})$$

となる. ここで, $\bar{p} > \bar{X}$ が示せるので, $\underline{p} < p \leq \bar{X}$ を得る. (II) $\bar{X} < p$ のとき, 同様にして $\underline{p} < p < \bar{X}$ を得る. 以上より, $\underline{p} < p < \bar{p}$ を得る.

(3) 省略.

6.5 (1) $f_Y(y) = ny^{n-1} \ (0 \leq y \leq 1)$.

(2) (1) より $P(y_1 < Y < y_2) = y_2^n - y_1^n$ を得る.

(3) $(y_1, y_2) = (\alpha^{1/n}, 1)$.

(4) $(X_{(n)}, \alpha^{-1/n}X_{(n)})$.

第7章

問 7.1　それぞれ $P_1(Z \in W)$ を計算すればよい.

問 7.2　省略.　　**問 7.3**　省略.　　**問 7.4**　省略.

第8章

問 8.1　省略.　　**問 8.2**　省略.

問 8.3　(1) 省略.

(2) $\chi^2 \fallingdotseq 0.790 < \chi_5^2(0.05) = 11.070$ であるので，Po(0.61) に適合しているといえないこともないと判断される.

問 8.4　省略.

章末問題 8

8.1 省略.

8.2 $nX_{ij} - X_{i\cdot}X_{\cdot j} = X_{11}X_{22} - X_{12}X_{21}\ (i, j = 1, 2)$ となることから従う.

8.3 $\chi^2 \fallingdotseq 15.35 > \chi_7^2(0.05) = 14.067$ であるので，等確率ではないと判断される.

8.4 $\chi^2 = 8.93 < \chi_9^2(0.05) = 16.919$ であるので，等確率であるといえないこともないと判断される.

第9章

問 9.1　省略.

章末問題 9

9.1 命題 9.3 において，$g(x) = |x|,\ h(x) = 1$ とすることにより得られる.

9.2 無記憶性 (3.11) において，$t_1 = n - i\ (i = 1, \dots, n-1),\ t_2 = 1,$ $r = \mathrm{P}(X > 1)$ とおくことにより，$\mathrm{P}(X > n - i + 1)/\mathrm{P}(X > n - i) = r$ を得る. 各 i に関して掛け合わせることにより，$\mathrm{P}(X > n) = r^n$ となる. したがって，$\mathrm{P}(X = n) = (1 - r)r^{n-1}\ (n = 1, 2, \dots); = 0$ (その他) となる. このことから，$X - 1$ は幾何分布 G(p) に従うことがわかる. ただし，$p = \mathrm{P}(X = 1)$ である.

9.3 省略.　**9.4** 省略.　**9.5** 省略.　**9.6** 省略.　**9.7** 省略.

数表

数表 1. 標準正規分布の上側確率 $Q(a) = \mathrm{P}(X \geq a)$ の値

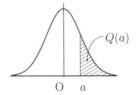

a	0.00	0.01	0.02	0.03	0.04	0.05	0.06	0.07	0.08	0.09
0.0	0.5000	0.4960	0.4920	0.4880	0.4840	0.4801	0.4761	0.4721	0.4681	0.4641
0.1	0.4602	0.4562	0.4522	0.4483	0.4443	0.4404	0.4364	0.4325	0.4286	0.4247
0.2	0.4207	0.4168	0.4129	0.4090	0.4052	0.4013	0.3974	0.3936	0.3897	0.3859
0.3	0.3821	0.3783	0.3745	0.3707	0.3669	0.3632	0.3594	0.3557	0.3520	0.3483
0.4	0.3446	0.3409	0.3372	0.3336	0.3300	0.3264	0.3228	0.3192	0.3156	0.3121
0.5	0.3085	0.3050	0.3015	0.2981	0.2946	0.2912	0.2877	0.2843	0.2810	0.2776
0.6	0.2743	0.2709	0.2676	0.2643	0.2611	0.2578	0.2546	0.2514	0.2483	0.2451
0.7	0.2420	0.2389	0.2358	0.2327	0.2296	0.2266	0.2236	0.2206	0.2177	0.2148
0.8	0.2119	0.2090	0.2061	0.2033	0.2005	0.1977	0.1949	0.1922	0.1894	0.1867
0.9	0.1841	0.1814	0.1788	0.1762	0.1736	0.1711	0.1685	0.1660	0.1635	0.1611
1.0	0.1587	0.1562	0.1539	0.1515	0.1492	0.1469	0.1446	0.1423	0.1401	0.1379
1.1	0.1357	0.1335	0.1314	0.1292	0.1271	0.1251	0.1230	0.1210	0.1190	0.1170
1.2	0.1151	0.1131	0.1112	0.1093	0.1075	0.1056	0.1038	0.1020	0.1003	0.0985
1.3	0.09680	0.09510	0.09342	0.09176	0.09012	0.08851	0.08691	0.08534	0.08379	0.08226
1.4	0.08076	0.07927	0.07780	0.07636	0.07493	0.07353	0.07215	0.07078	0.06944	0.06811
1.5	0.06681	0.06552	0.06426	0.06301	0.06178	0.06057	0.05938	0.05821	0.05705	0.05592
1.6	0.05480	0.05370	0.05262	0.05155	0.05050	0.04947	0.04846	0.04746	0.04648	0.04551
1.7	0.04457	0.04363	0.04272	0.04182	0.04093	0.04006	0.03920	0.03836	0.03754	0.03673
1.8	0.03593	0.03515	0.03438	0.03362	0.03288	0.03216	0.03144	0.03074	0.03005	0.02938
1.9	0.02872	0.02807	0.02743	0.02680	0.02619	0.02559	0.02500	0.02442	0.02385	0.02330
2.0	0.02275	0.02222	0.02169	0.02118	0.02068	0.02018	0.01970	0.01923	0.01876	0.01831
2.1	0.01786	0.01743	0.01700	0.01659	0.01618	0.01578	0.01539	0.01500	0.01463	0.01426
2.2	0.01390	0.01355	0.01321	0.01287	0.01255	0.01222	0.01191	0.01160	0.01130	0.01101
2.3	0.01072	0.01044	0.01017	0.009903	0.009642	0.009387	0.009137	0.008894	0.008656	0.008424
2.4	0.008198	0.007976	0.007760	0.007549	0.007344	0.007143	0.006947	0.006756	0.006569	0.006387
2.5	0.006210	0.006037	0.005868	0.005703	0.005543	0.005386	0.005234	0.005085	0.004940	0.004799
2.6	0.004661	0.004527	0.004396	0.004269	0.004145	0.004025	0.003907	0.003793	0.003681	0.003573
2.7	0.003467	0.003364	0.003264	0.003167	0.003072	0.002980	0.002890	0.002803	0.002718	0.002635
2.8	0.002555	0.002477	0.002401	0.002327	0.002256	0.002186	0.002118	0.002052	0.001988	0.001926
2.9	0.001866	0.001807	0.001750	0.001695	0.001641	0.001589	0.001538	0.001489	0.001441	0.001395
3.0	0.001350	0.001306	0.001264	0.001223	0.001183	0.001144	0.001107	0.001070	0.001035	0.001001

数表 2. 標準正規分布の上側 α 点 $z(\alpha)$ の値

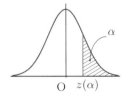

α	.000	.001	.002	.003	.004	.005	.006	.007	.008	.009
.00	∞	3.0902	2.8782	2.7478	2.6521	2.5758	2.5121	2.4573	2.4089	2.3656
.01	2.3263	2.2904	2.2571	2.2262	2.1973	2.1701	2.1444	2.1201	2.0969	2.0749
.02	2.0537	2.0335	2.0141	1.9954	1.9774	1.9600	1.9431	1.9268	1.9110	1.8957
.03	1.8808	1.8663	1.8522	1.8384	1.8250	1.8119	1.7991	1.7866	1.7744	1.7624
.04	1.7507	1.7392	1.7279	1.7169	1.7060	1.6954	1.6849	1.6747	1.6646	1.6546
.05	1.6449	1.6352	1.6258	1.6164	1.6072	1.5982	1.5893	1.5805	1.5718	1.5632
.06	1.5548	1.5464	1.5382	1.5301	1.5220	1.5141	1.5063	1.4985	1.4909	1.4833
.07	1.4758	1.4684	1.4611	1.4538	1.4466	1.4395	1.4325	1.4255	1.4187	1.4118
.08	1.4051	1.3984	1.3917	1.3852	1.3787	1.3722	1.3658	1.3595	1.3532	1.3469
.09	1.3408	1.3346	1.3285	1.3225	1.3165	1.3106	1.3047	1.2988	1.2930	1.2873
.10	1.2816	1.2759	1.2702	1.2646	1.2591	1.2536	1.2481	1.2426	1.2372	1.2319
.11	1.2265	1.2212	1.2160	1.2107	1.2055	1.2004	1.1952	1.1901	1.1850	1.1800
.12	1.1750	1.1700	1.1650	1.1601	1.1552	1.1503	1.1455	1.1407	1.1359	1.1311
.13	1.1264	1.1217	1.1170	1.1123	1.1077	1.1031	1.0985	1.0939	1.0893	1.0848
.14	1.0803	1.0758	1.0714	1.0669	1.0625	1.0581	1.0537	1.0494	1.0450	1.0407
.15	1.0364	1.0322	1.0279	1.0237	1.0194	1.0152	1.0110	1.0069	1.0027	0.9986
.16	0.9945	0.9904	0.9863	0.9822	0.9782	0.9741	0.9701	0.9661	0.9621	0.9581
.17	0.9542	0.9502	0.9463	0.9424	0.9385	0.9346	0.9307	0.9269	0.9230	0.9192
.18	0.9154	0.9116	0.9078	0.9040	0.9002	0.8965	0.8927	0.8890	0.8853	0.8816
.19	0.8779	0.8742	0.8705	0.8669	0.8633	0.8596	0.8560	0.8524	0.8488	0.8452
.20	0.8416	0.8381	0.8345	0.8310	0.8274	0.8239	0.8204	0.8169	0.8134	0.8099
.21	0.8064	0.8030	0.7995	0.7961	0.7926	0.7892	0.7858	0.7824	0.7790	0.7756
.22	0.7722	0.7688	0.7655	0.7621	0.7588	0.7554	0.7521	0.7488	0.7454	0.7421
.23	0.7388	0.7356	0.7323	0.7290	0.7257	0.7225	0.7192	0.7160	0.7128	0.7095
.24	0.7063	0.7031	0.6999	0.6967	0.6935	0.6903	0.6871	0.6840	0.6808	0.6776
.25	0.6745	0.6713	0.6682	0.6651	0.6620	0.6588	0.6557	0.6526	0.6495	0.6464
.26	0.6433	0.6403	0.6372	0.6341	0.6311	0.6280	0.6250	0.6219	0.6189	0.6158
.27	0.6128	0.6098	0.6068	0.6038	0.6008	0.5978	0.5948	0.5918	0.5888	0.5858
.28	0.5828	0.5799	0.5769	0.5740	0.5710	0.5681	0.5651	0.5622	0.5592	0.5563
.29	0.5534	0.5505	0.5476	0.5446	0.5417	0.5388	0.5359	0.5330	0.5302	0.5273
.30	0.5244	0.5215	0.5187	0.5158	0.5129	0.5101	0.5072	0.5044	0.5015	0.4987
.31	0.4959	0.4930	0.4902	0.4874	0.4845	0.4817	0.4789	0.4761	0.4733	0.4705
.32	0.4677	0.4649	0.4621	0.4593	0.4565	0.4538	0.4510	0.4482	0.4454	0.4427
.33	0.4399	0.4372	0.4344	0.4316	0.4289	0.4261	0.4234	0.4207	0.4179	0.4152
.34	0.4125	0.4097	0.4070	0.4043	0.4016	0.3989	0.3961	0.3934	0.3907	0.3880
.35	0.3853	0.3826	0.3799	0.3772	0.3745	0.3719	0.3692	0.3665	0.3638	0.3611
.36	0.3585	0.3558	0.3531	0.3505	0.3478	0.3451	0.3425	0.3398	0.3372	0.3345
.37	0.3319	0.3292	0.3266	0.3239	0.3213	0.3186	0.3160	0.3134	0.3107	0.3081
.38	0.3055	0.3029	0.3002	0.2976	0.2950	0.2924	0.2898	0.2871	0.2845	0.2819
.39	0.2793	0.2767	0.2741	0.2715	0.2689	0.2663	0.2637	0.2611	0.2585	0.2559
.40	0.2533	0.2508	0.2482	0.2456	0.2430	0.2404	0.2378	0.2353	0.2327	0.2301
.41	0.2275	0.2250	0.2224	0.2198	0.2173	0.2147	0.2121	0.2096	0.2070	0.2045
.42	0.2019	0.1993	0.1968	0.1942	0.1917	0.1891	0.1866	0.1840	0.1815	0.1789
.43	0.1764	0.1738	0.1713	0.1687	0.1662	0.1637	0.1611	0.1586	0.1560	0.1535
.44	0.1510	0.1484	0.1459	0.1434	0.1408	0.1383	0.1358	0.1332	0.1307	0.1282
.45	0.1257	0.1231	0.1206	0.1181	0.1156	0.1130	0.1105	0.1080	0.1055	0.1030
.46	0.1004	0.0979	0.0954	0.0929	0.0904	0.0878	0.0853	0.0828	0.0803	0.0778
.47	0.0753	0.0728	0.0702	0.0677	0.0652	0.0627	0.0602	0.0577	0.0552	0.0527
.48	0.0502	0.0476	0.0451	0.0426	0.0401	0.0376	0.0351	0.0326	0.0301	0.0276
.49	0.0251	0.0226	0.0201	0.0175	0.0150	0.0125	0.0100	0.0075	0.0050	0.0025

数表 3. 自由度 m の t 分布の 上側 α 点 $\mathrm{t}_m(\alpha)$ の値

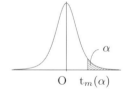

$m \diagdown \alpha$	0.250	0.200	0.150	0.100	0.050	0.025	0.010	0.005
1	1.000	1.376	1.963	3.078	6.314	12.706	31.821	63.657
2	0.816	1.061	1.386	1.886	2.920	4.303	6.965	9.925
3	0.765	0.978	1.250	1.638	2.353	3.182	4.541	5.841
4	0.741	0.941	1.190	1.533	2.132	2.776	3.747	4.604
5	0.727	0.920	1.156	1.476	2.015	2.571	3.365	4.032
6	0.718	0.906	1.134	1.440	1.943	2.447	3.143	3.707
7	0.711	0.896	1.119	1.415	1.895	2.365	2.998	3.499
8	0.706	0.889	1.108	1.397	1.860	2.306	2.896	3.355
9	0.703	0.883	1.100	1.383	1.833	2.262	2.821	3.250
10	0.700	0.879	1.093	1.372	1.812	2.228	2.764	3.169
11	0.697	0.876	1.088	1.363	1.796	2.201	2.718	3.106
12	0.695	0.873	1.083	1.356	1.782	2.179	2.681	3.055
13	0.694	0.870	1.079	1.350	1.771	2.160	2.650	3.012
14	0.692	0.868	1.076	1.345	1.761	2.145	2.624	2.977
15	0.691	0.866	1.074	1.341	1.753	2.131	2.602	2.947
16	0.690	0.865	1.071	1.337	1.746	2.120	2.583	2.921
17	0.689	0.863	1.069	1.333	1.740	2.110	2.567	2.898
18	0.688	0.862	1.067	1.330	1.734	2.101	2.552	2.878
19	0.688	0.861	1.066	1.328	1.729	2.093	2.539	2.861
20	0.687	0.860	1.064	1.325	1.725	2.086	2.528	2.845
21	0.686	0.859	1.063	1.323	1.721	2.080	2.518	2.831
22	0.686	0.858	1.061	1.321	1.717	2.074	2.508	2.819
23	0.685	0.858	1.060	1.319	1.714	2.069	2.500	2.807
24	0.685	0.857	1.059	1.318	1.711	2.064	2.492	2.797
25	0.684	0.856	1.058	1.316	1.708	2.060	2.485	2.787
26	0.684	0.856	1.058	1.315	1.706	2.056	2.479	2.779
27	0.684	0.855	1.057	1.314	1.703	2.052	2.473	2.771
28	0.683	0.855	1.056	1.313	1.701	2.048	2.467	2.763
29	0.683	0.854	1.055	1.311	1.699	2.045	2.462	2.756
30	0.683	0.854	1.055	1.310	1.697	2.042	2.457	2.750
31	0.682	0.853	1.054	1.309	1.696	2.040	2.453	2.744
32	0.682	0.853	1.054	1.309	1.694	2.037	2.449	2.738
33	0.682	0.853	1.053	1.308	1.692	2.035	2.445	2.733
34	0.682	0.852	1.052	1.307	1.691	2.032	2.441	2.728
35	0.682	0.852	1.052	1.306	1.690	2.030	2.438	2.724
36	0.681	0.852	1.052	1.306	1.688	2.028	2.434	2.719
37	0.681	0.851	1.051	1.305	1.687	2.026	2.431	2.715
38	0.681	0.851	1.051	1.304	1.686	2.024	2.429	2.712
39	0.681	0.851	1.050	1.304	1.685	2.023	2.426	2.708
40	0.681	0.851	1.050	1.303	1.684	2.021	2.423	2.704
50	0.679	0.849	1.047	1.299	1.676	2.009	2.403	2.678
60	0.679	0.848	1.045	1.296	1.671	2.000	2.390	2.660
80	0.678	0.846	1.043	1.292	1.664	1.990	2.374	2.639
120	0.677	0.845	1.041	1.289	1.658	1.980	2.358	2.617
240	0.676	0.843	1.039	1.285	1.651	1.970	2.342	2.596
∞	0.674	0.842	1.036	1.282	1.645	1.960	2.326	2.576

数表 4. 自由度 m のカイ 2 乗分布の上側 α 点 $\chi_m^2(\alpha)$ の値

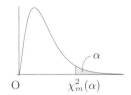

$m \diagdown \alpha$	0.995	0.990	0.975	0.950	0.900	0.100	0.050	0.025	0.010	0.005
1	0.000	0.000	0.001	0.004	0.016	2.706	3.841	5.024	6.635	7.879
2	0.010	0.020	0.051	0.103	0.211	4.605	5.991	7.378	9.210	10.597
3	0.072	0.115	0.216	0.352	0.584	6.251	7.815	9.348	11.345	12.838
4	0.207	0.297	0.484	0.711	1.064	7.779	9.488	11.143	13.277	14.860
5	0.412	0.554	0.831	1.145	1.610	9.236	11.070	12.833	15.086	16.750
6	0.676	0.872	1.237	1.635	2.204	10.645	12.592	14.449	16.812	18.548
7	0.989	1.239	1.690	2.167	2.833	12.017	14.067	16.013	18.475	20.278
8	1.344	1.646	2.180	2.733	3.490	13.362	15.507	17.535	20.090	21.955
9	1.735	2.088	2.700	3.325	4.168	14.684	16.919	19.023	21.666	23.589
10	2.156	2.558	3.247	3.940	4.865	15.987	18.307	20.483	23.209	25.188
11	2.603	3.053	3.816	4.575	5.578	17.275	19.675	21.920	24.725	26.757
12	3.074	3.571	4.404	5.226	6.304	18.549	21.026	23.337	26.217	28.300
13	3.565	4.107	5.009	5.892	7.042	19.812	22.362	24.736	27.688	29.819
14	4.075	4.660	5.629	6.571	7.790	21.064	23.685	26.119	29.141	31.319
15	4.601	5.229	6.262	7.261	8.547	22.307	24.996	27.488	30.578	32.801
16	5.142	5.812	6.908	7.962	9.312	23.542	26.296	28.845	32.000	34.267
17	5.697	6.408	7.564	8.672	10.085	24.769	27.587	30.191	33.409	35.718
18	6.265	7.015	8.231	9.390	10.865	25.989	28.869	31.526	34.805	37.156
19	6.844	7.633	8.907	10.117	11.651	27.204	30.144	32.852	36.191	38.582
20	7.434	8.260	9.591	10.851	12.443	28.412	31.410	34.170	37.566	39.997
21	8.034	8.897	10.283	11.591	13.240	29.615	32.671	35.479	38.932	41.401
22	8.643	9.542	10.982	12.338	14.041	30.813	33.924	36.781	40.289	42.796
23	9.260	10.196	11.689	13.091	14.848	32.007	35.172	38.076	41.638	44.181
24	9.886	10.856	12.401	13.848	15.659	33.196	36.415	39.364	42.980	45.559
25	10.520	11.524	13.120	14.611	16.473	34.382	37.652	40.646	44.314	46.928
26	11.160	12.198	13.844	15.379	17.292	35.563	38.885	41.923	45.642	48.290
27	11.808	12.879	14.573	16.151	18.114	36.741	40.113	43.195	46.963	49.645
28	12.461	13.565	15.308	16.928	18.939	37.916	41.337	44.461	48.278	50.993
29	13.121	14.256	16.047	17.708	19.768	39.087	42.557	45.722	49.588	52.336
30	13.787	14.953	16.791	18.493	20.599	40.256	43.773	46.979	50.892	53.672
31	14.458	15.655	17.539	19.281	21.434	41.422	44.985	48.232	52.191	55.003
32	15.134	16.362	18.291	20.072	22.271	42.585	46.194	49.480	53.486	56.328
33	15.815	17.074	19.047	20.867	23.110	43.745	47.400	50.725	54.776	57.648
34	16.501	17.789	19.806	21.664	23.952	44.903	48.602	51.966	56.061	58.964
35	17.192	18.509	20.569	22.465	24.797	46.059	49.802	53.203	57.342	60.275
36	17.887	19.233	21.336	23.269	25.643	47.212	50.998	54.437	58.619	61.581
37	18.586	19.960	22.106	24.075	26.492	48.363	52.192	55.668	59.893	62.883
38	19.289	20.691	22.878	24.884	27.343	49.513	53.384	56.896	61.162	64.181
39	19.996	21.426	23.654	25.695	28.196	50.660	54.572	58.120	62.428	65.476
40	20.707	22.164	24.433	26.509	29.051	51.805	55.758	59.342	63.691	66.766
50	27.991	29.707	32.357	34.764	37.689	63.167	67.505	71.420	76.154	79.490
60	35.534	37.485	40.482	43.188	46.459	74.397	79.082	83.298	88.379	91.952
70	43.275	45.442	48.758	51.739	55.329	85.527	90.531	95.023	100.425	104.215
80	51.172	53.540	57.153	60.391	64.278	96.578	101.879	106.629	112.329	116.321
90	59.196	61.754	65.647	69.126	73.291	107.565	113.145	118.136	124.116	128.299
100	67.328	70.065	74.222	77.929	82.358	118.498	124.342	129.561	135.807	140.169
120	83.852	86.923	91.573	95.705	100.624	140.233	146.567	152.211	158.950	163.648
140	100.655	104.034	109.137	113.659	119.029	161.827	168.613	174.648	181.840	186.847
160	117.679	121.346	126.870	131.756	137.546	183.311	190.516	196.915	204.530	209.824
180	134.884	138.820	144.741	149.969	156.153	204.704	212.304	219.044	227.056	232.620
200	152.241	156.432	162.728	168.279	174.835	226.021	233.994	241.058	249.445	255.264
240	187.324	191.990	198.984	205.135	212.386	268.471	277.138	284.802	293.888	300.182

数表 5.1. 自由度 (m, n) の F 分布の上側 α 点 $F_n^m(\alpha)$ の値

$n\backslash m$	1	2	3	4	5	6	7	8	9
1	647.789	799.500	864.163	899.583	921.848	937.111	948.217	956.656	963.285
2	38.506	39.000	39.165	39.248	39.298	39.331	39.355	39.373	39.387
3	17.443	16.044	15.439	15.101	14.885	14.735	14.624	14.540	14.473
4	12.218	10.649	9.979	9.605	9.364	9.197	9.074	8.980	8.905
5	10.007	8.434	7.764	7.388	7.146	6.978	6.853	6.757	6.681
6	8.813	7.260	6.599	6.227	5.988	5.820	5.695	5.600	5.523
7	8.073	6.542	5.890	5.523	5.285	5.119	4.995	4.899	4.823
8	7.571	6.059	5.416	5.053	4.817	4.652	4.529	4.433	4.357
9	7.209	5.715	5.078	4.718	4.484	4.320	4.197	4.102	4.026
10	6.937	5.456	4.826	4.468	4.236	4.072	3.950	3.855	3.779
11	6.724	5.256	4.630	4.275	4.044	3.881	3.759	3.664	3.588
12	6.554	5.096	4.474	4.121	3.891	3.728	3.607	3.512	3.436
13	6.414	4.965	4.347	3.996	3.767	3.604	3.483	3.388	3.312
14	6.298	4.857	4.242	3.892	3.663	3.501	3.380	3.285	3.209
15	6.200	4.765	4.153	3.804	3.576	3.415	3.293	3.199	3.123
16	6.115	4.687	4.077	3.729	3.502	3.341	3.219	3.125	3.049
17	6.042	4.619	4.011	3.665	3.438	3.277	3.156	3.061	2.985
18	5.978	4.560	3.954	3.608	3.382	3.221	3.100	3.005	2.929
19	5.922	4.508	3.903	3.559	3.333	3.172	3.051	2.956	2.880
20	5.871	4.461	3.859	3.515	3.289	3.128	3.007	2.913	2.837
21	5.827	4.420	3.819	3.475	3.250	3.090	2.969	2.874	2.798
22	5.786	4.383	3.783	3.440	3.215	3.055	2.934	2.839	2.763
23	5.750	4.349	3.750	3.408	3.183	3.023	2.902	2.808	2.731
24	5.717	4.319	3.721	3.379	3.155	2.995	2.874	2.779	2.703
25	5.686	4.291	3.694	3.353	3.129	2.969	2.848	2.753	2.677
26	5.659	4.265	3.670	3.329	3.105	2.945	2.824	2.729	2.653
27	5.633	4.242	3.647	3.307	3.083	2.923	2.802	2.707	2.631
28	5.610	4.221	3.626	3.286	3.063	2.903	2.782	2.687	2.611
29	5.588	4.201	3.607	3.267	3.044	2.884	2.763	2.669	2.592
30	5.568	4.182	3.589	3.250	3.026	2.867	2.746	2.651	2.575
32	5.531	4.149	3.557	3.218	2.995	2.836	2.715	2.620	2.543
34	5.499	4.120	3.529	3.191	2.968	2.808	2.688	2.593	2.516
36	5.471	4.094	3.505	3.167	2.944	2.785	2.664	2.569	2.492
38	5.446	4.071	3.483	3.145	2.923	2.763	2.643	2.548	2.471
40	5.424	4.051	3.463	3.126	2.904	2.744	2.624	2.529	2.452
42	5.404	4.033	3.446	3.109	2.887	2.727	2.607	2.512	2.435
44	5.386	4.016	3.430	3.093	2.871	2.712	2.591	2.496	2.419
46	5.369	4.001	3.415	3.079	2.857	2.698	2.577	2.482	2.405
48	5.354	3.987	3.402	3.066	2.844	2.685	2.565	2.470	2.393
50	5.340	3.975	3.390	3.054	2.833	2.674	2.553	2.458	2.381
60	5.286	3.925	3.343	3.008	2.786	2.627	2.507	2.412	2.334
80	5.218	3.864	3.284	2.950	2.730	2.571	2.450	2.355	2.277
120	5.152	3.805	3.227	2.894	2.674	2.515	2.395	2.299	2.222
240	5.088	3.746	3.171	2.839	2.620	2.461	2.341	2.245	2.167
∞	5.024	3.689	3.116	2.786	2.567	2.408	2.288	2.192	2.114

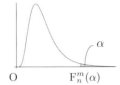

$$O \qquad F_n^m(\alpha)$$

10	15	20	30	40	60	120	∞	$m\diagup n$
968.627	984.867	993.103	1001.414	1005.598	1009.800	1014.020	1018.260	1
39.398	39.431	39.448	39.465	39.473	39.481	39.490	39.498	2
14.419	14.253	14.167	14.081	14.037	13.992	13.947	13.902	3
8.844	8.657	8.560	8.461	8.411	8.360	8.309	8.257	4
6.619	6.428	6.329	6.227	6.175	6.123	6.069	6.015	5
5.461	5.269	5.168	5.065	5.012	4.959	4.904	4.849	6
4.761	4.568	4.467	4.362	4.309	4.254	4.199	4.142	7
4.295	4.101	3.999	3.894	3.840	3.784	3.728	3.670	8
3.964	3.769	3.667	3.560	3.505	3.449	3.392	3.333	9
3.717	3.522	3.419	3.311	3.255	3.198	3.140	3.080	10
3.526	3.330	3.226	3.118	3.061	3.004	2.944	2.883	11
3.374	3.177	3.073	2.963	2.906	2.848	2.787	2.725	12
3.250	3.053	2.948	2.837	2.780	2.720	2.659	2.595	13
3.147	2.949	2.844	2.732	2.674	2.614	2.552	2.487	14
3.060	2.862	2.756	2.644	2.585	2.524	2.461	2.400	15
2.986	2.788	2.681	2.568	2.509	2.447	2.383	2.316	16
2.922	2.723	2.616	2.502	2.442	2.380	2.315	2.247	17
2.866	2.667	2.559	2.445	2.384	2.321	2.256	2.187	18
2.817	2.617	2.509	2.394	2.333	2.270	2.203	2.133	19
2.774	2.573	2.464	2.349	2.287	2.223	2.156	2.085	20
2.735	2.534	2.425	2.308	2.246	2.182	2.114	2.042	21
2.700	2.498	2.389	2.272	2.210	2.145	2.076	2.003	22
2.668	2.466	2.357	2.239	2.176	2.111	2.041	1.968	23
2.640	2.437	2.327	2.209	2.146	2.080	2.010	1.935	24
2.613	2.411	2.300	2.182	2.118	2.052	1.981	1.906	25
2.590	2.387	2.276	2.157	2.093	2.026	1.954	1.878	26
2.568	2.364	2.253	2.133	2.069	2.002	1.930	1.853	27
2.547	2.344	2.232	2.112	2.048	1.980	1.907	1.829	28
2.529	2.325	2.213	2.092	2.028	1.959	1.886	1.807	29
2.511	2.307	2.195	2.074	2.009	1.940	1.866	1.787	30
2.480	2.275	2.163	2.041	1.975	1.905	1.831	1.750	32
2.453	2.248	2.135	2.012	1.946	1.875	1.799	1.717	34
2.429	2.223	2.110	1.986	1.919	1.848	1.772	1.687	36
2.407	2.201	2.088	1.963	1.896	1.824	1.747	1.661	38
2.388	2.182	2.068	1.943	1.875	1.803	1.724	1.637	40
2.371	2.164	2.050	1.924	1.856	1.783	1.704	1.615	42
2.355	2.149	2.034	1.908	1.839	1.766	1.685	1.596	44
2.341	2.134	2.019	1.893	1.824	1.750	1.668	1.578	46
2.329	2.121	2.006	1.879	1.809	1.735	1.653	1.561	48
2.317	2.109	1.993	1.866	1.796	1.721	1.639	1.545	50
2.270	2.061	1.944	1.815	1.744	1.667	1.581	1.482	60
2.213	2.003	1.884	1.752	1.679	1.599	1.508	1.400	80
2.157	1.945	1.825	1.690	1.614	1.530	1.433	1.310	120
2.102	1.888	1.766	1.628	1.549	1.460	1.354	1.206	240
2.048	1.833	1.708	1.566	1.484	1.388	1.268	1.000	∞

数表 5.2. 自由度 (m, n) の F 分布の上側 α 点 $F_n^m(\alpha)$ の値

$n\diagdown m$	1	2	3	4	5	6	7	8	9
1	161.448	199.500	215.707	224.583	230.162	233.986	236.768	238.883	240.543
2	18.513	19.000	19.164	19.247	19.296	19.330	19.353	19.371	19.385
3	10.128	9.552	9.277	9.117	9.013	8.941	8.887	8.845	8.812
4	7.709	6.944	6.591	6.388	6.256	6.163	6.094	6.041	5.999
5	6.608	5.786	5.409	5.192	5.050	4.950	4.876	4.818	4.772
6	5.987	5.143	4.757	4.534	4.387	4.284	4.207	4.147	4.099
7	5.591	4.737	4.347	4.120	3.972	3.866	3.787	3.726	3.677
8	5.318	4.459	4.066	3.838	3.687	3.581	3.500	3.438	3.388
9	5.117	4.256	3.863	3.633	3.482	3.374	3.293	3.230	3.179
10	4.965	4.103	3.708	3.478	3.326	3.217	3.135	3.072	3.020
11	4.844	3.982	3.587	3.357	3.204	3.095	3.012	2.948	2.896
12	4.747	3.885	3.490	3.259	3.106	2.996	2.913	2.849	2.796
13	4.667	3.806	3.411	3.179	3.025	2.915	2.832	2.767	2.714
14	4.600	3.739	3.344	3.112	2.958	2.848	2.764	2.699	2.646
15	4.543	3.682	3.287	3.056	2.901	2.790	2.707	2.641	2.588
16	4.494	3.634	3.239	3.007	2.852	2.741	2.657	2.591	2.538
17	4.451	3.592	3.197	2.965	2.810	2.699	2.614	2.548	2.494
18	4.414	3.555	3.160	2.928	2.773	2.661	2.577	2.510	2.456
19	4.381	3.522	3.127	2.895	2.740	2.628	2.544	2.477	2.423
20	4.351	3.493	3.098	2.866	2.711	2.599	2.514	2.447	2.393
21	4.325	3.467	3.072	2.840	2.685	2.573	2.488	2.420	2.366
22	4.301	3.443	3.049	2.817	2.661	2.549	2.464	2.397	2.342
23	4.279	3.422	3.028	2.796	2.640	2.528	2.442	2.375	2.320
24	4.260	3.403	3.009	2.776	2.621	2.508	2.423	2.355	2.300
25	4.242	3.385	2.991	2.759	2.603	2.490	2.405	2.337	2.282
26	4.225	3.369	2.975	2.743	2.587	2.474	2.388	2.321	2.265
27	4.210	3.354	2.960	2.728	2.572	2.459	2.373	2.305	2.250
28	4.196	3.340	2.947	2.714	2.558	2.445	2.359	2.291	2.236
29	4.183	3.328	2.934	2.701	2.545	2.432	2.346	2.278	2.223
30	4.171	3.316	2.922	2.690	2.534	2.421	2.334	2.266	2.211
32	4.149	3.295	2.901	2.668	2.512	2.399	2.313	2.244	2.189
34	4.130	3.276	2.883	2.650	2.494	2.380	2.294	2.225	2.170
36	4.113	3.259	2.866	2.634	2.477	2.364	2.277	2.209	2.153
38	4.098	3.245	2.852	2.619	2.463	2.349	2.262	2.194	2.138
40	4.085	3.232	2.839	2.606	2.449	2.336	2.249	2.180	2.124
42	4.073	3.220	2.827	2.594	2.438	2.324	2.237	2.168	2.112
44	4.062	3.209	2.816	2.584	2.427	2.313	2.226	2.157	2.101
46	4.052	3.200	2.807	2.574	2.417	2.304	2.216	2.147	2.091
48	4.043	3.191	2.798	2.565	2.409	2.295	2.207	2.138	2.082
50	4.034	3.183	2.790	2.557	2.400	2.286	2.199	2.130	2.073
60	4.001	3.150	2.758	2.525	2.368	2.254	2.167	2.097	2.040
80	3.960	3.111	2.719	2.486	2.329	2.214	2.126	2.056	1.999
120	3.920	3.072	2.680	2.447	2.290	2.175	2.087	2.016	1.959
240	3.880	3.033	2.642	2.409	2.252	2.136	2.048	1.977	1.919
∞	3.841	2.996	2.605	2.372	2.214	2.099	2.010	1.938	1.880

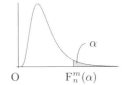

10	15	20	30	40	60	120	∞	m／n
241.882	245.950	248.013	250.095	251.143	252.196	253.253	254.314	1
19.396	19.429	19.446	19.462	19.471	19.479	19.487	19.496	2
8.786	8.703	8.660	8.617	8.594	8.572	8.549	8.526	3
5.964	5.858	5.803	5.746	5.717	5.688	5.658	5.628	4
4.735	4.619	4.558	4.496	4.464	4.431	4.398	4.365	5
4.060	3.938	3.874	3.808	3.774	3.740	3.705	3.669	6
3.637	3.511	3.445	3.376	3.340	3.304	3.267	3.230	7
3.347	3.218	3.150	3.079	3.043	3.005	2.967	2.928	8
3.137	3.006	2.936	2.864	2.826	2.787	2.748	2.707	9
2.978	2.845	2.774	2.700	2.661	2.621	2.580	2.538	10
2.854	2.719	2.646	2.570	2.531	2.490	2.448	2.404	11
2.753	2.617	2.544	2.466	2.426	2.384	2.341	2.296	12
2.671	2.533	2.459	2.380	2.339	2.297	2.252	2.206	13
2.602	2.463	2.388	2.308	2.266	2.223	2.178	2.131	14
2.544	2.403	2.328	2.247	2.204	2.160	2.114	2.066	15
2.494	2.352	2.276	2.194	2.151	2.106	2.059	2.010	16
2.450	2.308	2.230	2.148	2.104	2.058	2.011	1.960	17
2.412	2.269	2.191	2.107	2.063	2.017	1.968	1.917	18
2.378	2.234	2.155	2.071	2.026	1.980	1.930	1.878	19
2.348	2.203	2.124	2.039	1.994	1.946	1.896	1.843	20
2.321	2.176	2.096	2.010	1.965	1.916	1.866	1.812	21
2.297	2.151	2.071	1.984	1.938	1.889	1.838	1.783	22
2.275	2.128	2.048	1.961	1.914	1.865	1.813	1.757	23
2.255	2.108	2.027	1.939	1.892	1.842	1.790	1.733	24
2.236	2.089	2.007	1.919	1.872	1.822	1.768	1.711	25
2.220	2.072	1.990	1.901	1.853	1.803	1.749	1.691	26
2.204	2.056	1.974	1.884	1.836	1.785	1.731	1.672	27
2.190	2.041	1.959	1.869	1.820	1.769	1.714	1.654	28
2.177	2.027	1.945	1.854	1.806	1.754	1.698	1.638	29
2.165	2.015	1.932	1.841	1.792	1.740	1.683	1.622	30
2.142	1.992	1.908	1.817	1.767	1.714	1.657	1.594	32
2.123	1.972	1.888	1.795	1.745	1.691	1.633	1.569	34
2.106	1.954	1.870	1.776	1.726	1.671	1.612	1.547	36
2.091	1.939	1.853	1.760	1.708	1.653	1.594	1.527	38
2.077	1.924	1.839	1.744	1.693	1.637	1.577	1.509	40
2.065	1.912	1.826	1.731	1.679	1.623	1.561	1.492	42
2.054	1.900	1.814	1.718	1.666	1.609	1.547	1.477	44
2.044	1.890	1.803	1.707	1.654	1.597	1.534	1.463	46
2.035	1.880	1.793	1.697	1.644	1.586	1.522	1.450	48
2.026	1.871	1.784	1.687	1.634	1.576	1.511	1.438	50
1.993	1.836	1.748	1.649	1.594	1.534	1.467	1.389	60
1.951	1.793	1.703	1.602	1.545	1.482	1.411	1.325	80
1.910	1.750	1.659	1.554	1.495	1.429	1.352	1.254	120
1.870	1.708	1.614	1.507	1.445	1.375	1.290	1.170	240
1.831	1.666	1.571	1.459	1.394	1.318	1.221	1.000	∞

関連図書

　本書の理解に必要とされる数学的内容については，微積分，線形代数，ルベーグ積分，確率論等の標準的教科書 [2], [3], [4], [10], [15], [18] を参照されたい．統計の入門書としては [6], [13]，やや高度な内容も含まれる本としては [1], [11], [12], [16], [17], [20] が挙げられる．また，より専門的な本として [8], [14], [19]，比較的新しく出版された本として [5], [7], [9] を挙げておく．洋書では，確率論は [22]，数理統計学は [23]，多変量解析では [21] を挙げておく．

[1] 赤平昌文 (2003).『統計解析入門』(森北出版).

[2] 石井伸郎, 川添充, 高橋哲也, 山口睦 (2011).『理工系新課程 線形代数—基礎から応用まで』(培風館).

[3] 伊藤清三 (2020).『数学選書 4 ルベーグ積分入門（新装版)』(裳華房).

[4] 数見哲也, 松本和子, 吉冨賢太郎 (2011).『理工系新課程 微分積分—基礎から応用まで』(培風館).

[5] 久保川達也, 新井仁之, 小林俊行, 斎藤毅, 吉田朋広 (2017).『現代数理統計学の基礎（共立講座 数学の魅力)』(共立出版).

[6] 栗木進二, 綿森葉子, 田中秀和 (2016).『統計学基礎』(共立出版).

[7] 黒木学 (2020).『数理統計学: 統計的推論の基礎』(共立出版).

[8] 柴田義貞 (1981).『正規分布 特性と応用』(東京大学出版会).

[9] 清水泰隆 (2021).『統計学への確率論, その先へ: ゼロからの測度論的理解と漸近理論への架け橋』(内田老鶴圃).

[10] 高木貞治 (1983).『解析概論 改訂第 3 版 軽装版』(岩波書店).

[11] 竹村彰通 (2020).『新装改訂版 現代数理統計学』(学術図書出版社).

[12] 東京大学教養学部統計学教室 (1992).『自然科学の統計学 基礎統計学』(東京大学出版会).

[13] 長尾壽夫 (1992).『統計学への入門』(共立出版).

[14] 長尾壽夫, 栗木進二 (2006).『数理統計学』(共立出版).

[15] 西尾真喜子 (2003).『確率論』(実教出版).

[16] 野田一雄, 宮岡悦良 (1992).『数理統計学の基礎』(共立出版).

[17] 藤越康祝, 若木宏文, 柳原宏和 (2011).『確率・統計の数学的基礎』(広島大学出版会).

[18] 盛田健彦 (2004).『レクチャーノート 基礎編 4 実解析と測度論の基礎』(培風館).

[19] 矢島美寛, 田中潮 (2019).『時空間統計解析』(共立出版).

[20] 吉田朋広 (2006).『数理統計学』(朝倉書店).

[21] Anderson, T. W. (2003). *An introduction to multivariate statistical analysis*. Third edition. Wiley Series in Probability and Statistics. Wiley-Interscience Hoboken, NJ.

[22] Billingsley, P. (1995). *Probability and measure*. Third edition. Wiley Series in Probability and Mathematical Statistics. A Wiley-Interscience Publication. John Wiley & Sons, Inc., New York.

[23] Shao, J. (2003). *Mathematical statistics*. Second edition. Springer Texts in Statistics. Springer-Verlag, New York.

索 引

Memorandum

著者紹介

綿森葉子（わたもり ようこ）
　　　　　広島大学大学院理学研究科修士課程修了
　現　在　大阪公立大学大学院理学研究科准教授．博士（理学）
　専　攻　数理統計学，特に方向データに対する統計的解析

田中秀和（たなか ひでかず）
　1998年　筑波大学大学院数学研究科博士課程修了
　現　在　大阪公立大学大学院理学研究科准教授．博士（理学）
　専　攻　数理統計学，特に高次漸近理論

田中 潮（たなか うしお）
　現　在　大阪公立大学大学院理学研究科准教授．博士（学術）
　専　攻　微分幾何学，Shape Theory, Architectural Geometry,
　　　　　Likelihood Geometry, 点過程論

測度論からの数理統計学	著　者	綿森葉子・田中秀和　ⓒ 2023 田中 潮
Mathematical Statistics from the Measure Theoretical Point of View	発行者	南條光章
	発行所	**共立出版株式会社**
2023 年 9 月 30 日　初版 1 刷発行 2024 年 5 月 10 日　初版 2 刷発行		郵便番号 112–0006 東京都文京区小日向 4–6–19 電話　03–3947–2511（代表） 振替口座 00110–2–57035 URL www.kyoritsu-pub.co.jp
	印　刷	藤原印刷
	製　本	ブロケード

一般社団法人
自然科学書協会
会員

検印廃止
NDC 417

ISBN 978–4–320–11497–5　Printed in Japan